#수학심화서
#리더공부비법
#상위권으로도약
#학원에서검증된문제집

수학리더
응용·심화

Chunjae Makes Chunjae

기획총괄	박금옥
편집개발	윤경옥, 박초아, 조은영, 김연정, 김수정, 임희정, 한인숙, 이혜지, 최민주
디자인총괄	김희정
표지디자인	윤순미, 박민정
내지디자인	박희춘
제작	황성진, 조규영

발행일	2024년 4월 1일 3판 2024년 4월 1일 1쇄
발행인	(주)천재교육
주소	서울시 금천구 가산로9길 54
신고번호	제2001-000018호
고객센터	1577-0902
교재 구입 문의	1522-5566

※ 정답 분실 시에는 천재교육 홈페이지에서 내려받으세요.

※ KC 마크는 이 제품이 공통안전기준에 적합하였음을 의미합니다.

※ 주의

책 모서리에 다칠 수 있으니 주의하시기 바랍니다.

부주의로 인한 사고의 경우 책임지지 않습니다.

8세 미만의 어린이는 부모님의 관리가 필요합니다.

수학 리더 응용·심화 2-2

BOOK 1

심화북 **차례**

이 책의 구성과 특징

Book 1

심화북

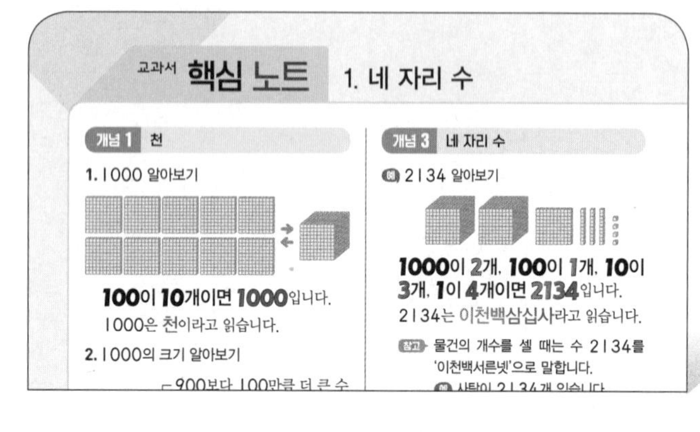

교과서 핵심 노트

단원별 교과서 핵심 개념을 한눈에 익힐 수 있습니다.

기본 유형 연습 1단계

주제별 교과서·익힘책 수준의 문제를 통해 배운 개념을 확실하게 익혀 봅니다.

기본 유형 완성

하나의 유형을 반복해서 연습해 보며 실력을 키워 봅니다.

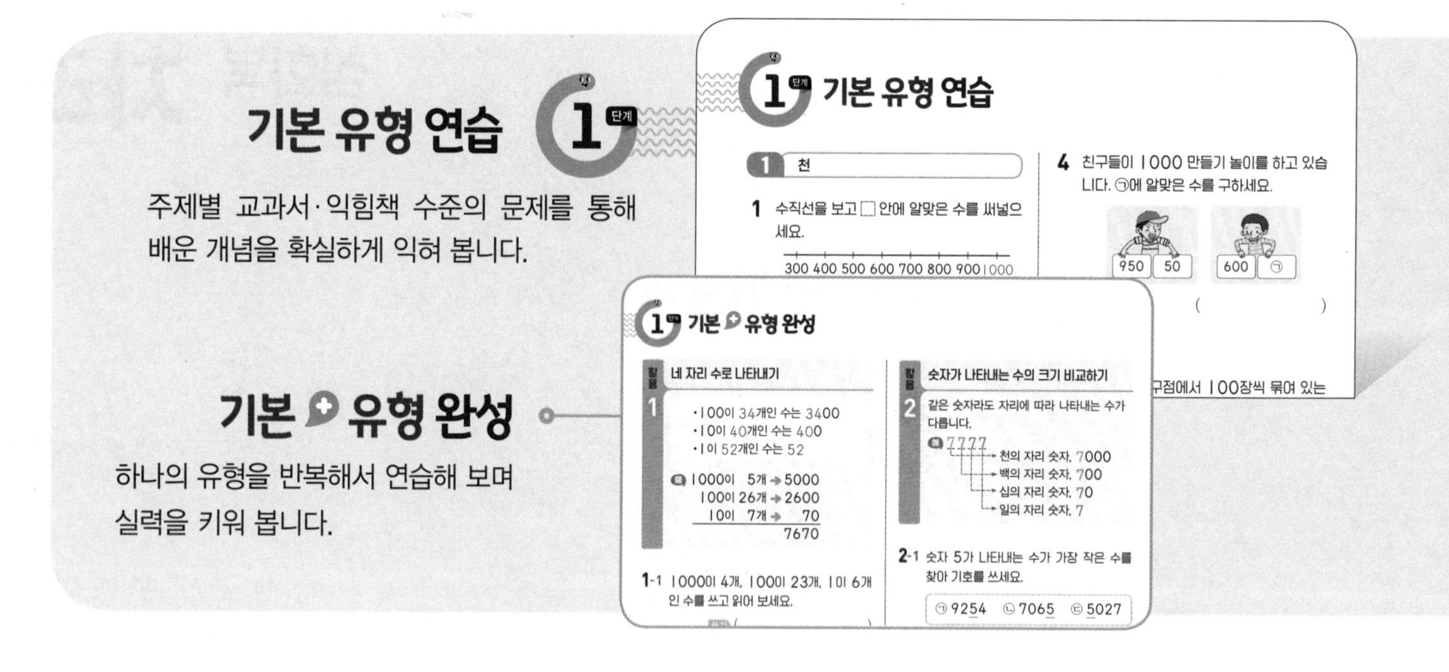

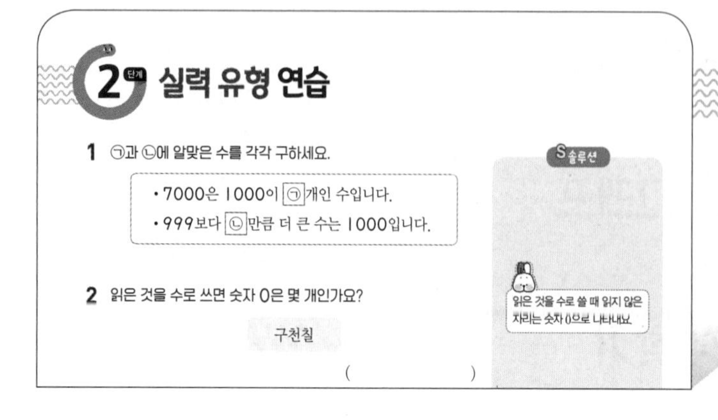

2단계 실력 유형 연습

학교 시험에 자주 출제되는 다양한 실력 문제를 풀어 봅니다.

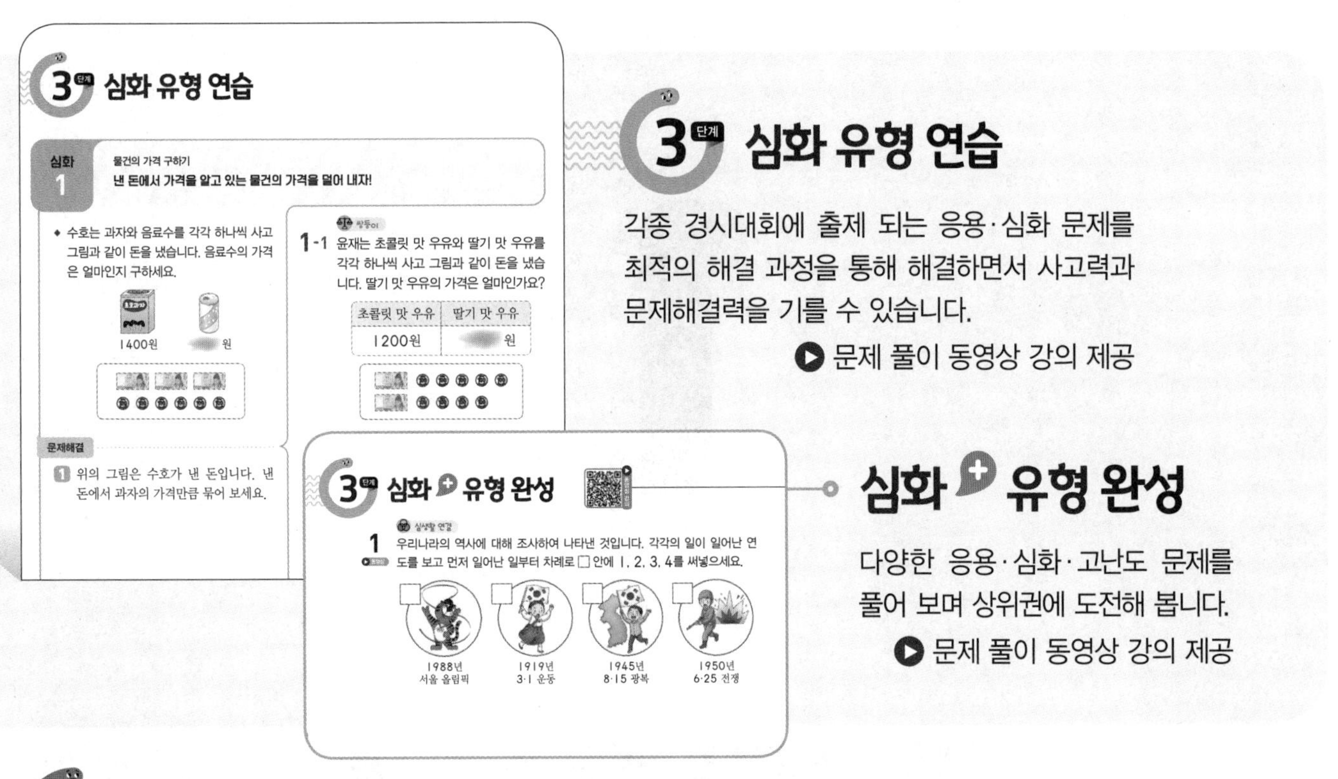

3단계 심화 유형 연습

각종 경시대회에 출제 되는 응용·심화 문제를 최적의 해결 과정을 통해 해결하면서 사고력과 문제해결력을 기를 수 있습니다.

▶ 문제 풀이 동영상 강의 제공

심화 + 유형 완성

다양한 응용·심화·고난도 문제를 풀어 보며 상위권에 도전해 봅니다.

▶ 문제 풀이 동영상 강의 제공

Test 단원 실력 평가

각종 경시대회에 출제되었던 기출 유형을 풀어 보면서 실력을 평가해 봅니다.

Book 2 경시 대비북

상위권 도전 문제

경시대회 예상 문제

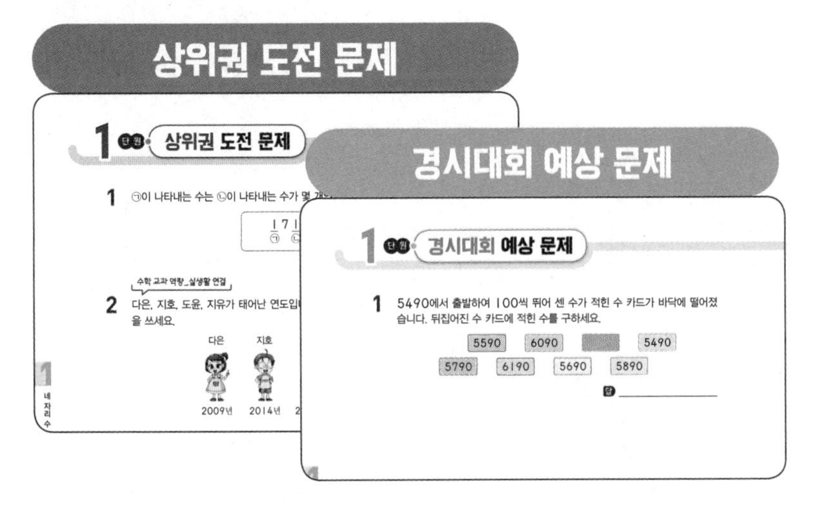

단원별 다양한 응용·심화·경시대회 기출 문제를 풀어 봅니다.

경시대회 도전 문제

교내·외 경시대회를 대비하여 전단원 문제를 풀면서 실력을 평가해 봅니다.

1 네 자리 수

1단원의 대표 심화 유형

● 학습한 후에 이해가 부족한 유형에 체크하고 한 번 더 공부해 보세요.

큐알 코드를 찍으면 개념 학습 영상과 문제 풀이 영상도 보고, 수학 게임도 할 수 있어요.

이전에 배운 내용 ____ 2-1

❖ 세 자리 수
- 백 / 몇백 / 세 자리 수
- 각 자리의 숫자가 나타내는 수
- 뛰어 세기 / 수의 크기 비교

이번에 배울 내용 ____ 2-2

❖ 네 자리 수
- 천 / 몇천 / 네 자리 수
- 각 자리의 숫자가 나타내는 수
- 뛰어 세기 / 수의 크기 비교

이후에 배울 내용 ____ 3-1

❖ 덧셈과 뺄셈
- 세 자리 수의 덧셈
- 세 자리 수의 뺄셈

개념 1 천

1. 1000 알아보기

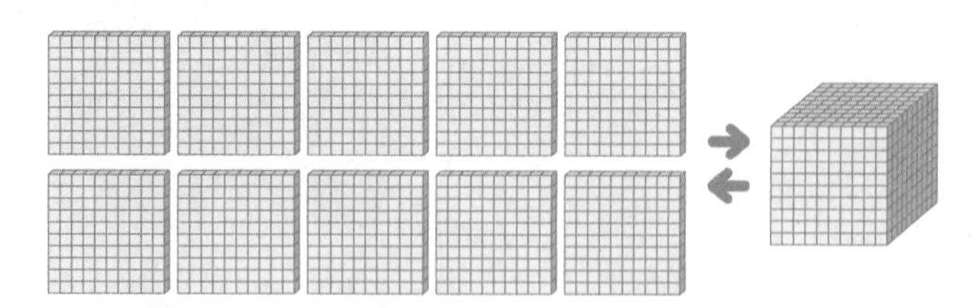

100이 10개이면 1000입니다.
1000은 **천**이라고 읽습니다.

2. 1000의 크기 알아보기

1000은
- 900보다 100만큼 더 큰 수
- 990보다 10만큼 더 큰 수
- 999보다 1만큼 더 큰 수

개념 2 몇천

1. 3000 알아보기

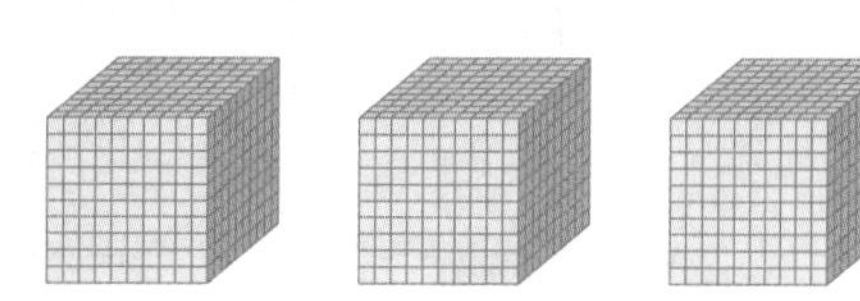

1000이 3개이면 3000입니다.
3000은 **삼천**이라고 읽습니다.

2. 몇천 알아보기

수	쓰기	읽기
1000이 2개	2000	이천
1000이 3개	3000	삼천
1000이 4개	4000	사천
1000이 5개	5000	오천
1000이 6개	6000	육천
1000이 7개	7000	칠천
1000이 8개	8000	팔천
1000이 9개	9000	구천

개념 3 네 자리 수

예 2134 알아보기

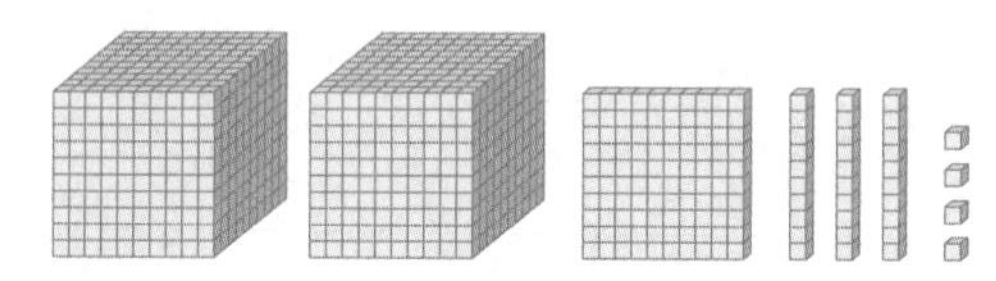

1000이 2개, 100이 1개, 10이 3개, 1이 4개이면 2134입니다.
2134는 **이천백삼십사**라고 읽습니다.

참고 물건의 개수를 셀 때는 수 2134를 '이천백서른넷'으로 말합니다.
예 사탕이 2134개 있습니다.
→ 사탕이 이천백서른네 개 있습니다.

개념 4 각 자리의 숫자가 나타내는 수

예 2134의 각 자리의 숫자가 나타내는 수

천의 자리	백의 자리	십의 자리	일의 자리
2	1	3	4

↓

2	0	0	0
	1	0	0
		3	0
			4

2134에서
2는 천의 자리 숫자이고 2000을,
1은 백의 자리 숫자이고 100을,
3은 십의 자리 숫자이고 30을,
4는 일의 자리 숫자이고 4를 나타냅니다.
→ 2134=2000+100+30+4

개념 5 뛰어 세기

1. 1000씩 뛰어 세기

1000 - 2000 - 3000 - 4000

➔ **천의 자리 숫자가 1씩 커집니다.**

개념PLUS 거꾸로 뛰어 세는 것은 수가 작아지게 뛰어 세는 것입니다.

예 1000씩 거꾸로 뛰어 세기

9000 - 8000 - 7000 - 6000

1000씩 거꾸로 뛰어 세면 천의 자리 숫자가 1씩 작아져.

2. 100씩 뛰어 세기

8400 - 8500 - 8600 - 8700

➔ **백의 자리 숫자가 1씩 커집니다.**

주의 뛰어 세는 자리의 숫자가 9일 때에는 바로 윗자리 숫자까지 생각하여 뛰어 셉니다.

예 100씩 뛰어 세기

8800 - 8900 - 9000 - 9100

+1

3. 10씩 뛰어 세기

9930 - 9940 - 9950 - 9960

➔ **십의 자리 숫자가 1씩 커집니다.**

4. 1씩 뛰어 세기

9996 - 9997 - 9998 - 9999

➔ **일의 자리 숫자가 1씩 커집니다.**

개념 6 수의 크기 비교

• 네 자리 수의 크기를 비교하는 방법

네 자리 수의 크기를 비교할 때에는 **천, 백, 십, 일의 자리 숫자의 순서로 비교해.**

천의 자리 숫자가 클수록 더 큽니다.

예 **1932 < 5208**

1 < 5

천의 자리 숫자가 같으면
백의 자리 숫자가 클수록 더 큽니다.

예 **3800 > 3651**

8 > 6

천, 백의 자리 숫자가 각각 같으면
십의 자리 숫자가 클수록 더 큽니다.

예 **4536 < 4572**

3 < 7

천, 백, 십의 자리 숫자가 각각 같으면
일의 자리 숫자가 클수록 더 큽니다.

예 **6349 > 6347**

9 > 7

1단계 기본 유형 연습

1 천

1 수직선을 보고 □ 안에 알맞은 수를 써넣으세요.

300 400 500 600 700 800 900 1000

(1) 900보다 □만큼 더 큰 수는 1000입니다.

(2) 1000은 800보다 □만큼 더 큰 수입니다.

2 □ 안에 알맞은 수를 써넣으세요.

(1) 996 □ 998 999 □

(2) □ 970 □ 990 □

3 나타내는 수가 1000인 것을 찾아 기호를 쓰세요.

㉠ 990보다 1만큼 더 큰 수
㉡ 900보다 10만큼 더 큰 수
㉢ 100이 10개인 수

(　　　　　)

4 친구들이 1000 만들기 놀이를 하고 있습니다. ㉠에 알맞은 수를 구하세요.

(　　　　　)

5 소은이는 문구점에서 100장씩 묶여 있는 색종이를 10묶음 사 왔습니다. 소은이가 사 온 색종이는 모두 몇 장인가요? 꼭 단위까지 따라 쓰세요.

(　　　　장)

6 1000원이 되도록 묶고, 남는 돈은 얼마인지 구하세요.

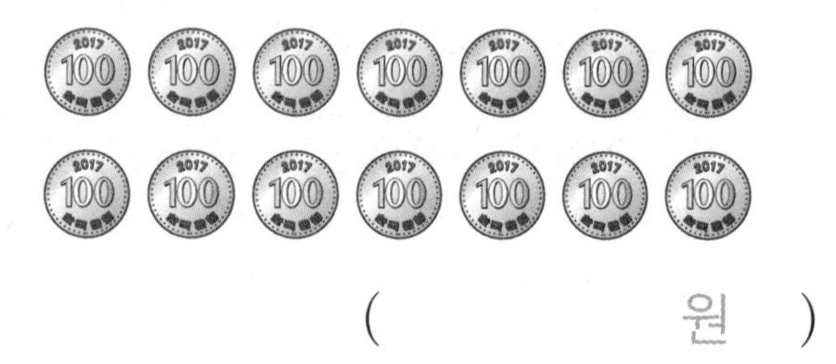

(　　　　원)

실생활 연결

7 편의점에서 물건을 사고 1000원을 내려고 합니다. 다음과 같이 돈이 있다면 얼마가 더 필요한가요?

(　　　　원)

2 몇천

8 수 모형을 보고 □ 안에 알맞은 수를 써넣으세요.

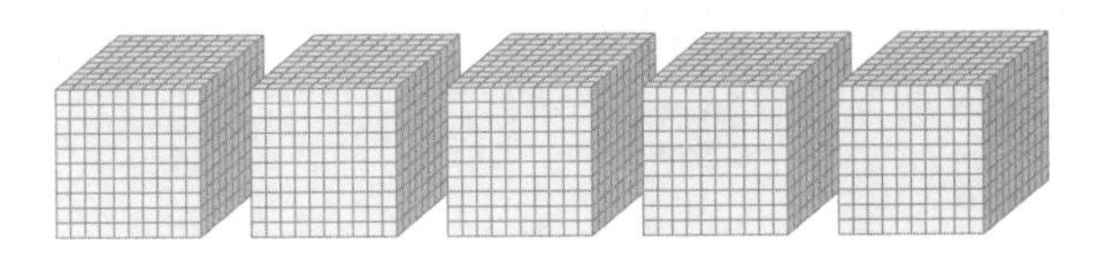

1000이 5개이면 □ 입니다.

9 그림이 나타내는 수를 쓰고 읽어 보세요.

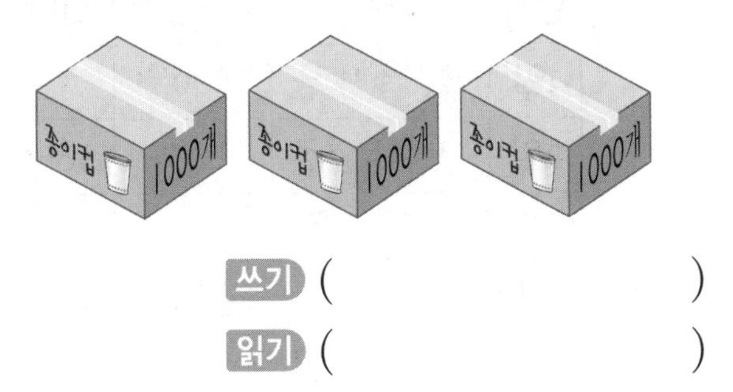

쓰기 (　　　　　　)

읽기 (　　　　　　)

10 관계있는 것끼리 이어 보세요.

1000이 2개 •		• 8000
1000이 8개 •		• 2000
1000이 7개 •		• 7000

11 나타내는 수를 빈칸에 써넣고 읽어 보세요.

	쓰기	읽기
천 모형 9개		
백 모형 60개		

12 나타내는 수가 나머지와 다른 한 사람을 찾아 이름을 쓰세요.

(　　　　　　)

13 클립이 6000개 있습니다. 이 클립을 한 상자에 1000개씩 담는다면 모두 몇 상자가 되나요?

꼭 단위까지 따라 쓰세요.

(　　　　　　상자)

문제 해결

14 마늘이 한 묶음에 100통씩 묶여 있습니다. 70묶음에 묶여 있는 마늘은 모두 몇 통인가요?

(　　　　　　통)

1 네 자리 수

1단계 기본 유형 연습

3 네 자리 수

15 그림이 나타내는 수를 쓰세요.

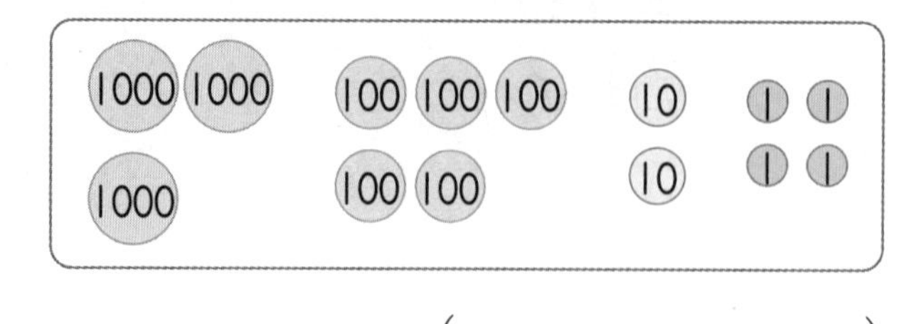

(　　　　　　　　)

16 □ 안에 알맞은 수를 써넣으세요.

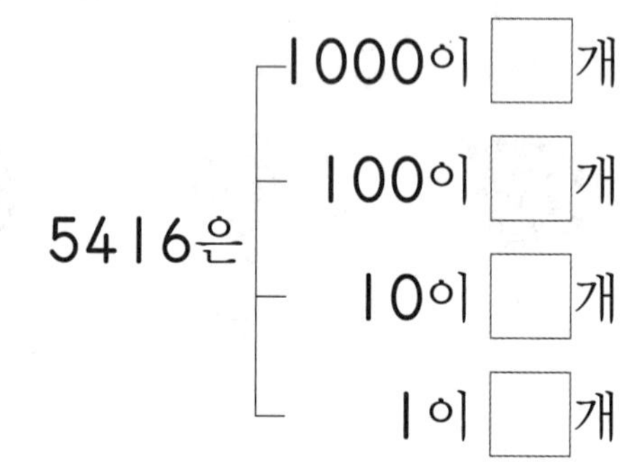

17 읽은 것을 수로 쓰세요.

팔천삼백오

(　　　　　　　　)

18 수를 바르게 읽은 것을 찾아 기호를 쓰세요.

㉠ 4058 → 사천오백팔
㉡ 6293 → 육천이백구십삼
㉢ 7116 → 칠천일백일십육

(　　　　　　　　)

19 다음이 나타내는 수를 쓰고 읽어 보세요.

1000이 2개, 100이 6개,
10이 5개, 1이 4개인 수

쓰기 (　　　　　　　　)
읽기 (　　　　　　　　)

의사소통

20 진서의 이번 달 용돈 기입장의 일부분입니다. 진서가 받은 용돈과 간식을 사는 데 쓴 돈은 각각 얼마인지 읽어 보세요.

날짜	내용	들어온 돈	나간 돈
1일	용돈을 받음.	9500원	·
2일	간식을 삼.	·	3850원

받은 용돈	간식을 사는 데 쓴 돈
원	원

문제 해결

21 유미 아버지는 도넛을 사고 1000원짜리 지폐 5장, 100원짜리 동전 8개를 냈습니다. 낸 돈은 모두 얼마인가요?

꼭 단위까지 따라 쓰세요.

(　　　　　　원)

4 각 자리의 숫자가 나타내는 수

22 밑줄 친 숫자는 어느 자리 숫자이고 얼마를 나타내는지 쓰세요.

2976

9는 ☐의 자리 숫자이고 ☐을/를 나타냅니다.

23 밑줄 친 숫자가 나타내는 수만큼 색칠해 보세요.

3333

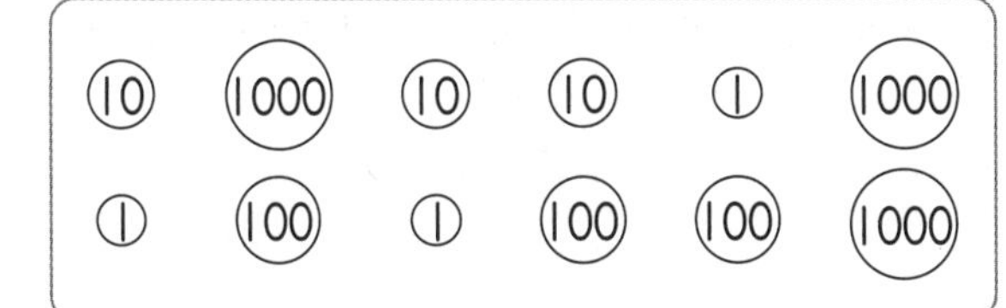

24 보기와 같이 빈칸에 알맞은 수를 써넣으세요.

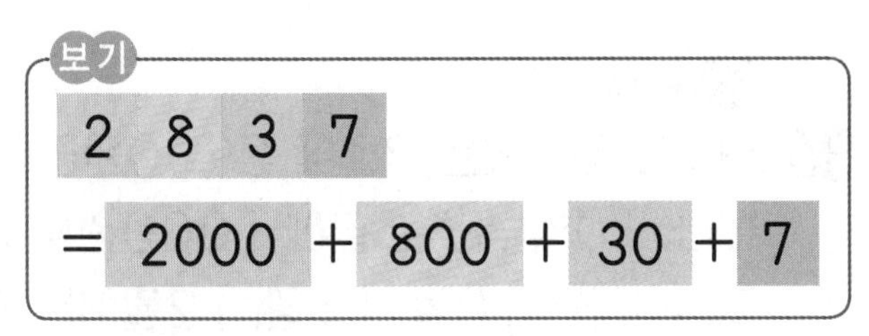

6 5 4 5

= 6000 + ☐ + ☐ + ☐

25 숫자 7이 70을 나타내는 수에 ○표 하세요.

7453	3270	5769
( )	( )	( )

26 백의 자리 숫자가 나머지와 다른 한 수는 어느 것인가요? ( )

① 3286 ② 4269 ③ 7261
④ 6982 ⑤ 8219

27 밑줄 친 숫자가 나타내는 수는 얼마인지 각각 구하세요.

지난 일요일에 열린 마라톤 대회에 4691명이 참가하였습니다.
㉠ ㉡

㉠ ( ), ㉡ ( )

28 천의 자리 숫자가 7, 백의 자리 숫자가 0, 십의 자리 숫자가 5, 일의 자리 숫자가 2인 네 자리 수를 쓰세요.

( )

1단계 기본 유형 연습

5 뛰어 세기

[29~30] 3582에서 출발하여 각각 뛰어 세어 보세요.

29 1000씩 뛰어 세어 보세요.

3582 - ☐ - ☐ - ☐

30 10씩 뛰어 세어 보세요.

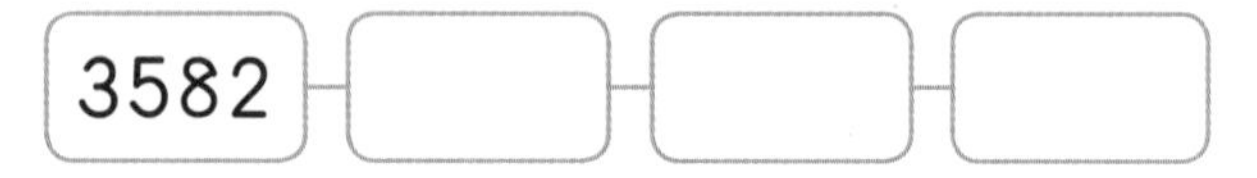

3582 - ☐ - ☐ - ☐

31 몇씩 뛰어 센 것인가요?

8034 - 8035 - 8036 - 8037

➜ ☐씩 뛰어 세었습니다.

32 4750에서 출발하여 100씩 거꾸로 뛰어 세어 보세요.

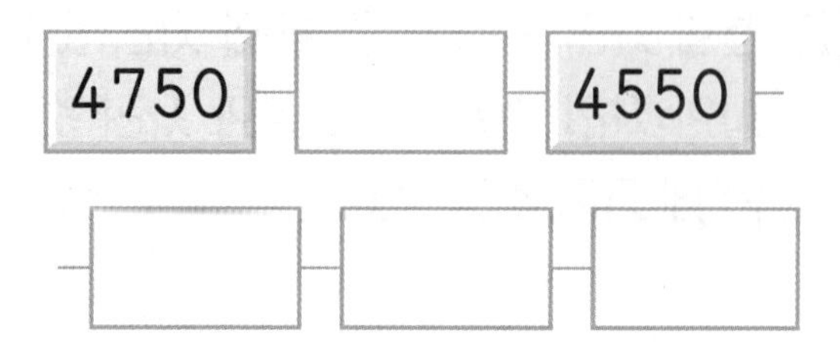

4750 - ☐ - 4550 - ☐ - ☐ - ☐

33 5810부터 100씩 커지는 수 카드입니다. 빈칸에 알맞은 수를 써넣으세요.

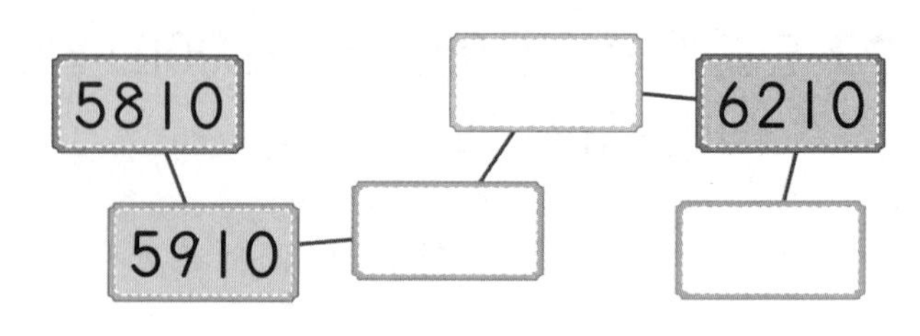

5810 - 5910 - ☐ - ☐ - 6210 - ☐

34 ⬇, ➡ 방향으로 각각 몇씩 뛰어 세었는지 쓰세요.

5200	5300	5400	5500	5600
6200	6300	6400		
7200	7300	7400		
8200				8600

⬇ 방향으로 ☐씩 뛰어 세었고,

➡ 방향으로 ☐씩 뛰어 세었습니다.

35 도윤이가 말한 수는 얼마인가요?

(   )

문제 해결

36 현수의 통장에는 9월에 2960원이 있습니다. 10월부터 한 달에 1000원씩 계속 저금한다면 10월, 11월, 12월에는 각각 얼마가 되는지 구하세요.

9월	10월	11월	12월
2960원	원	원	원

6 수의 크기 비교

37 빈칸에 알맞은 수를 써넣고 두 수의 크기를 비교해 보세요.

	천의 자리	백의 자리	십의 자리	일의 자리
5714 →	5	7		
5382 →				

더 작은 수는 [ ]입니다.

38 두 수의 크기를 비교하여 ○ 안에 > 또는 <를 알맞게 써넣으세요.

(1) 7024 ○ 5008

(2) 3629 ○ 3690

39 네 자리 수의 크기를 비교하는 방법을 바르게 말한 사람에 ○표 하세요.

일의 자리부터 순서대로 비교해야 해.

천의 자리부터 순서대로 비교해야 해.

( ) ( )

40 4732보다 큰 수가 적힌 수 카드에 모두 ○표 하세요.

3864 4738

6015 4723

41 가장 큰 수에 ○표, 가장 작은 수에 △표 하세요.

8326 8130 8139

42 다음은 서영이와 예지가 저금통에 저금한 금액을 나타낸 것입니다. 저금한 금액이 더 많은 사람의 이름을 쓰세요.

서영	예지
9650원	8538원

( )

추론

43 색 테이프를 민애는 1726 cm, 종민이는 1802 cm 가지고 있습니다. 누가 가지고 있는 색 테이프의 길이가 더 짧은가요?

( )

1단계 기본 유형 완성

활용 1 네 자리 수로 나타내기

- 100이 34개인 수는 3400
- 10이 40개인 수는 400
- 1이 52개인 수는 52

예 1000이 5개 → 5000
100이 26개 → 2600
10이 7개 → 70
7670

1-1 1000이 4개, 100이 23개, 1이 6개인 수를 쓰고 읽어 보세요.

쓰기 (　　　　　　　　)
읽기 (　　　　　　　　)

1-2 1000이 2개, 100이 1개, 10이 52개인 수를 쓰고 읽어 보세요.

쓰기 (　　　　　　　　)
읽기 (　　　　　　　　)

1-3 주하가 멜론 맛 우유를 사고 1000원짜리 지폐 1장과 100원짜리 동전 15개를 냈습니다. 멜론 맛 우유의 가격은 얼마인가요?

(　　　　　　　　)

활용 2 숫자가 나타내는 수의 크기 비교하기

같은 숫자라도 자리에 따라 나타내는 수가 다릅니다.

예 7777
→ 천의 자리 숫자, 7000
→ 백의 자리 숫자, 700
→ 십의 자리 숫자, 70
→ 일의 자리 숫자, 7

2-1 숫자 5가 나타내는 수가 가장 작은 수를 찾아 기호를 쓰세요.

㉠ 9254　㉡ 7065　㉢ 5027

(　　　　　　　　)

2-2 숫자 3이 나타내는 수가 가장 큰 수를 찾아 기호를 쓰세요.

㉠ 3176　㉡ 8235　㉢ 5390

(　　　　　　　　)

2-3 숫자 4가 나타내는 수가 큰 것부터 차례로 기호를 쓰세요.

㉠ 1642　㉡ 4897　㉢ 6234

(　　　　　　　　)

활용 3 거꾸로 뛰어 세기

1000, 100, 10, 1씩 거꾸로 뛰어 세면 천, 백, 십, 일의 자리 숫자가 각각 1씩 작아집니다.

3-1 8056에서 출발하여 1000씩 거꾸로 뛰어 세어 보세요.

8056 - 7056 - 6056 - [ ] - [ ] - [ ] - [ ] - [ ]

3-2 3514에서 출발하여 100씩 거꾸로 뛰어 세어 보세요.

3514 - 3414 - [ ] - [ ] - [ ] - [ ] - [ ] - [ ]

3-3 뛰어 세는 규칙을 찾아 쓰고 ㉠과 ㉡에 알맞은 수를 각각 구하세요.

㉠ - 6328 - 6318 - 6308 - [ ] - [ ] - [ ] - ㉡

➜ [ ]씩 거꾸로 뛰어 세었습니다.

㉠ (　　　　)
㉡ (　　　　)

활용 4 조건을 만족하는 수 구하기

모르는 자리의 숫자는 □로 나타냅니다.

예 천의 자리 숫자가 1
백의 자리 숫자가 5 ─인 네 자리 수
일의 자리 숫자가 9

➜ 15□9
(십의 자리 숫자를 □로 나타냅니다.)

4-1 천의 자리 숫자가 2, 백의 자리 숫자가 4, 십의 자리 숫자가 7인 네 자리 수 중에서 가장 큰 수를 구하세요.

(　　　　)

4-2 천의 자리 숫자가 5, 백의 자리 숫자가 0, 일의 자리 숫자가 9인 네 자리 수 중에서 가장 작은 수를 구하세요.

(　　　　)

4-3 백의 자리 숫자가 6, 십의 자리 숫자가 8, 일의 자리 숫자가 5인 네 자리 수는 모두 몇 개인가요?

(　　　　)

2단계 실력 유형 연습

1 ㉠과 ㉡에 알맞은 수를 각각 구하세요.

- 7000은 1000이 ㉠ 개인 수입니다.
- 999보다 ㉡ 만큼 더 큰 수는 1000입니다.

㉠ (　　　　　　), ㉡ (　　　　　　)

2 읽은 것을 수로 쓰면 숫자 0은 몇 개인가요?

구천칠

(　　　　　　)

3 십의 자리 숫자가 0인 수를 모두 찾아 기호를 쓰세요.

㉠ 5804　㉡ 6058　㉢ 칠천백삼　㉣ 8270

(　　　　　　)

4 수 2761을 보고 잘못 말한 사람을 찾아 ○표 하세요.

천의 자리 숫자는 2000을 나타내.

(　　)

백의 자리 숫자는 6이야.

(　　)

일의 자리 숫자는 1이야.

(　　)

S 솔루션

읽은 것을 수로 쓸 때 읽지 않은 자리는 숫자 0으로 나타내요.

㉢을 수로 쓴 후 각각의 십의 자리 숫자를 알아봐요.

1 네 자리 수

5 (100)과 (1000)을 모두 이용하여 5000을 나타내 보세요.

S 솔루션

(100)이 10개이면 (1000)과 같아요.

주의 (1000)만 이용하거나 (100)만 이용하여 나타내지 않도록 해요.

6 숫자 6이 나타내는 수가 가장 큰 수에 ○표, 가장 작은 수에 △표 하세요.

4614	9364	6289	8206

7 더 큰 수를 찾아 기호를 쓰세요.

㉠ 1000이 3개, 100이 2개, 10이 5개, 1이 7개인 수
㉡ 삼천이백사십팔

(　　　　　　　　)

두 수를 각각 숫자로 써서 수의 크기를 비교해요.

추론

8 저금통에 동전이 다음과 같이 들어 있습니다. 1000원이 되려면 얼마가 더 있어야 하나요?

(　　　　　　　　)

10원짜리 동전 10개는 100원짜리 동전 1개와 같아요.

9 주하, 윤후, 승준이가 은행에 가서 뽑은 번호표입니다. 번호표를 가장 먼저 뽑은 사람의 이름을 쓰세요.

주하	윤후	승준
접수 번호 1304 천재은행	접수 번호 1283 천재은행	접수 번호 1296 천재은행

(　　　　　　　　)

10 네 자리 수의 크기를 비교했습니다. □ 안에 들어갈 수 있는 숫자에 모두 ○표 하세요.

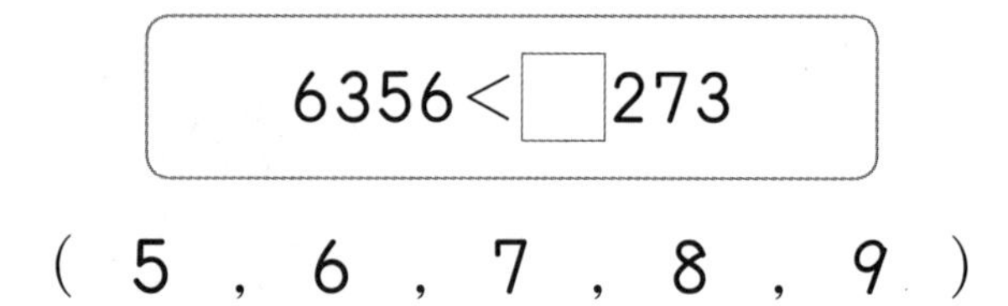

(5 , 6 , 7 , 8 , 9)

실생활 연결

11 김을 100장씩 한 묶음으로 묶어 세는 단위를 톳이라고 합니다. 김이 한 상자에 10톳씩 들어 있습니다. 6상자에 들어 있는 김은 모두 몇 장인가요?

(　　　　　　　　)

12 2586보다 크고 2592보다 작은 네 자리 수는 모두 몇 개인가요?

(　　　　　　　　)

S 솔루션

번호표의 수가 작을수록 먼저 뽑은 거예요.

먼저 백의 자리 숫자를 비교해 봐요.

예를 들어 2000보다 크고 3000보다 작은 수에는 2000과 3000은 포함되지 않아요.

정답과 해설 3쪽

문제 해결

13 진혁이는 친구의 생일 선물로 6000원어치 학용품을 사려고 합니다. 생일 선물을 살 수 있는 방법을 2가지 쓰세요.

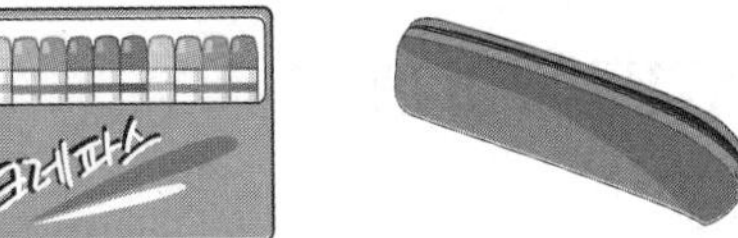

공책 1권	크레파스 1통	필통 1개	형광펜 1통
1000원	4000원	2000원	3000원

방법 1 ____________________

방법 2 ____________________

추론

14 윤성이가 본 수학 시험지 중에서 맞은 문제입니다. 얼룩이 묻어 보이지 않는 수를 구하세요.

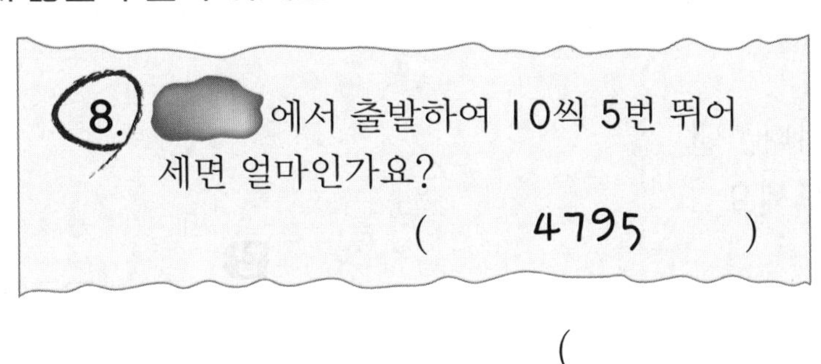
8. ▒▒에서 출발하여 10씩 5번 뛰어 세면 얼마인가요?
(4795)

( )

문제 해결

15 6, 0, 5, 4 4장의 수 카드를 한 번씩만 사용하여 네 자리 수를 만들려고 합니다. 만들 수 있는 가장 큰 수와 가장 작은 수를 각각 구하세요.

가장 큰 수 ( )

가장 작은 수 ( )

S 솔루션

1000원짜리 지폐 6장을 모두 사용하여 학용품을 사는 방법을 생각해요.

구한 답이 맞았으므로 보이지 않는 수에서 10씩 5번 뛰어 세면 4795가 돼요.

네 자리 수를 만들려면 0은 천의 자리에 올 수 없어요.

3단계 심화 유형 연습

심화 1

물건의 가격 구하기

낸 돈에서 가격을 알고 있는 물건의 가격을 덜어 내자!

◆ 수호는 과자와 음료수를 각각 하나씩 사고 그림과 같이 돈을 냈습니다. 음료수의 가격은 얼마인지 구하세요.

1400원

원

문제해결

1 위의 그림은 수호가 낸 돈입니다. 낸 돈에서 과자의 가격만큼 묶어 보세요.

2 음료수의 가격은 얼마인가요?

( )

쌍둥이

1-1 윤재는 초콜릿 맛 우유와 딸기 맛 우유를 각각 하나씩 사고 그림과 같이 돈을 냈습니다. 딸기 맛 우유의 가격은 얼마인가요?

초콜릿 맛 우유	딸기 맛 우유
1200원	원

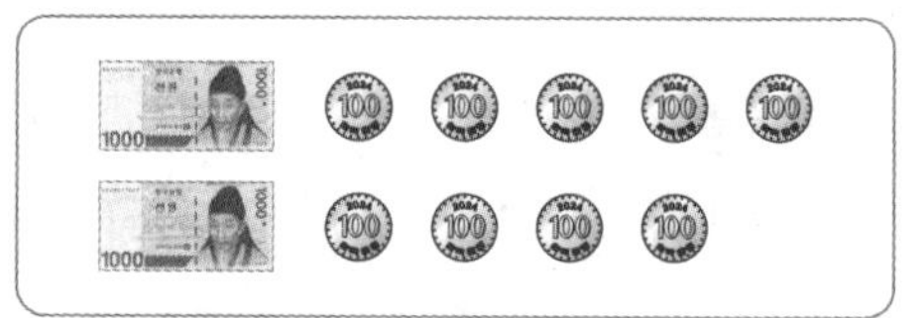

답 ____________

변형

1-2 은우는 2000원짜리 수첩 2권과 필통 1개를 사고 그림과 같이 돈을 냈습니다. 필통 1개의 가격은 얼마인가요?

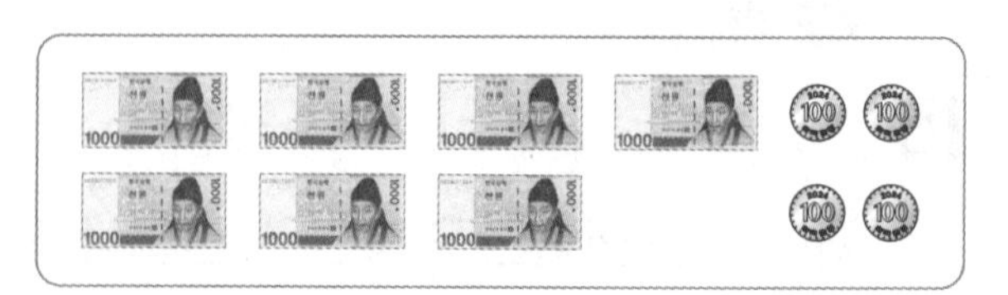

답 ____________

1 네 자리 수

정답과 해설 4쪽

심화 2

모두 얼마인지 구하기

각 묶음별로 얼마인지 구하여 모두 얼마인지 구하자!

◆ 어느 문구점에 색종이가 1000장씩 4묶음, 100장씩 17묶음, 10장씩 13묶음 있습니다. 색종이는 모두 몇 장인지 구하세요.

문제해결

1 묶음별로 각각 몇 장인지 빈칸에 알맞게 써넣으세요.

묶음					
1000장씩 4묶음	4	0	0	0	장
100장씩 17묶음					장
10장씩 13묶음					장

2 색종이는 모두 몇 장인가요?

( )

쌍둥이

2-1 어느 공장에서 탁구공을 1000개씩 8상자, 100개씩 14상자, 10개씩 19상자 만들었습니다. 탁구공은 모두 몇 개인가요?

답 ______

변형

2-2 옷걸이가 큰 상자에는 1000개씩 들어 있고, 작은 상자에는 100개씩 들어 있습니다. 어느 세탁소에 옷걸이가 다음과 같이 있다면 옷걸이는 모두 몇 개인가요?

큰 상자 5개, 작은 상자 23개, 낱개 15개

답 ______

3단계 심화 유형 연습

심화 3

□ 안에 들어갈 수 있는 숫자 구하기

네 자리 수의 크기를 비교할 때에는 천, 백, 십, 일의 자리의 순서로 비교하자!

◆ 0부터 9까지의 숫자 중에서 □ 안에 들어갈 수 있는 숫자는 모두 몇 개인지 구하세요.

26□1 < 2653

문제해결

1 □ 안에 들어갈 수 있는 숫자를 모두 찾아 ○표 하세요.

0 , 1 , 2 , 3 , 4 ,
5 , 6 , 7 , 8 , 9

2 □ 안에 들어갈 수 있는 숫자는 모두 몇 개인가요?

( )

쌍둥이

3-1 0부터 9까지의 숫자 중에서 □ 안에 들어갈 수 있는 숫자는 모두 몇 개인가요?

8174 < 81□6

답 ____________

변형

3-2 천의 자리 숫자가 6, 십의 자리 숫자가 9, 일의 자리 숫자가 7인 네 자리 수 중에서 6480보다 작은 수는 모두 몇 개인가요?

동영상

답 ____________

정답과 해설 4쪽

심화 4

뛰어 세기 전의 수 구하기

뛰어 세기 전의 수를 구하려면 결과에서부터 반대로 뛰어 세자!

◆ 어떤 수에서 출발하여 1000씩 5번 뛰어 세었더니 7019가 되었습니다. 어떤 수에서 출발하여 100씩 3번 뛰어 세면 얼마가 되는지 구하세요.

문제해결

1 □ 안에 알맞은 수를 써넣으세요.

어떤 수를 구하려면 7019에서 출발하여 □씩 거꾸로 □번 뛰어 세어야 합니다.

2 위 1과 같이 뛰어 세고 어떤 수를 구하세요.

7019 — □ — □ — □ — □ — □

(　　　　)

3 위 2에서 구한 어떤 수에서 출발하여 100씩 3번 뛰어 세면 얼마가 되나요?

(　　　　)

4-1 어떤 수에서 출발하여 10씩 3번 뛰어 세었더니 5315가 되었습니다. 어떤 수에서 출발하여 1000씩 2번 뛰어 세면 얼마가 되나요?

답 ____________

4-2 승재는 어떤 수에서 출발하여 10씩 4번 뛰어 세어야 할 것을 잘못하여 어떤 수에서 출발하여 1000씩 4번 뛰어 세었더니 8320이 되었습니다. 승재가 바르게 뛰어 세면 얼마가 되나요?

 ____________

3단계 심화 유형 연습

심화 5

수 카드로 네 자리 수 만들기

먼저 주어진 조건을 이용하여 알 수 있는 자리의 숫자를 구하자!

◆ 5장의 수 카드 중에서 4장을 골라 한 번씩만 사용하여 네 자리 수를 만들려고 합니다. 십의 자리 숫자가 60을 나타내는 가장 큰 네 자리 수를 만들어 보세요.

6 4 1 5 8

문제해결

1 십의 자리 숫자가 얼마일 때 60을 나타내나요?

( )

2 위 1에서 구한 숫자를 뺀 나머지 4장의 수 카드의 수의 크기를 비교해 보세요.

□ > □ > □ > □

3 십의 자리 숫자가 60을 나타내는 가장 큰 네 자리 수를 만들어 보세요.

천	백	십	일

쌍둥이

5-1 5장의 수 카드 중에서 4장을 골라 한 번씩만 사용하여 네 자리 수를 만들려고 합니다. 백의 자리 숫자가 300을 나타내는 가장 큰 네 자리 수를 만들어 보세요.

2 9 4 7 3

답 ________

변형

5-2 5장의 수 카드 중에서 4장을 골라 한 번씩만 사용하여 네 자리 수를 만들려고 합니다. 백의 자리 숫자가 8인 가장 작은 네 자리 수를 만들어 보세요.

3 0 8 2 9

답 ________

정답과 해설 4쪽

심화 6

조건을 모두 만족하는 수 구하기

3000보다 크고 4000보다 작은 수는 3□□□이다.

◆ 주어진 조건을 모두 만족하는 네 자리 수는 몇 개인지 구하세요.

조건
❶ 3000보다 크고 4000보다 작은 수입니다.
❷ 백의 자리 숫자는 7입니다.
❸ 십의 자리 숫자와 일의 자리 숫자가 같습니다.

문제해결

1 위 ❶을 이용하여 천의 자리 숫자를 구하세요.

( )

2 위 ❶과 ❷를 만족하는 네 자리 수를 나타내 보세요.

천	백	십	일

3 주어진 조건을 모두 만족하는 네 자리 수는 몇 개인가요?

( )

쌍둥이

6-1 주어진 조건을 모두 만족하는 네 자리 수는 몇 개인가요?

조건
- 5000보다 크고 6000보다 작은 수입니다.
- 일의 자리 숫자는 2입니다.
- 백의 자리 숫자는 십의 자리 숫자보다 1만큼 더 큽니다.

답 ______

변형

6-2 주어진 조건을 모두 만족하는 네 자리 수를 구하세요.

동영상

조건
- 9000보다 큰 수입니다.
- 각 자리의 숫자를 모두 더하면 12입니다.
- 십의 자리 숫자는 백의 자리 숫자보다 작고 일의 자리 숫자보다 큽니다.

답 ______

3단계 심화 + 유형 완성

실생활 연결

1 우리나라의 역사에 대해 조사하여 나타낸 것입니다. 각각의 일이 일어난 연도를 보고 먼저 일어난 일부터 차례로 □ 안에 1, 2, 3, 4를 써넣으세요.

1988년
서울 올림픽

1919년
3·1 운동

1945년
8·15 광복

1950년
6·25 전쟁

2 소영이는 호두 1000개를 한 봉지에 10개씩 담으려고 합니다. 지금까지 20봉지 담았다면 앞으로 몇 봉지를 더 담아야 하는지 구하세요.

(　　　　　　　)

3 윤수가 가지고 있는 돈입니다. 이 돈으로 1200원짜리 주스를 몇 병까지 살 수 있나요?

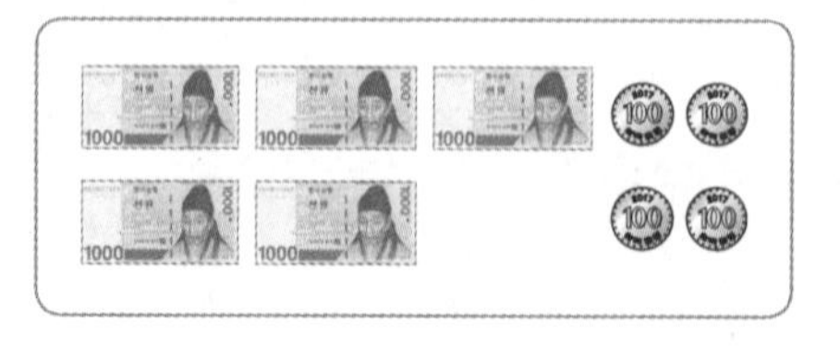

1200원

(　　　　　　　)

정답과 해설 6쪽

4 어떤 수에서 출발하여 500씩 8번 뛰어 세었더니 9304가 되었습니다. 어떤 수는 얼마인가요?
동영상

(   )

추론

5 준서, 희윤, 승아, 주현이가 어제 걸은 걸음 수입니다. □ 안에는 0부터 9까지의 숫자가 들어갈 수 있을 때 어제 걸은 걸음 수가 가장 많은 사람과 가장 적은 사람의 이름을 쓰세요.
동영상

준서	희윤	승아	주현
8□00	9□94	902□	89□6

가장 많은 사람 (   ), 가장 적은 사람 (   )

6 세아가 가지고 있는 돈은 다음과 같습니다. 세아가 5000원짜리 닭강정 한 컵을 살 때 가격에 맞게 돈을 내는 방법은 몇 가지인지 구하세요.
동영상

1000원짜리 지폐	500원짜리 동전	100원짜리 동전
5장	2개	10개

(   )

BOOK❷ 2~5쪽에서 경시대회 문제 도전!

Test 단원 실력 평가

맞힌 문제 수 개/14개

1 수 모형이 나타내는 수를 쓰고 읽어 보세요.

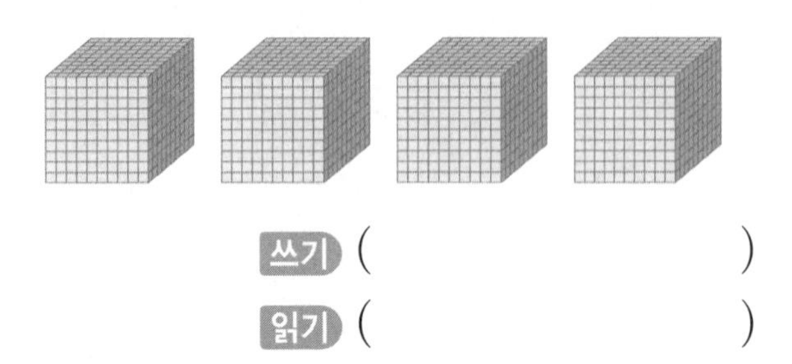

쓰기 (　　　　　　　　)

읽기 (　　　　　　　　)

2 □ 안에 알맞은 수를 써넣으세요.

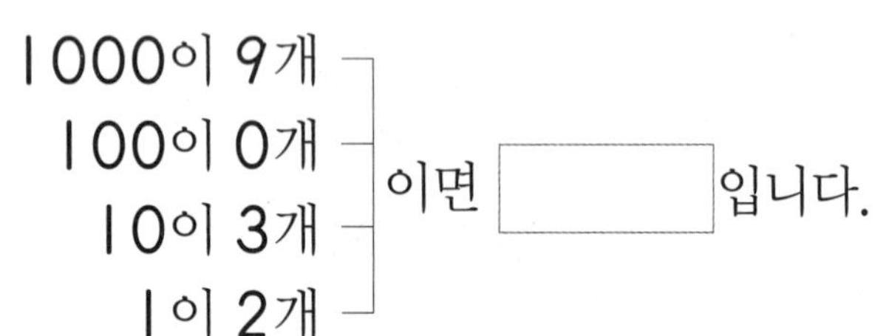

3 두 수의 크기를 비교하여 ○ 안에 > 또는 <를 알맞게 써넣으세요.

4 숫자 5가 5000을 나타내는 수를 모두 고르세요. (　　　　　　)

① 7582　② 2453
③ 5087　④ 5736
⑤ 2875

5 1000이 되도록 왼쪽과 오른쪽을 이어 보세요.

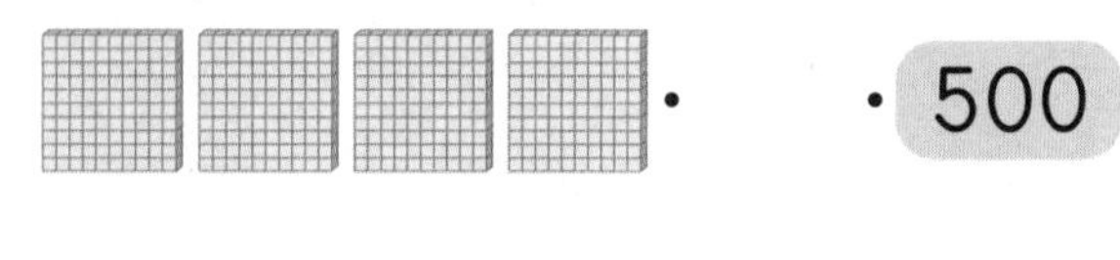

6 뛰어 세는 규칙에 맞게 빈칸에 알맞은 수를 써넣으세요.

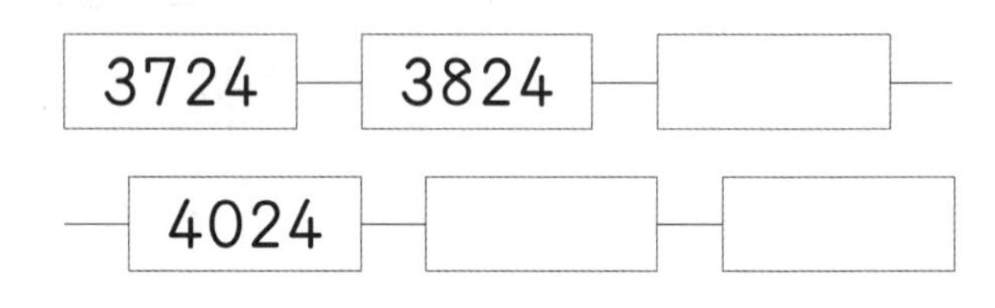

7 나은이의 지갑에는 1000원짜리 지폐가 7장 있습니다. 나은이의 지갑에 있는 돈은 모두 얼마인가요?

(　　　　　　　　)

8 다음은 마을별로 사는 사람 수를 나타낸 것입니다. 가장 많은 사람이 사는 마을을 찾아 쓰세요.

행복 마을	사랑 마을	기쁨 마을
1950명	1708명	1915명

(　　　　　　　　)

9 귤이 한 상자에 100개씩 들어 있습니다. 50상자에 들어 있는 귤은 모두 몇 개인가요?

( )

10 0부터 9까지의 숫자 중에서 □ 안에 들어갈 수 있는 숫자를 모두 쓰세요.

92□9 < 9247

( )

11 어떤 수에서 출발하여 10씩 3번 뛰어 세었더니 7540이 되었습니다. 어떤 수는 얼마인가요?

( )

서술형

12 저금통에 천 원짜리 지폐 4장, 백 원짜리 동전 6개, 십 원짜리 동전 28개가 들어 있습니다. 저금통에 들어 있는 돈은 모두 얼마인지 풀이 과정을 쓰고 답을 구하세요.

풀이

답

13 주어진 조건을 모두 만족하는 네 자리 수는 몇 개인지 구하세요.

조건
- 6000보다 크고 7000보다 작습니다.
- 십의 자리 숫자는 80을 나타냅니다.
- 일의 자리 숫자는 5입니다.

( )

서술형

14 5장의 수 카드 중에서 4장을 골라 한 번씩만 사용하여 네 자리 수를 만들려고 합니다. 만들 수 있는 수 중 십의 자리 숫자가 40을 나타내는 가장 큰 네 자리 수는 무엇인지 풀이 과정을 쓰고 답을 구하세요.

6 5 0 4 7

풀이

답

2

곱셈구구

이전에 배운 내용 ___ 2-1

❖ 곱셈
- 여러 가지 방법으로 세어 보기
- 몇의 몇 배
- 곱셈 알아보기
- 곱셈식으로 나타내기

2단원의 대표 심화 유형

- 학습한 후에 이해가 부족한 유형에 체크하고 한 번 더 공부해 보세요.

01 □ 안에 들어갈 수 있는 수 구하기 ········ ✓

02 가장 큰 곱, 가장 작은 곱 구하기 ✓

03 다른 방법으로 배열하기 ························ ✓

04 얻은 점수 구하기 ································ ✓

05 조건을 모두 만족하는 수 구하기 ·········· ✓

06 곱셈표의 빈칸에 알맞은 수 구하기 ······· ✓

이번에 배울 내용 ___ 2-2

❖ 곱셈구구
- 2~9단 곱셈구구
- 1단 곱셈구구와 0의 곱
- 곱셈표 만들기
- 곱셈구구를 이용하여 문제 해결하기

이후에 배울 내용 ___ 3-1

❖ 곱셈
- (몇십)×(몇)
- 올림이 없는 (몇십몇)×(몇)
- 올림이 있는 (몇십몇)×(몇)

큐알 코드를 찍으면 개념 학습 영상과 문제 풀이 영상도 보고, 수학 게임도 할 수 있어요.

개념 1 2단 곱셈구구

2 × 1 = 2
2 × 2 = 4
2 × 3 = 6
2 × 4 = 8
2 × 5 = 10
2 × 6 = 12
2 × 7 = 14
2 × 8 = 16
2 × 9 = 18

1씩 커짐. 2씩 커짐.

2×3은 2씩 3번 더해. 2×3=2+2+2 =6

2×3은 2×2에 2를 더해.
2×2=4
2×3=6 +2

×	1	2	3	4	5	6	7	8	9
2	2	4	6	8	10	12	14	16	18

→ **2단 곱셈구구**에서 곱하는 수가 1씩 커지면 그 곱은 **2씩 커집니다.**

개념 2 5단 곱셈구구

5 × 1 = 5
5 × 2 = 10
5 × 3 = 15
5 × 4 = 20
5 × 5 = 25
5 × 6 = 30
5 × 7 = 35
5 × 8 = 40
5 × 9 = 45

1씩 커짐. 5씩 커짐.

5×4는 5씩 4번 더해서 계산할 수 있어.

5×4는 5×3에 5를 더해서 계산할 수도 있어.

×	1	2	3	4	5	6	7	8	9
5	5	10	15	20	25	30	35	40	45

→ **5단 곱셈구구**에서 곱하는 수가 1씩 커지면 그 곱은 **5씩 커집니다.**

개념 3 3단, 6단 곱셈구구

1. 3단 곱셈구구

×	1	2	3	4	5	6	7	8	9
3	3	6	9	12	15	18	21	24	27

→ **3단 곱셈구구**에서 곱하는 수가 1씩 커지면 그 곱은 **3씩 커집니다.**

2. 6단 곱셈구구

×	1	2	3	4	5	6	7	8	9
6	6	12	18	24	30	36	42	48	54

→ **6단 곱셈구구**에서 곱하는 수가 1씩 커지면 그 곱은 **6씩 커집니다.**

개념 4 4단, 8단 곱셈구구

1. 4단 곱셈구구

×	1	2	3	4	5	6	7	8	9
4	4	8	12	16	20	24	28	32	36

→ **4단 곱셈구구**에서 곱하는 수가 1씩 커지면 그 곱은 **4씩 커집니다.**

2. 8단 곱셈구구

×	1	2	3	4	5	6	7	8	9
8	8	16	24	32	40	48	56	64	72

→ **8단 곱셈구구**에서 곱하는 수가 1씩 커지면 그 곱은 **8씩 커집니다.**

개념 5 7단, 9단 곱셈구구

1. 7단 곱셈구구

×	1	2	3	4	5	6	7	8	9
7	7	14	21	28	35	42	49	56	63

→ **7단 곱셈구구**에서 곱하는 수가 1씩 커지면 그 곱은 **7씩 커집니다.**

2. 9단 곱셈구구

×	1	2	3	4	5	6	7	8	9
9	9	18	27	36	45	54	63	72	81

→ **9단 곱셈구구**에서 곱하는 수가 1씩 커지면 그 곱은 **9씩 커집니다.**

개념 6 1단 곱셈구구와 0의 곱

1. 1단 곱셈구구

×	1	2	3	4	5	6	7	8	9
1	1	2	3	4	5	6	7	8	9

→ **1단** 곱셈구구는 **곱하는 수**와 **곱이 서로 같습니다.**

1×(어떤 수)=(어떤 수)

└ 1과 어떤 수의 곱은 항상 어떤 수 자신이 됩니다.

2. 0의 곱

0과 어떤 수의 곱, 어떤 수와 0의 곱은 항상 0이 됩니다.

0×(어떤 수)=**0**

(어떤 수)×**0**=**0**

개념 7 곱셈표 만들기

세로줄과 가로줄의 수가 만나는 칸에 두 수의 곱을 써넣습니다.

×	0	1	2	3	4	5	6	7	8	9
0	0	0	0	0	0	0	0	0	0	0
1	0	1	2	3	4	5	6	7	8	9
2	0	2	4	6	8	10	12	14	16	18
3	0	3	6	9	12	15	18	21 (3×7)	24	27
4	0	4	8	12	16	20	24	28	32	36
5	0	5	10	15	20	25	30	35	40	45
6	0	6	12	18	24	30	36	42	48	54
7	0	7	14	21 (7×3)	28	35	42	49	56	63
8	0	8	16	24	32	40	48	56	64	72
9	0	9	18	27	36	45	54	63	72	81

- 곱셈표를 점선(----)을 따라 접었을 때 만나는 곱셈구구의 곱이 같습니다.
- 3×7과 곱이 같은 곱셈구구는 7×3입니다. → 곱하는 두 수의 순서를 서로 바꾸어도 곱이 같습니다.

개념 8 곱셈구구를 이용하여 문제 해결하기

사물함이 한 층에 9개씩 4층으로 놓여 있습니다. 사물함은 모두 몇 개인가요?

└ 구하려고 하는 것: 사물함은 모두 몇 개

(1) 주어진 조건 알아보기

한 층에 9개씩 4층 → 9단 곱셈구구 이용

(2) 곱셈구구로 알아보기

9×4=36 (9: 한 층에 있는 사물함 수, 4: 층 수)

(3) 답 구하기

사물함은 모두 36개입니다.

2 곱셈구구

1단계 기본 유형 연습

1 2단, 5단 곱셈구구

1 바둑돌은 모두 몇 개인지 곱셈식으로 나타내 보세요.

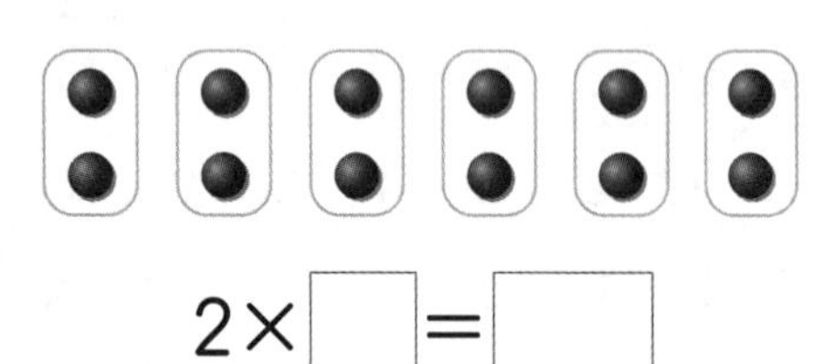

2×☐=☐

2 ☐ 안에 알맞은 수를 써넣으세요.

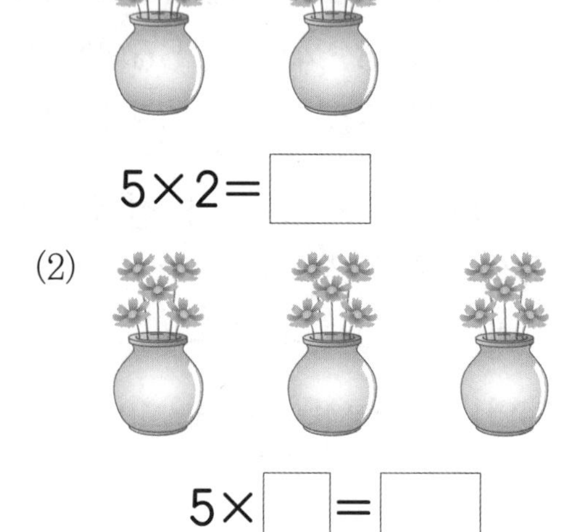

(1) 5×2=☐

(2) 5×☐=☐

3 그림을 보고 ☐ 안에 알맞은 수를 써넣으세요.

4 2단 곱셈구구의 값을 찾아 이어 보세요.

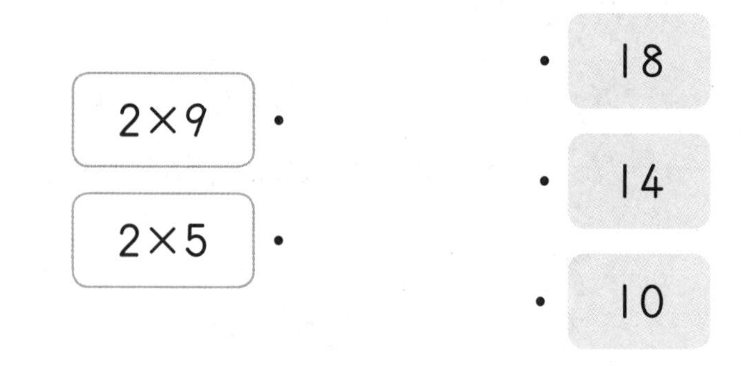

5 크기를 비교하여 ○ 안에 >, =, <를 알맞게 써넣으세요.

5×9 ○ 40

6 달걀이 한 줄에 5개씩 포장되어 있습니다. 4줄에 있는 달걀은 모두 몇 개인가요?

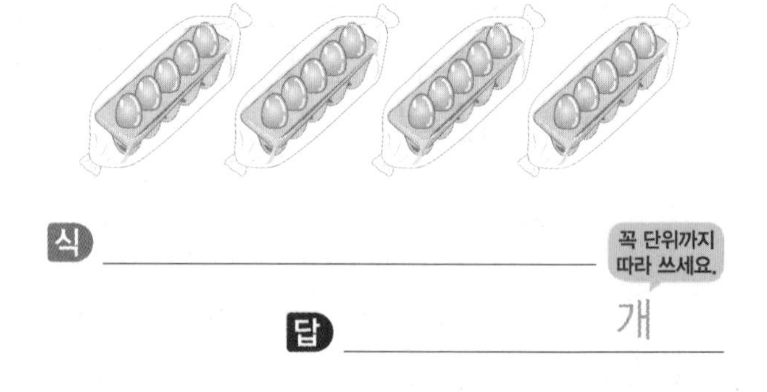

식 ________________

꼭 단위까지 따라 쓰세요.

답 ________ 개

실생활 연결

7 신발 1켤레는 2짝입니다. 신발 3켤레는 몇 짝인가요?

(　　　　짝)

2 3단, 6단 곱셈구구

8 빵은 모두 몇 개인지 곱셈식으로 나타내 보세요.

$3\times\square=\square$

9 연결 모형이 모두 몇 개인지 구하려고 합니다. 구하는 방법을 잘못 말한 사람은 누구인가요?

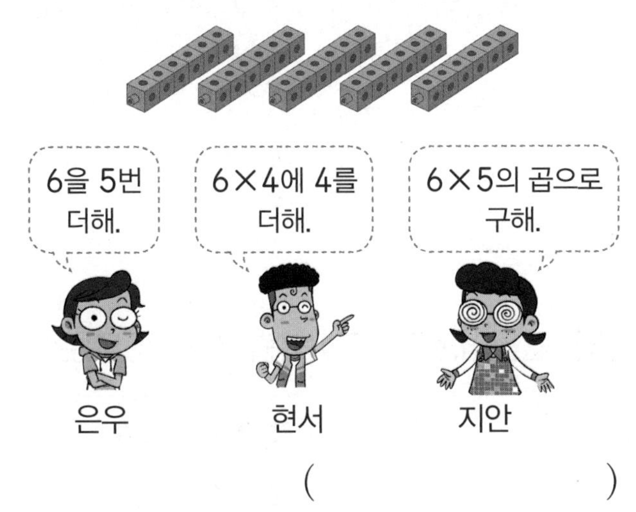

(　　　　　　　　)

10 □ 안에 알맞은 수를 써넣으세요.

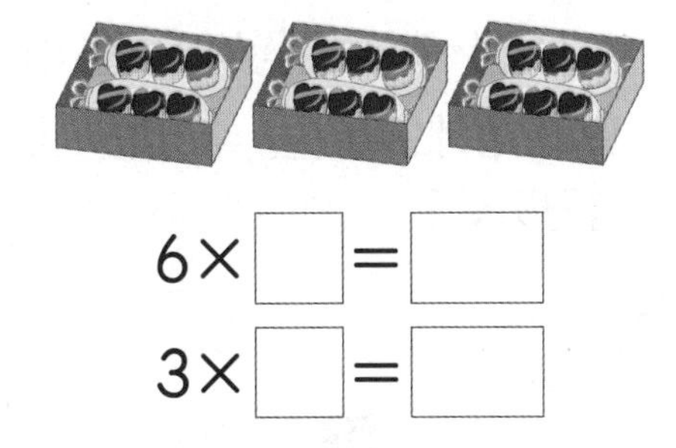

$6\times\square=\square$

$3\times\square=\square$

11 □ 안에 알맞은 수를 써넣으세요.

$3\times8=24$
$3\times9=\square$) $+\square$

12 곱셈식을 수직선에 나타내고 □ 안에 알맞은 수를 써넣으세요.

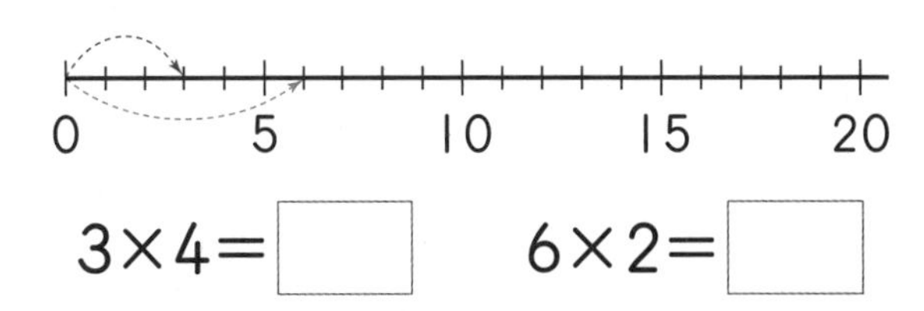

$3\times4=\square$　　$6\times2=\square$

13 빈칸에 알맞은 수를 써넣으세요.

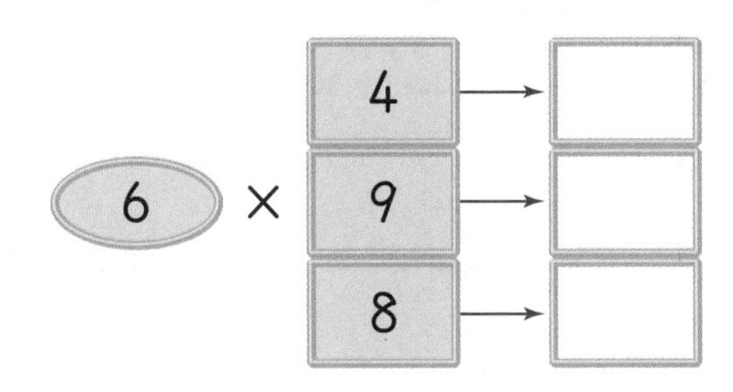

14 풍선이 한 봉지에 3개씩 들어 있습니다. 7봉지에 들어 있는 풍선은 모두 몇 개인가요?

식 ______________ 꼭 단위까지 따라 쓰세요.

답 ______________ 개

1단계 기본 유형 연습

3 4단, 8단 곱셈구구

15 곱셈식을 보고 빈 접시에 ○를 그려 보세요.

4×5=20

16 8×5를 계산하는 방법입니다. □ 안에 알맞은 수를 써넣으세요.

8×5는 8을 □번 더하여 계산할 수 있습니다.
➔ 8×5
=□+□+□+□+□
=□

17 물고기는 모두 몇 마리인지 곱셈식으로 나타내 보세요.

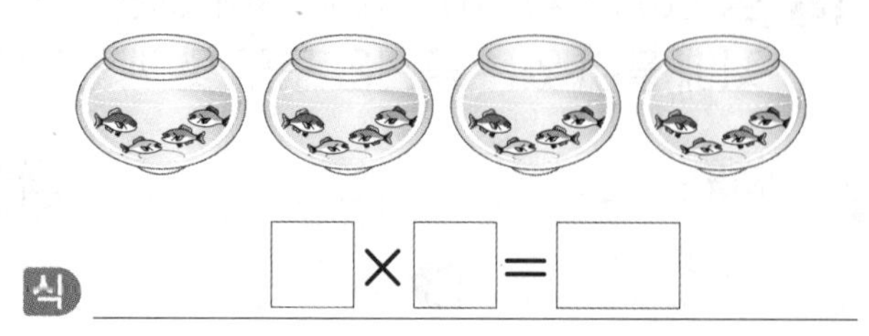

식 □×□=□

18 수직선에서 ㉠에 알맞은 수를 구하려고 합니다. □ 안에 알맞은 수를 써넣으세요.

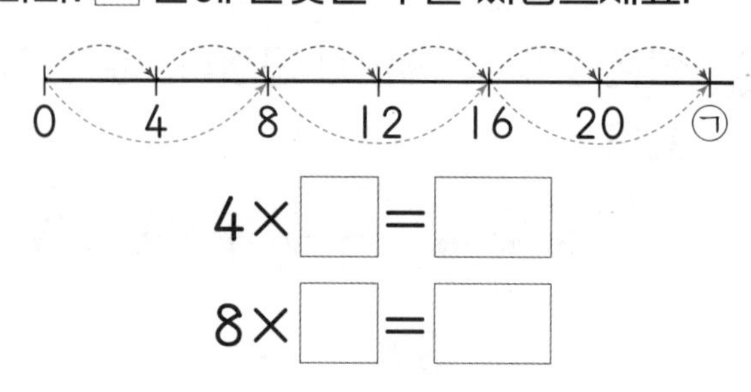

4×□=□
8×□=□

19 곱셈식이 옳게 되도록 이어 보세요.

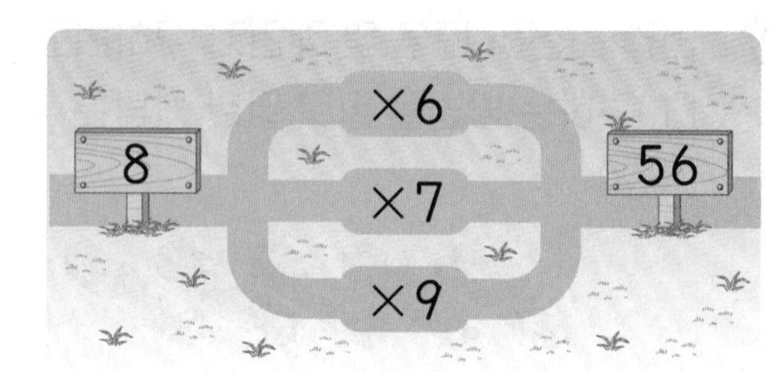

20 곱을 바르게 구한 사람은 누구인가요?

선미	8×4=24
현주	4×9=36

(　　　　　　)

실생활 연결

21 긴 의자 한 개에 8명씩 앉을 수 있습니다. 긴 의자 8개에 앉을 수 있는 사람은 모두 몇 명인가요?

식 ______________

꼭 단위까지 따라 쓰세요.

답 ______________ 명

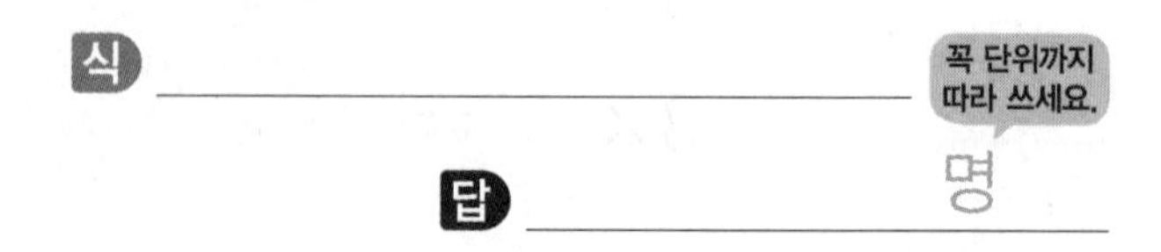

4 7단, 9단 곱셈구구

22 구슬은 모두 몇 개인지 곱셈식으로 나타내 보세요.

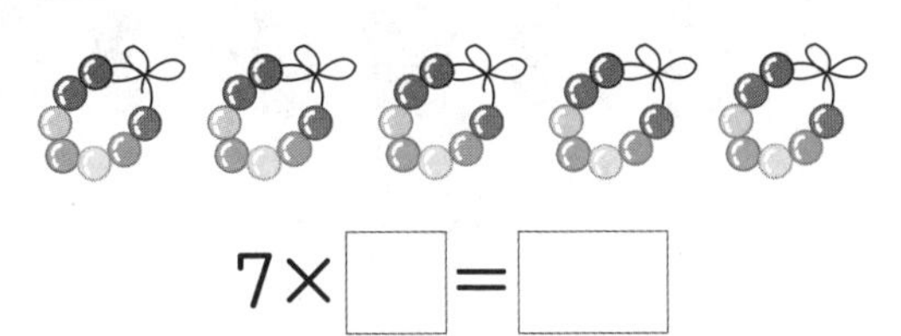

$7 \times \square = \square$

23 그림을 보고 보기 와 같이 나타내 보세요.

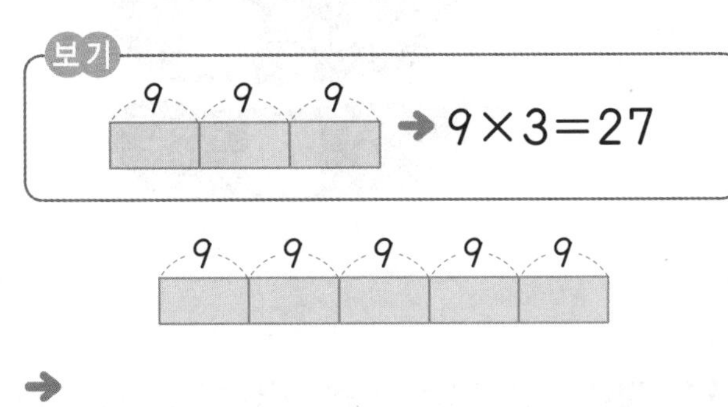

→ ____________________

24 7단 곱셈구구를 완성해 보세요.

$7 \times 1 = 7$

$7 \times 2 = 14$

$7 \times \square = 21$

$7 \times 4 = \square$

$7 \times 5 = \square$

$7 \times \square = 42$

$7 \times \square = 49$

$7 \times 8 = \square$

$7 \times \square = \square$

25 곱이 틀린 것의 기호를 쓰세요.

㉠ $7 \times 2 = 14$ ㉡ $9 \times 6 = 45$

(　　　　　　)

26 곱의 크기를 비교하여 ○ 안에 >, =, < 를 알맞게 써넣으세요.

7×8 ○ 9×4

27 벽에 타일을 한 줄에 9장씩 붙였습니다. 타일을 8줄 붙였다면 벽에 붙인 타일은 모두 몇 장인가요?

꼭 단위까지 따라 쓰세요.

(　　　　　장　)

문제 해결

28 나타내는 수가 나머지와 다른 하나를 찾아 기호를 쓰세요.

㉠ 7을 6번 더해서 구합니다.
㉡ 7×5에 7을 더해서 구합니다.
㉢ 7×5와 7×2를 더해서 구합니다.

(　　　　　　)

5 1단 곱셈구구와 0의 곱

29 접시에 담긴 핫도그의 수를 알아보려고 합니다. □ 안에 알맞은 수를 써넣으세요.

(1)

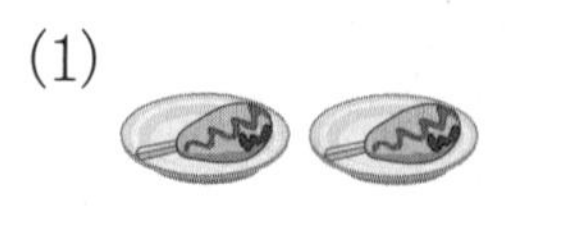

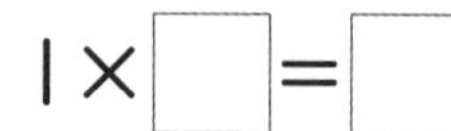

$1\times2=\square$ $1\times\square=\square$

(2)

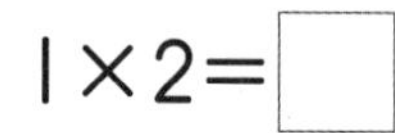

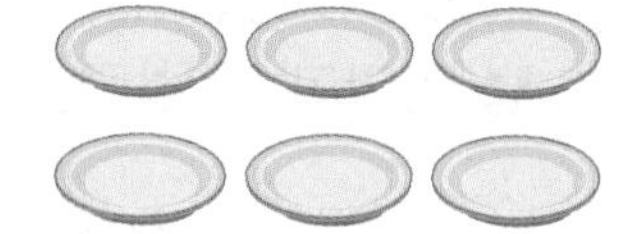

$0\times4=\square$ $0\times\square=\square$

30 빈칸에 알맞은 수를 써넣으세요.

$\times 8$

0 → □

31 계산 결과를 찾아 이어 보세요.

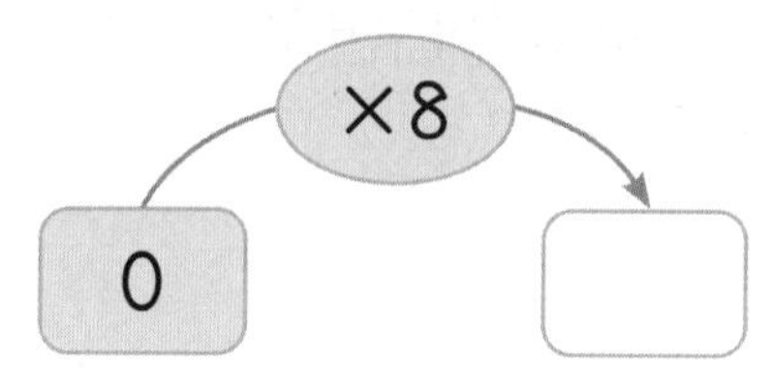

7×0	1×7

7	1	0

32 화분 한 개에 꽃을 1송이씩 심었습니다. 6개의 화분에 심은 꽃은 모두 몇 송이인지 곱셈식으로 나타내 보세요.

$1\times\square=\square$

추론

33 □ 안에 알맞은 수를 써넣으세요.

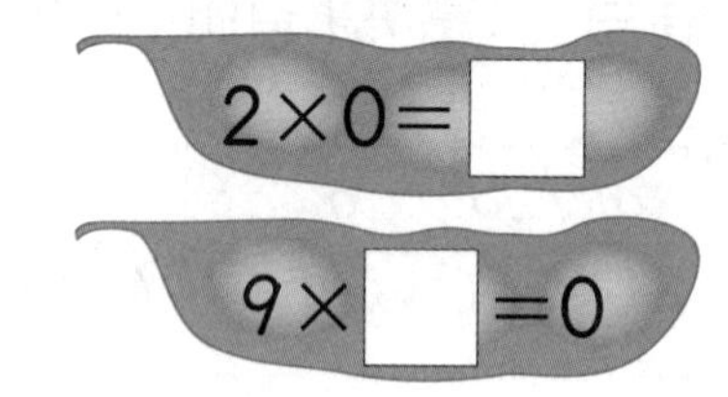

[34~35] 과녁 맞히기 놀이를 했습니다. 화살을 3개씩 쏘아 맞힌 과녁에 적힌 수만큼 점수를 얻을 때 물음에 답하세요.

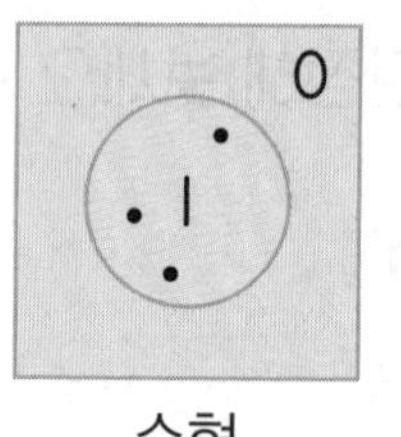

수현

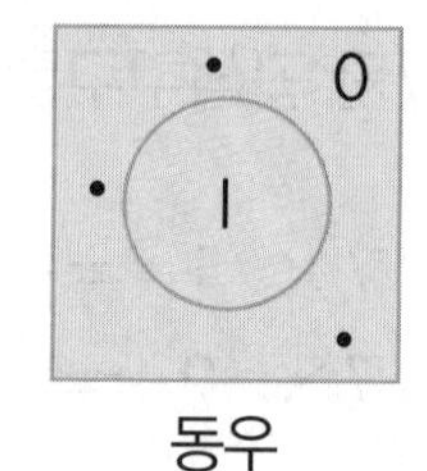

동우

34 수현이가 얻은 점수는 모두 몇 점인가요?

식 ____________ (꼭 단위까지 따라 쓰세요.)

답 ____________ 점

35 동우가 얻은 점수는 모두 몇 점인가요?

식 ____________

답 ____________ 점

2 곱셈구구

6 곱셈표 만들기

[36~40] 곱셈표를 보고 물음에 답하세요.

×	0	1	2	3	4	5	6	7	8	9
0	0									
1	0	1								
2	0	2	4							
3	0	3	6	9						
4	0	4	8	12	16					
5	0	5	10	15	20	25				
6	0	6	12	18	24	30	36			
7	0	7	14	21	28	35	42	49		
8	0	8	16	24	32	40	48	56	64	
9	0	9	18	27	36	45	54	63	72	81

36 위 곱셈표를 완성해 보세요.

37 위 곱셈표를 보고 □ 안에 알맞은 수를 써넣으세요.

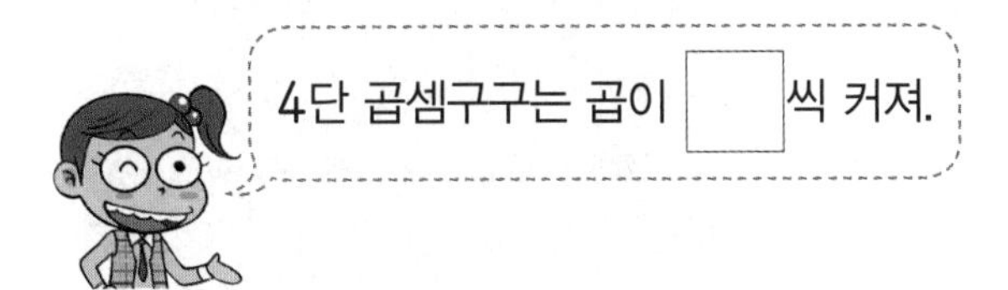

5단 곱셈구구는 곱의 일의 자리 숫자가 □, □(으)로 반복되고 있어.

곱이 7씩 커지는 곱셈구구는 □단이야.

38 알맞은 말에 ○표 하세요.

곱셈표를 점선(----)을 따라 접었을 때 만나는 수는 (같습니다 , 다릅니다).

39 곱셈표에서 5 × 9와 곱이 같은 곱셈구구를 찾아 쓰세요.

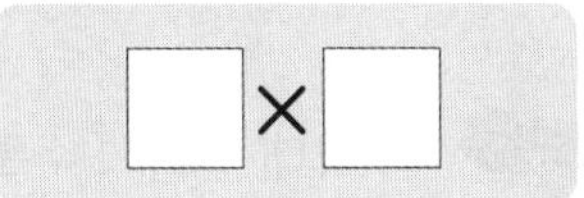

문제 해결

40 곱셈표에서 곱이 36인 곱셈구구를 모두 찾아 쓰세요.

□×□, □×□, □×□

41 곱셈표를 완성하고, 곱이 30보다 큰 칸에 모두 색칠해 보세요.

×	1	2	3	4	5	6	7	8	9
6	6	12	18						
7	7	14							
9	9	18							

1단계 기본 유형 연습

7 곱셈구구를 이용하여 문제 해결하기

42 곱셈구구를 이용하여 휴대 전화의 수를 알아보세요.

휴대 전화의 수를 8× □(으)로 구할 수 있어.

휴대 전화의 수를 2× □(으)로 구하면 모두 □대야.

43 그림과 같이 성냥개비로 사각형 3개를 만들려면 필요한 성냥개비는 모두 몇 개인가요?

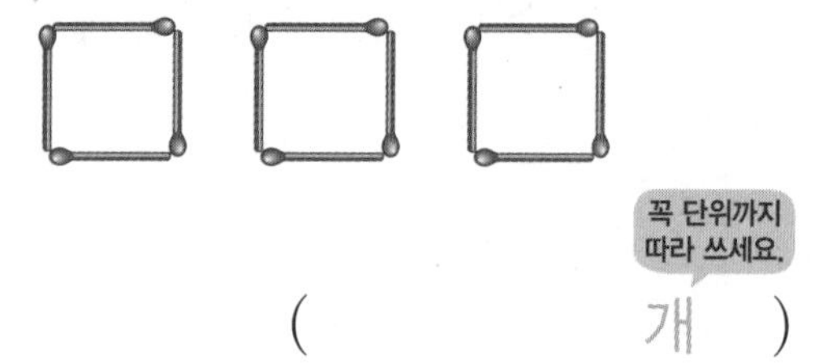

꼭 단위까지 따라 쓰세요.

(개)

44 클립 한 개의 길이는 3 cm입니다. 클립 6개의 길이는 몇 cm인가요?

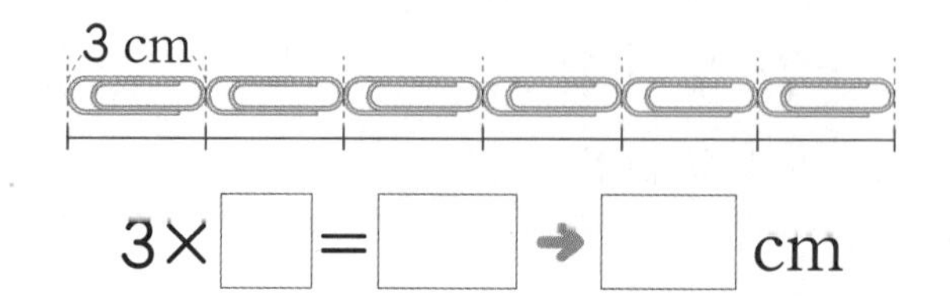

3× □ = □ ➔ □ cm

문제 해결

45 '5×9=45'에 알맞게 문제를 만들고 답을 구하려고 합니다. □ 안에 알맞은 수를 써넣으세요.

떡이 한 상자에 □개씩 들어 있습니다. □상자에 들어 있는 떡은 모두 몇 개인가요? ➔ □개

46 도현이는 책을 2권 읽었고 형은 도현이가 읽은 책 수의 7배만큼 읽었습니다. 형이 읽은 책은 몇 권인가요?

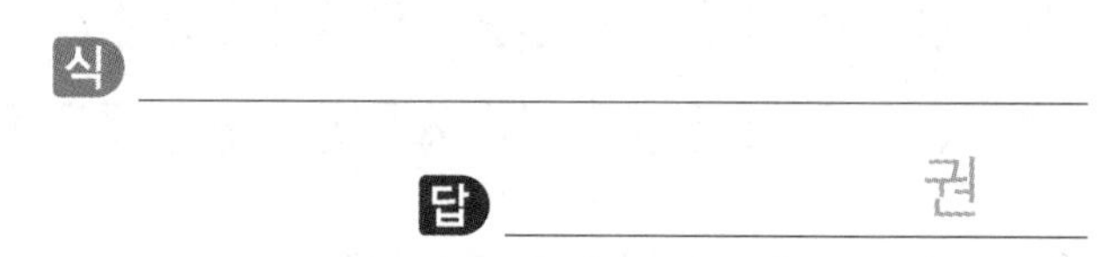

식 ____________

답 ________ 권

47 곱셈구구를 이용하여 연결 모형의 수를 구하려고 합니다. □ 안에 알맞은 수를 써넣으세요.

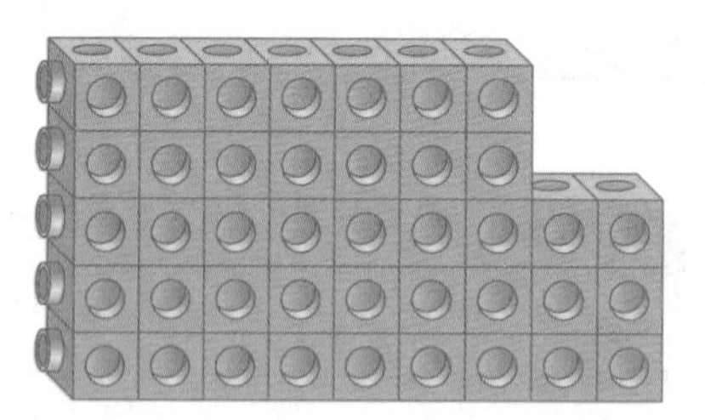

방법 1

7×5와 2× □을/를 더합니다.

방법 2

9× □에서 4를 뺍니다.

➔ 연결 모형의 수는 □개입니다.

정답과 해설 8쪽

활용 1 곱셈을 계산하는 여러 가지 방법

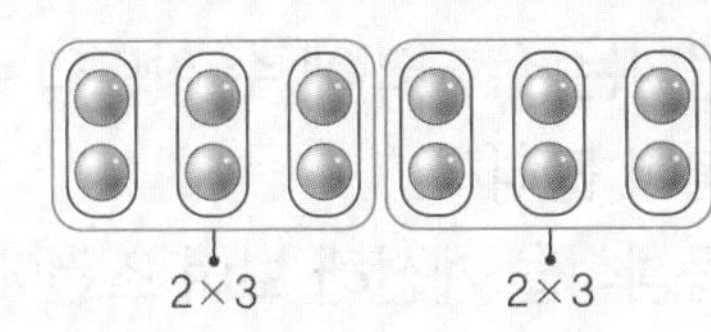

방법 1 2개씩 6묶음 있으므로
$2\times6=12$입니다.
└ $2+2+2+2+2+2=12$ (6번)

방법 2 2×5에 2를 더합니다.

방법 3 2×3을 2번 더합니다.
➔ $2\times3=6$이므로
$6+6=12$입니다.

1-1 3×4를 계산하려고 합니다. □ 안에 알맞은 수를 써넣으세요.

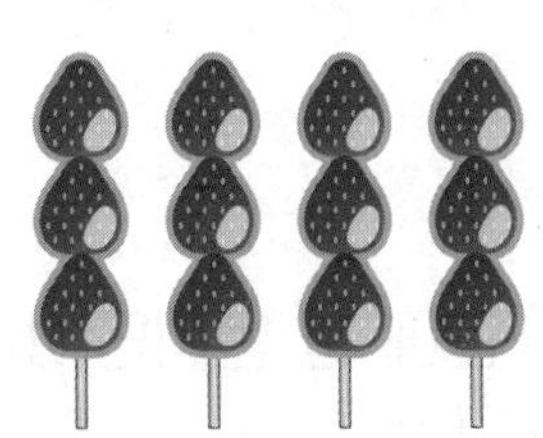

3×3에 □을/를 더하면 □입니다.

1-2 4×6을 계산하려고 합니다. □ 안에 알맞은 수를 써넣으세요.

4×2를 □번 더하면 □입니다.

1-3 5×5를 계산하려고 합니다. □ 안에 알맞은 수를 써넣으세요.

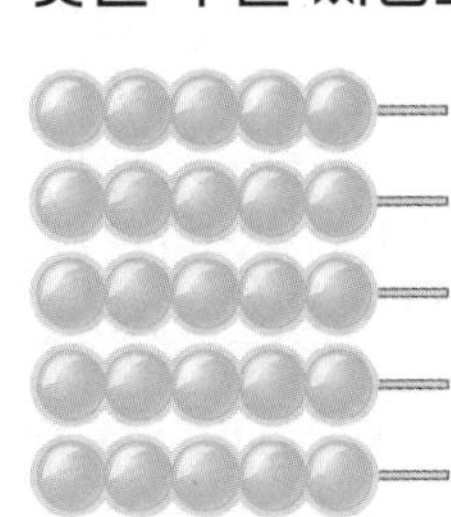

5×2와 $5\times$□을/를 더하면 □입니다.

활용 2 곱하는 두 수의 순서를 바꾸어 곱하기

곱하는 두 수의 순서를 서로 바꾸어도 곱은 같습니다.
예 $3\times9=9\times3$

2-1 다음을 보고 ㉠×㉡을 구하세요.

- $4\times6=$㉠$\times4$
- ㉡$\times3=3\times9$

(　　　　　　)

2-2 다음을 보고 ♥×★을 구하세요.

- $2\times7=7\times$♥
- $5\times$★$=6\times5$

(　　　　　　)

2-3 보기와 같이 □ 안에 알맞은 수를 써넣으세요.

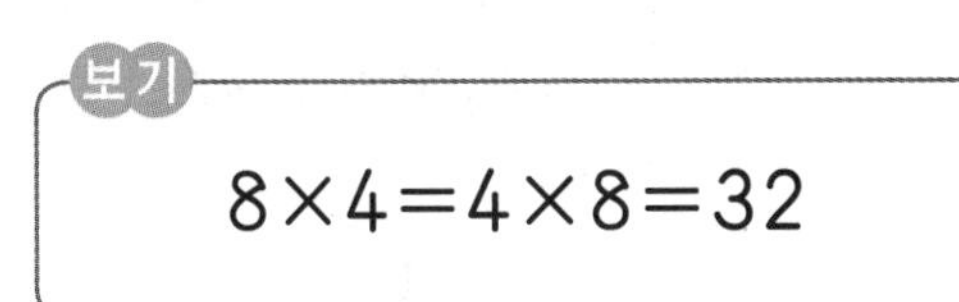
보기
$8\times4=4\times8=32$

$9\times6=$□$\times$□$=$□

활용 3 □ 안에 알맞은 수 구하기

❶ 9×□=45에서 9단 곱셈구구를 이용하여 곱이 45인 곱셈식을 찾습니다.
❷ 9×5=45이므로 □=5입니다.

3-1 □ 안에 알맞은 수를 써넣으세요.

3×□=24

3-2 □ 안에 알맞은 수를 써넣으세요.

□×8=56

3-3 ㉠과 ㉡에 알맞은 수의 합을 구하세요.

- 5×㉠=15
- ㉡×6=36

(　　　　　　　)

활용 4 수 카드로 곱셈식 만들기

❶ 곱하는 수 자리에 수 카드의 수를 차례로 넣어 봅니다.
❷ 곱셈식을 계산해 보며 조건에 맞는 식을 찾습니다.

4-1 수 카드의 수를 □ 안에 한 번씩만 써넣어 곱셈식을 완성해 보세요.

2　4　8

7×□=□□

4-2 수 카드의 수를 □ 안에 한 번씩만 써넣어 곱셈식을 완성해 보세요.

8　1　3

6×□=□□

4-3 4장의 수 카드 중 3장을 골라 □ 안에 한 번씩만 써넣어 곱셈식을 완성해 보세요.

9　2　4　7

3×□=□□

2단계 실력 유형 연습

정답과 해설 9쪽

1 귤은 모두 몇 개인지 2가지 곱셈식으로 나타내 보세요.

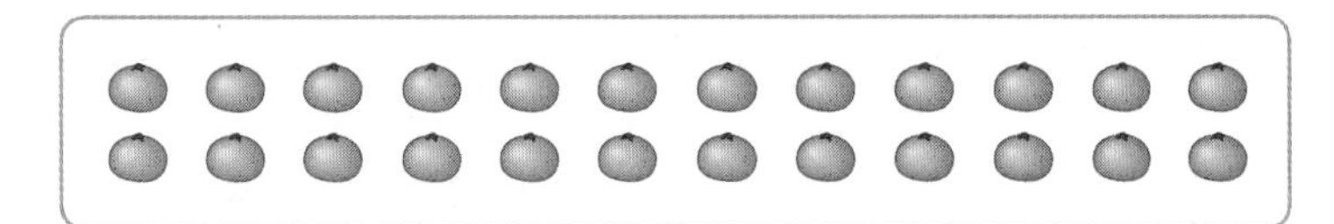

3×☐=☐, 6×☐=☐

솔루션: 귤을 3개씩 묶으면 몇 묶음이고, 6개씩 묶으면 몇 묶음인지 알아봐요.

추론

2 4×9는 4×7보다 얼마나 더 큰지 ○를 그려서 나타내고, ☐ 안에 알맞은 수를 써넣으세요.

4×7

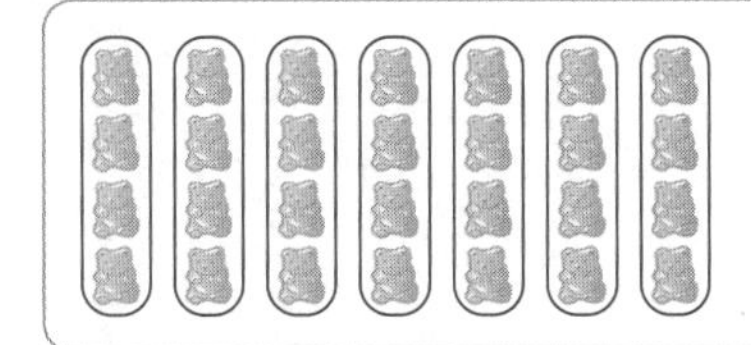

4×9

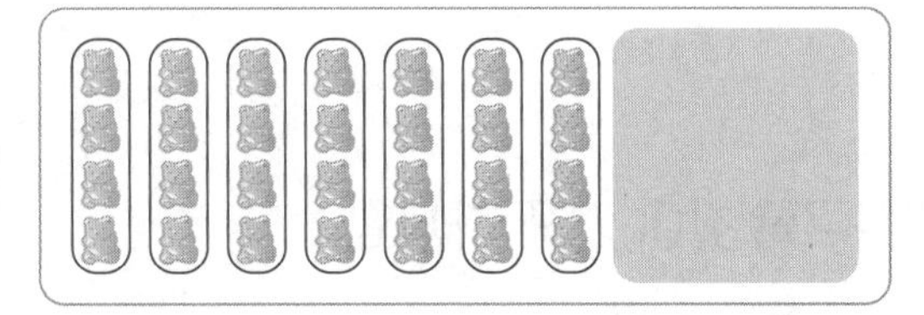

4×9는 4×7보다 4씩 ☐묶음이 더 많으므로 ☐만큼 더 큽니다.

3 8×6을 계산하는 방법입니다. ☐ 안에 알맞은 수를 써넣으세요.

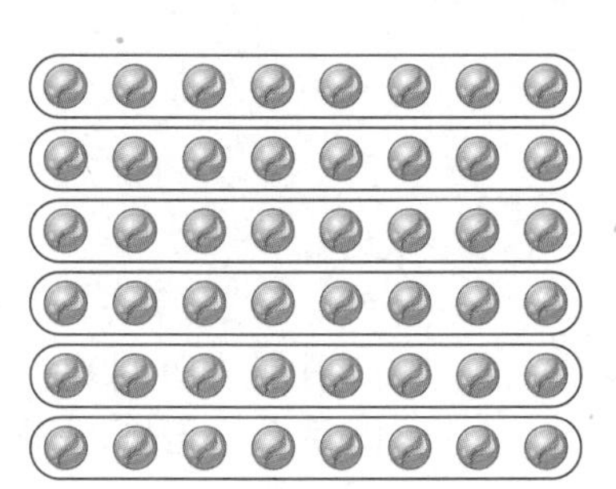

8씩 6묶음

➔ 8×6=☐

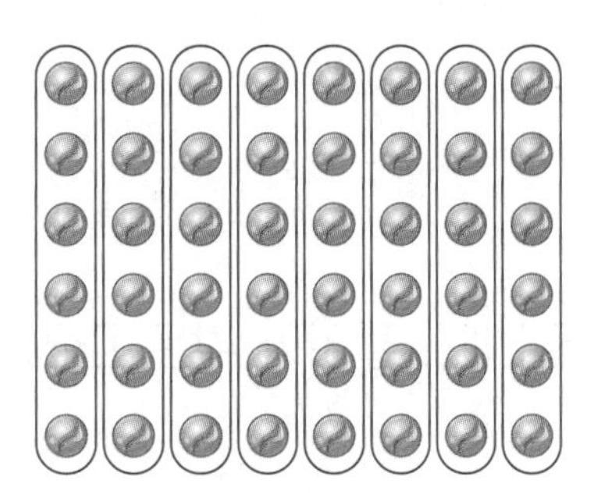

6씩 8묶음

➔ 6×8=☐

8×6의 묶음 배열을 바꾸어 6씩 8묶음인 6×8로 계산할 수도 있어요.

2단계 실력 유형 연습

4 빈칸에 알맞은 수를 써넣으세요.

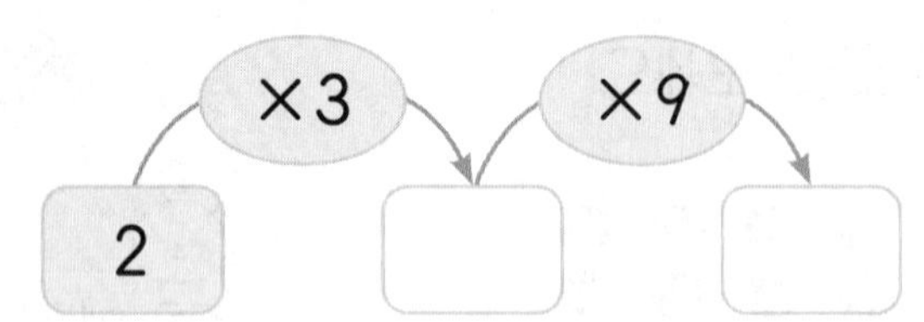

의사소통

5 바르게 말한 사람은 누구인가요?

어떤 수와 0의 곱은 항상 0이야.

I과 어떤 수의 곱은 항상 I이 되지.

(　　　　　　　　)

6 곱셈표에서 ♥와 곱이 같은 곱셈구구를 찾아 ○표 하세요.

×	2	3	4	5	6
2					
3				♥	
4					
5					
6					

7 머리핀 한 개의 길이는 7 cm입니다. 길이가 같은 머리핀 8개의 길이는 몇 cm인가요?

식 ____________________

답 ____________________

S 솔루션

곱셈표를 점선(- - - -)을 따라 접었을 때 만나는 곱셈구구의 곱이 같아요.

머리핀 한 개의 길이는 7 cm이므로 7단 곱셈구구를 이용해요.

8 곱셈을 이용하여 빈칸에 알맞은 수를 써넣으세요.

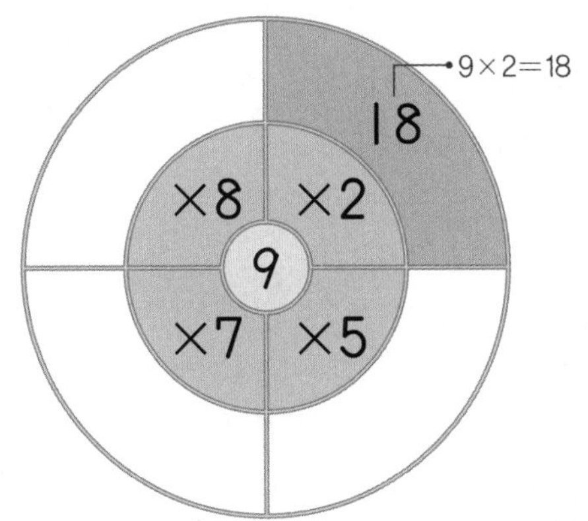

정보처리

9 4단 곱셈구구의 값을 찾아 작은 수부터 차례대로 이어 보세요.

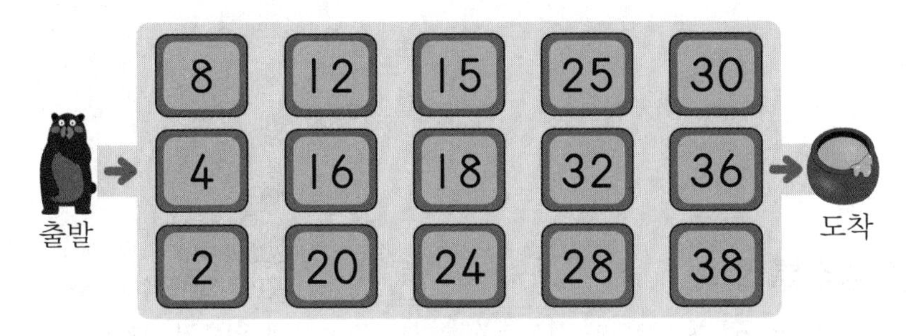

[10~11] 곱셈표를 보고 물음에 답하세요.

×	0	3	4	6	7	8
3		9				
4						
6					42	
7			28			
8						

10 위 곱셈표를 완성해 보세요.

11 위 곱셈표에서 4×6과 곱이 같은 곱셈구구를 모두 찾아 쓰세요.

( )

S 솔루션

■단 곱셈구구에서 곱하는 수가 1씩 커지면 그 곱은 ■씩 커져요.

세로줄과 가로줄의 수가 만나는 칸에 두 수의 곱을 써넣어요.

곱하는 두 수의 순서를 서로 바꾸어도 곱이 같아요.

2단계 실력 유형 연습

12 ㉠과 ㉡에 알맞은 수의 합을 구하세요.

$6\times5=$㉠　　$7\times7=$㉡

(　　　　　　)

13 9단 곱셈구구의 값이 아닌 것을 찾아 기호를 쓰세요.

㉠ 54　　㉡ 32　　㉢ 63　　㉣ 81

(　　　　　　)

문제 해결

14 공을 꺼내어 공에 적힌 수만큼 점수를 얻는 놀이를 했습니다. 표를 완성하고, 얻은 점수는 모두 몇 점인지 구하세요.

공에 적힌 수	0	1	2	3
꺼낸 횟수(번)	3	2	1	0
점수(점)		$1\times2=2$		

(　　　　　　)

서술형

15 공깃돌이 모두 몇 개인지 2가지 방법으로 구하세요.

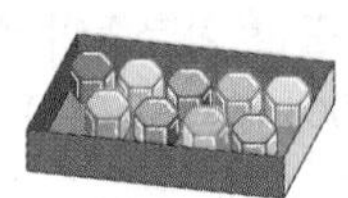   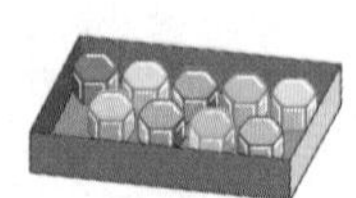

방법 1 ____________________

방법 2 ____________________

S 솔루션

• 9단 곱셈표

×	1	2	3	…
9	9	18	27	…

공에 적힌 수가 0일 때와 꺼낸 횟수가 0번일 때 얻는 점수는 둘다 0점이에요.

16 다음을 보고 ■×▲보다 5만큼 더 큰 수를 구하세요.

- ■$\times 2 = 2 \times 4$
- $6 \times 3 = 3 \times$▲

(　　　　　　　　)

S 솔루션

17 한 상자에 6자루씩 들어 있는 크레파스가 6상자 있습니다. 그중에서 4자루가 부러졌다면 부러지지 않은 크레파스는 몇 자루인가요?

(　　　　　　　　)

6상자에 들어 있는 크레파스의 수를 구한 후 부러진 크레파스의 수를 빼요.

실생활 연결

18 은우와 서준이는 건강을 위해 매일 아침마다 물을 마십니다. 두 사람이 9일 동안 아침에 마시는 물은 모두 몇 컵인가요?

난 매일 아침마다 물을 1컵씩 마셔.

은우

서준

난 물을 2컵씩 마셔!

(　　　　　　　　)

19 키위는 한 상자에 5개씩 4상자 있고, 배는 한 상자에 8개씩 2상자 있습니다. 키위와 배 중 어느 것이 더 많은지 구하세요.

(　　　　　　　　)

키위와 배의 수를 각각 구하여 어느 것이 더 많은지 비교해요.

3단계 심화 유형 연습

심화 1

□ 안에 들어갈 수 있는 수 구하기

>, <를 =로 바꿔서 생각하자!

◆ 1부터 9까지의 수 중에서 ■에 들어갈 수 있는 수를 모두 구하세요.

$3\times■>21$

문제해결

1 $3\times■=21$일 때 ■를 구하세요.

(　　　　　　　　)

2 알맞은 말에 ○표 하세요.

■에 들어갈 수 있는 수는 위 1에서 구한 수보다 (커야 , 작아야) 합니다.

3 ■에 들어갈 수 있는 수를 모두 구하세요.

(　　　　　　　　)

쌍둥이

1-1 1부터 9까지의 수 중에서 □ 안에 들어갈 수 있는 수를 모두 구하세요.

$4\times\square<16$

답

변형

1-2 1부터 9까지의 수 중에서 □ 안에 들어갈 수 있는 가장 큰 수를 구하세요.

$\square\times6<30$

답

심화 2

가장 큰 곱, 가장 작은 곱 구하기

곱이 크려면 큰 수끼리 곱하고, 곱이 작으려면 작은 수끼리 곱하자!

◆ 4장의 수 카드 중에서 2장을 골라 곱을 구하려고 합니다. 가장 큰 곱을 구하세요.

1 2 3 8

문제해결

1 4장의 수 카드에 적힌 수의 크기를 비교해 보세요.

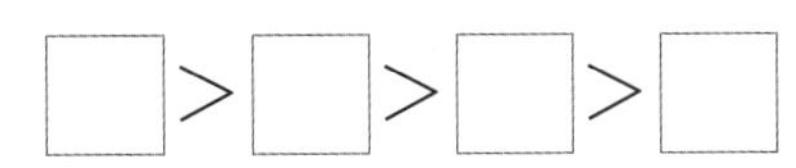

2 가장 큰 곱을 만들려면 어떤 수가 적힌 카드 2장을 골라야 하나요?

( )

3 가장 큰 곱을 구하세요.

( )

2-1 4장의 수 카드 중에서 2장을 골라 곱을 구하려고 합니다. 가장 큰 곱을 구하세요.

4 5 6 9

답 ________

2-2 5장의 수 카드 중에서 2장을 골라 곱을 구하려고 합니다. 가장 작은 곱을 구하세요.

9 2 7 5 8

답 ________

심화 3

다른 방법으로 배열하기

■개씩 놓았을 때 전체 개수가 되는 ■단 곱셈구구를 찾자!

◆ 귤이 한 줄에 8개씩 3줄로 놓여 있습니다. 귤을 한 줄에 4개씩 다시 놓으면 몇 줄이 되는지 구하세요.

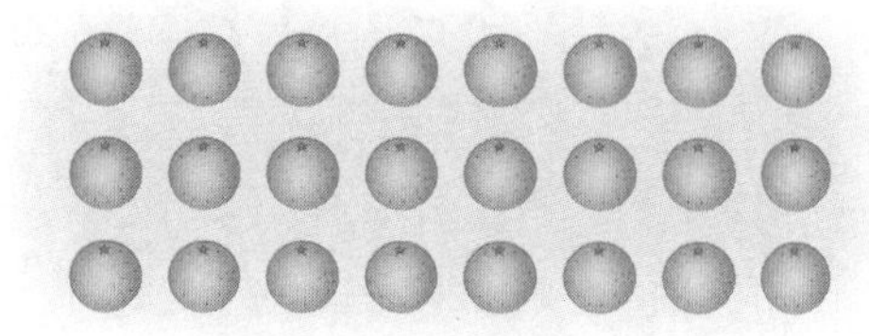

문제해결

1 귤은 모두 몇 개인가요?

( )

2 귤을 한 줄에 4개씩 다시 놓았을 때의 줄 수를 ■라 하고 곱셈식을 만들어 보세요.

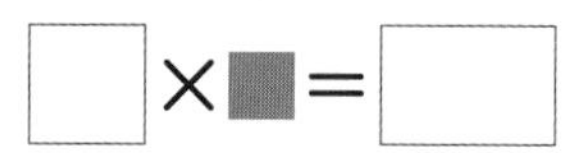

□×■=□

3 귤을 한 줄에 4개씩 놓으면 몇 줄이 되나요?

( )

쌍둥이

3-1 수박이 한 줄에 6개씩 3줄로 놓여 있습니다. 수박을 한 줄에 2개씩 다시 놓으면 몇 줄이 되는지 구하세요.

답

변형

3-2 딸기가 한 줄에 8개씩 4줄로 놓여 있습니다. 딸기 4개를 더 가져온 후 한 줄에 6개씩 다시 놓으면 모두 몇 줄이 되는지 구하세요.

동영상

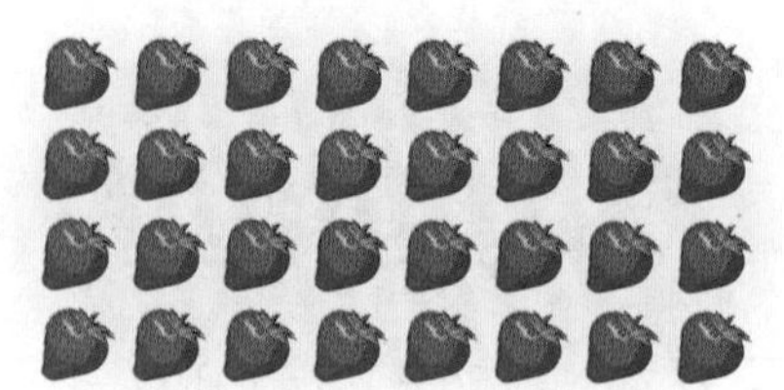

답

심화 4

얻은 점수 구하기

같은 수끼리 얻은 점수를 구한 다음 모두 더하자!

◆ 수 카드를 뽑아서 카드에 적힌 수만큼 점수를 얻는 놀이를 했습니다. 주미는 [1]을 5번, [0]을 4번 뽑았습니다. 주미가 얻은 점수는 모두 몇 점인지 구하세요.

문제해결

1 [1]을 5번 뽑았을 때 얻은 점수는 몇 점인가요?

( )

2 [0]을 4번 뽑았을 때 얻은 점수는 몇 점인가요?

( )

3 주미가 얻은 점수는 모두 몇 점인가요?

( )

쌍둥이

4-1 공을 꺼내어 공에 적힌 수만큼 점수를 얻는 놀이를 했습니다. 경환이는 (0)을 7번, (1)을 3번 꺼냈습니다. 경환이가 얻은 점수는 모두 몇 점인가요?

답 ______________

변형

4-2 반별 달리기 경기에서 1등은 3점, 2등은 1점, 나머지 학생은 모두 0점을 얻습니다. 현우네 반은 1등이 3명이고 달리기로 얻은 점수는 모두 17점입니다. 2등은 몇 명인가요?

동영상

답 ______________

심화 5

조건을 모두 만족하는 수 구하기

조건을 만족하는 수를 차례로 구하자!

◆ 조건을 모두 만족하는 수를 구하세요.

조건
㉠ 7단 곱셈구구의 수입니다.
㉡ 5×6보다 작습니다.
㉢ 4단 곱셈구구의 수입니다.

문제해결

1 ㉠을 만족하는 수를 모두 쓰세요.

(　　　　　　　　　　　　)

2 위 1에서 구한 수 중에서 ㉡을 만족하는 수를 구하세요.

(　　　　　　　　　　　　)

3 위 2에서 구한 수 중에서 ㉢을 만족하는 수를 구하세요.

(　　　　　　　　　　　　)

4 조건을 모두 만족하는 수를 구하세요.

(　　　　　　　　　　　　)

쌍둥이

5-1 조건을 모두 만족하는 수를 구하세요.

조건
㉠ 5단 곱셈구구의 수입니다.
㉡ 7×5보다 작습니다.
㉢ 6단 곱셈구구의 수입니다.

답 ____________

변형

5-2 조건을 모두 만족하는 수를 구하세요.

동영상

조건
㉠ 9단 곱셈구구의 수입니다.
㉡ 홀수입니다.
㉢ 8×6보다 크고 8×9보다 작습니다.

답 ____________

정답과 해설 11쪽

심화 6

곱셈표의 빈칸에 알맞은 수 구하기

알 수 있는 칸의 수부터 먼저 구하자!

◆ 곱셈표에서 ★에 알맞은 수를 구하세요.

×	3	4	5	㉡
2				
㉠		20		30
7				★

문제해결

1 ㉠에 알맞은 수를 구하세요.

( )

2 ㉡에 알맞은 수를 구하세요.

( )

3 ★에 알맞은 수를 구하세요.

( )

쌍둥이

6-1 곱셈표에서 ★에 알맞은 수를 구하세요.

×	2		6	8
1	2	4		
4			24	32
		28		★

답 ____________

변형

6-2 곱셈표에서 ㉠과 ㉡에 알맞은 수의 곱을 구하세요.

동영상

×	1	2	3	4
		6	㉠	12
		㉡	12	

답 ____________

1 동영상

개미는 다리가 6개이고, 거미는 다리가 8개입니다. 개미 5마리와 거미 3마리의 다리는 모두 몇 개인가요?

( )

2 동영상

다음 상자에 5를 넣으면 20이 나오고 7을 넣으면 28이 나옵니다. 이 상자에 9를 넣으면 어떤 수가 나오나요?

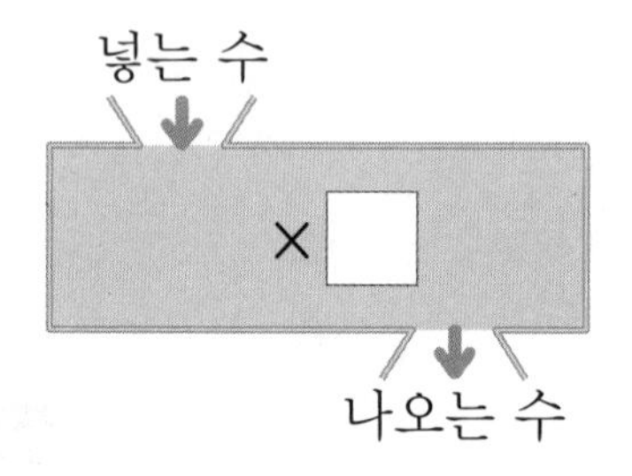

( )

3 동영상

희연이는 과녁 맞히기 놀이를 하여 10점을 얻었습니다. 2점짜리를 3번, 0점짜리를 4번 맞혔다면 1점짜리는 몇 번 맞혔나요?

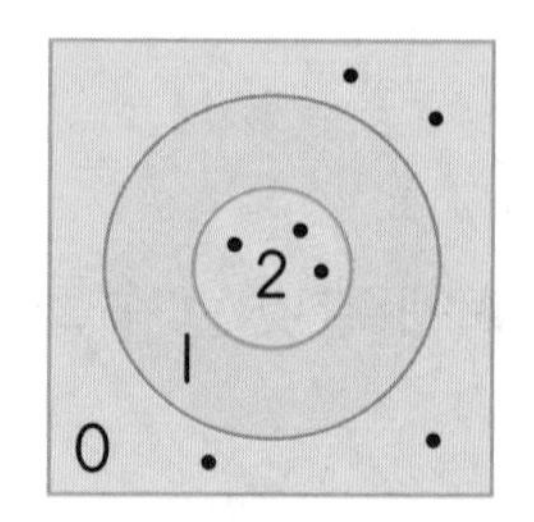

( )

4 동영상 5장의 수 카드 중에서 2장을 골라 두 수의 곱을 구했을 때 가장 큰 곱과 가장 작은 곱의 차를 구하세요.

(　　　　　　　)

5 동영상 1부터 9까지의 수 중에서 □ 안에 공통으로 들어갈 수 있는 수를 구하세요.

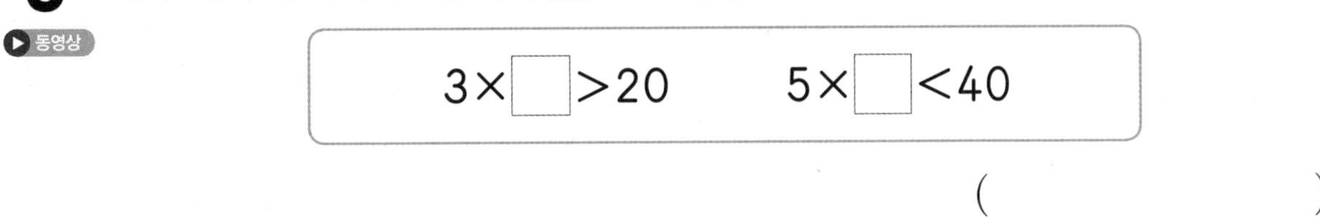

(　　　　　　　)

정보처리

6 동영상 시작 부분에 어떤 수를 넣으면 다음과 같은 순서에 따라 끝 부분에 결과가 나옵니다. 시작 부분에 2를 넣었을 때 끝 부분에 나오는 결괏값은 얼마인지 구하세요.

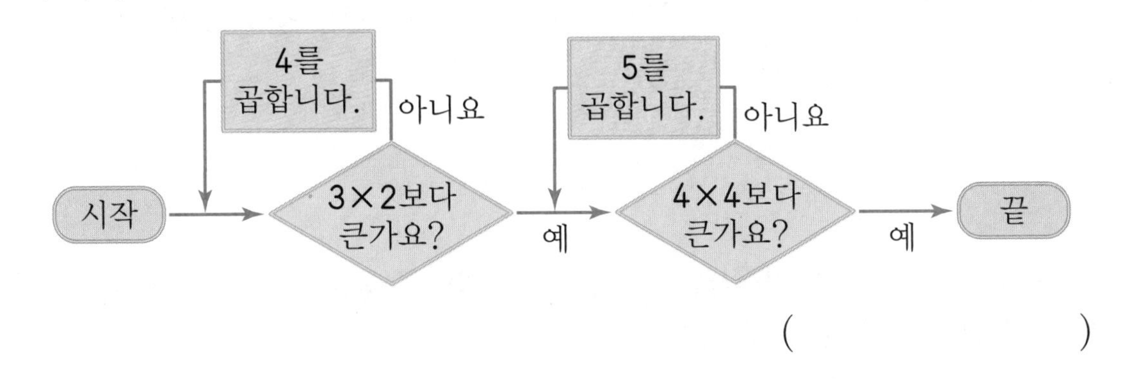

(　　　　　　　)

BOOK❷ 6~9쪽에서 경시대회 문제 도전!

Test 단원 실력 평가

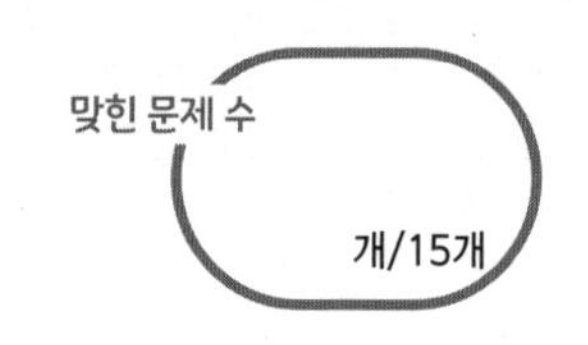

1 빈칸에 알맞은 수를 써넣으세요.

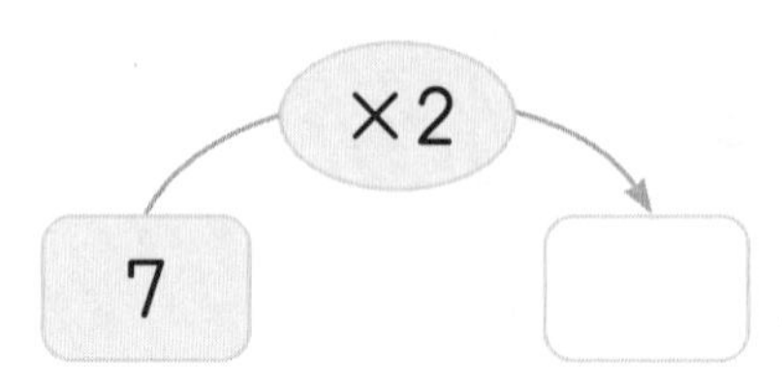

2 계산 결과를 찾아 이어 보세요.

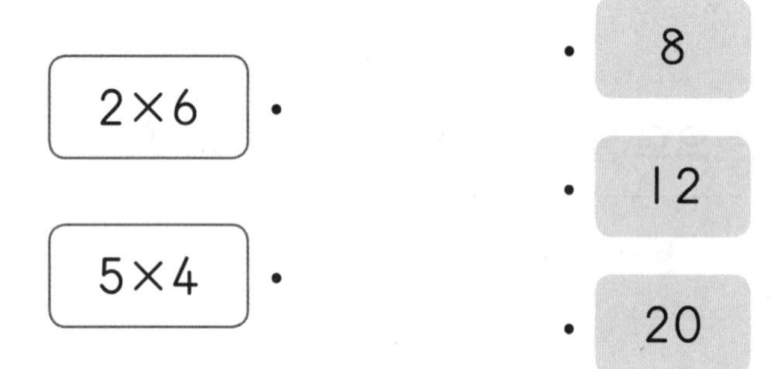

3 3단 곱셈구구의 값에는 ○표, 6단 곱셈구구의 값에는 △표 하세요.

1	2	3	4	5
6	7	8	9	10
11	12	13	14	15
16	17	18	19	20
21	22	23	24	25

4 배가 한 상자에 8개씩 들어 있습니다. 3상자에 들어 있는 배는 모두 몇 개인가요?

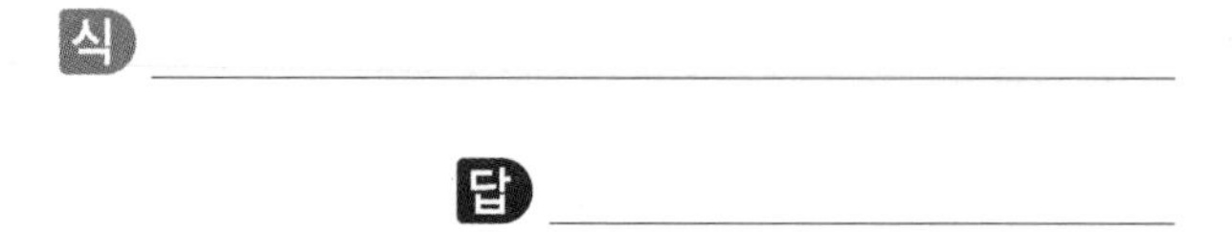

5 나무토막 한 개의 길이는 9 cm입니다. 그림과 같이 나무토막 4개를 이어 붙였습니다. □ 안에 알맞은 수를 써넣으세요.

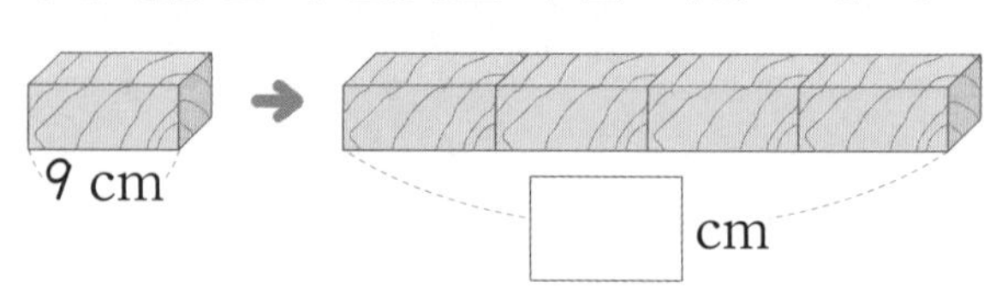

6 빈칸에 알맞은 수를 써넣어 곱셈표를 완성하세요.

×	1	2	4	5	6
2		4			
3		6	12		
4		8			
5					
6					

7 위 **6**의 곱셈표에서 곱이 20인 곱셈구구를 모두 찾아 쓰세요.

( )

8 □ 안에 알맞은 수를 구하세요.

2×□=18

( )

2 곱셈구구

9 곱이 더 큰 것을 찾아 기호를 쓰세요.

㉠ 1×6　　㉡ 7×0

(　　　　　　　　)

10 구슬이 한 줄에 5개씩 4줄로 놓여 있습니다. 이 구슬을 한 줄에 4개씩 다시 놓으면 몇 줄이 되나요?

(　　　　　　　　)

11 1부터 9까지의 수 중에서 □ 안에 들어갈 수 있는 수는 모두 몇 개인가요?

$8 \times \square < 48$

(　　　　　　　　)

서술형

12 한나의 나이는 9살입니다. 어머니의 나이는 한나 나이의 5배보다 3살 더 적습니다. 어머니의 나이는 몇 살인지 풀이 과정을 쓰고 답을 구하세요.

풀이

답

13 4장의 수 카드 중에서 2장을 골라 두 수의 곱을 구하려고 합니다. 가장 작은 곱을 구하세요.

3　7　4　6

(　　　　　　　　)

14 조건 을 모두 만족하는 수를 구하세요.

조건
㉠ 8단 곱셈구구의 수입니다.
㉡ 7×6보다 작습니다.
㉢ 5단 곱셈구구의 수입니다.

(　　　　　　　　)

서술형

15 누리가 과녁 맞히기 놀이를 하여 오른쪽과 같이 맞혔습니다. 마지막 화살 1개를 더 맞혀 전체 점수가 28점이 되었습니다. 마지막 화살은 몇 점짜리 과녁을 맞혔는지 풀이 과정을 쓰고 답을 구하세요.

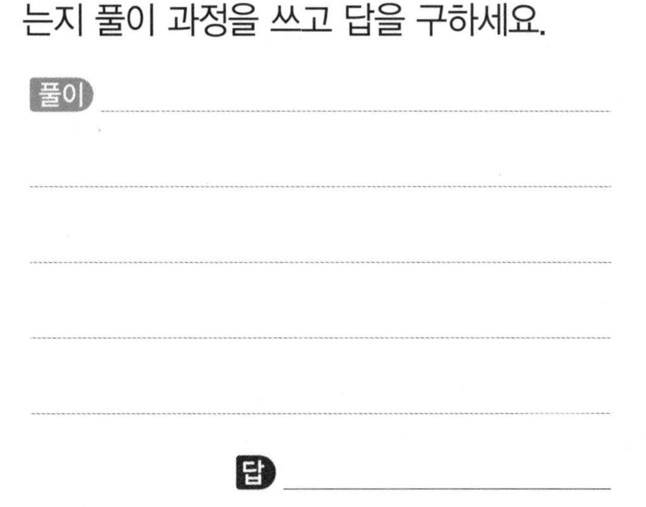

풀이

답

3

길이 재기

이전에 배운 내용 ____ 2-1

❖ 길이 재기

- 여러 가지 단위로 길이 재기
- 1 cm 알아보기
- 자로 길이 재기
- 길이 어림하기

이번에 배울 내용 ____ 2-2

❖ 길이 재기

- cm보다 더 큰 단위 알아보기
- 자로 길이 재기
- 길이의 합
- 길이의 차
- 길이 어림하기

이후에 배울 내용 ____ 3-1

❖ 길이와 시간

- 1 cm보다 작은 단위 알아보기
- 1 m보다 큰 단위 알아보기
- 길이와 거리 어림하고 재기

3단원의 대표 심화 유형

- 학습한 후에 이해가 부족한 유형에 체크하고 한 번 더 공부해 보세요.

큐알 코드를 찍으면 개념 학습 영상과 문제 풀이 영상도 보고, 수학 게임도 할 수 있어요.

개념 1 cm보다 더 큰 단위 알아보기

1. I m 알아보기

I 00 cm는 **1 m**와 같습니다.

I m는 **1 미터**라고 읽습니다.

I 00 cm=I m

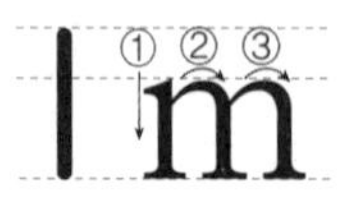

I m는 I cm를 I 00번 이은 길이이고 I 0 cm의 I 0배인 길이야.

2. 길이를 나타낼 때 알맞은 단위

cm → 예 연필의 길이, 한 뼘의 길이

m → 예 건물의 높이, 비행기의 길이

3. '몇 cm'와 '몇 m 몇 cm'의 관계

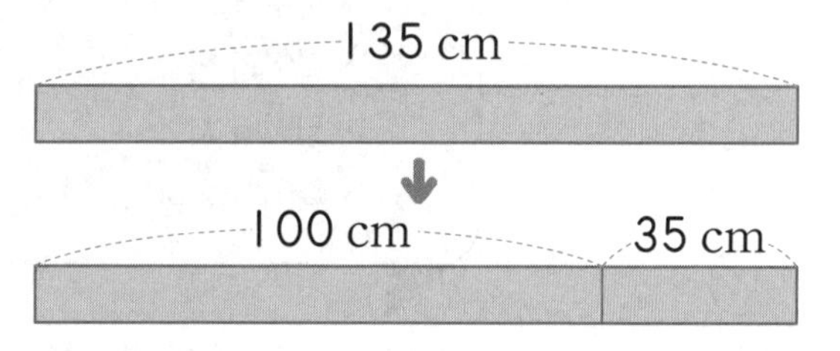

- I 35 cm는 I m보다 35 cm 더 깁니다.
- I 35 cm를 **1 m 35 cm**라고도 씁니다.
- I m 35 cm를 **1 미터 35 센티미터**라고 읽습니다.

I 35 cm=I m 35 cm

예 길이를 '몇 m 몇 cm', '몇 cm'로 나타내기

240 cm=2 m 40 cm
→ 200 cm+40 cm=2 m+40 cm=2 m 40 cm

5 m 6 cm=506 cm
→ 5 m+6 cm=500 cm+6 cm=506 cm

개념 2 자로 길이 재기

1. 줄자와 곧은 자 비교하기

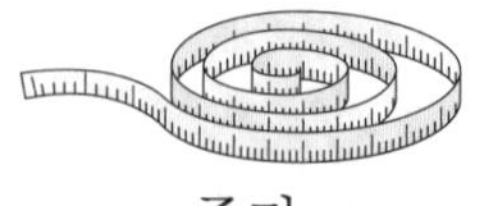

줄자

곧은 자

(1) 줄자와 곧은 자의 같은 점
① 눈금이 있습니다.
② 길이를 잴 때 사용합니다.

(2) 줄자와 곧은 자의 다른 점
① 줄자는 길이가 길고 곧은 자는 길이가 짧습니다.
② 줄자는 접히거나 휘어지지만 곧은 자는 곧습니다.

I m보다 긴 물건의 길이를 잴 때 줄자를 사용하는 것이 더 편리해.

2. 줄자로 길이를 재는 방법

예 책상의 길이 재기

① 책상의 한끝을 줄자의 **눈금 0**에 맞춥니다.
② 책상의 다른 쪽 끝에 있는 줄자의 눈금을 읽습니다.
눈금이 I 20이므로 책상의 길이는 I 20 cm 또는 I m 20 cm입니다.

참고 I m보다 긴 물건의 길이 재기

물건	■ cm	● m ▲ cm
소파의 길이	250 cm	2 m 50 cm

개념 3 길이의 합

예 2 m 50 cm와 1 m 40 cm의 합

(1) m와 cm 단위로 각각 나누어 더하기

2 m **50** cm+**1** m **40** cm
=(**2** m+**1** m)+(**50** cm+**40** cm)
=3 m 90 cm

(2) 세로로 계산하기

cm끼리 더한 후, m끼리 더합니다.

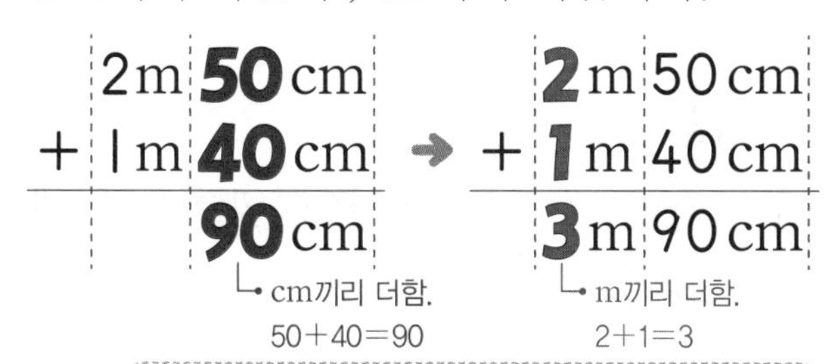

cm끼리의 합이 100이거나 100보다 크면 100 cm를 1 m로 받아올림해.

개념 4 길이의 차

예 4 m 30 cm와 2 m 20 cm의 차

(1) m와 cm 단위로 각각 나누어 빼기

4 m **30** cm−**2** m **20** cm
=(**4** m−**2** m)+(**30** cm−**20** cm)
=2 m 10 cm

(2) 세로로 계산하기

cm끼리 뺀 후, m끼리 뺍니다.

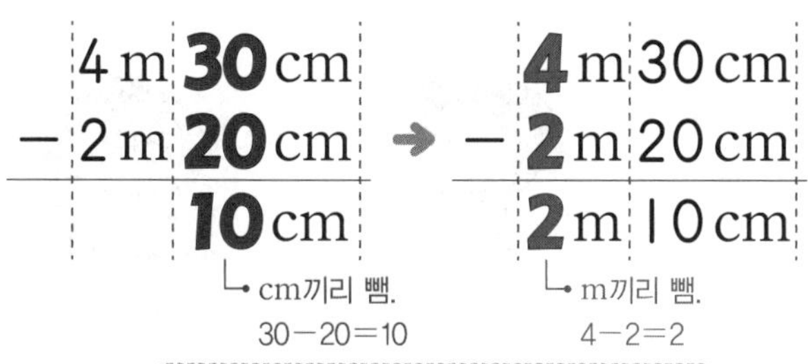

cm끼리 뺄 수 없으면 1 m를 100 cm로 받아내림해.

개념 5 길이 어림하기

1. 몸의 부분으로 1 m 재어 보기

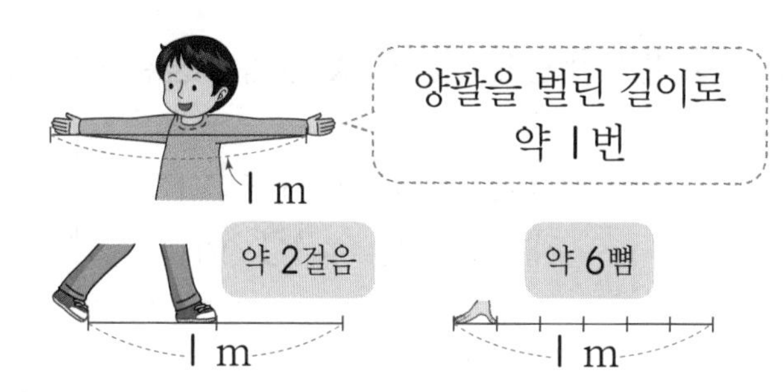

2. 몸의 부분으로 침대 긴 쪽의 길이 어림하기

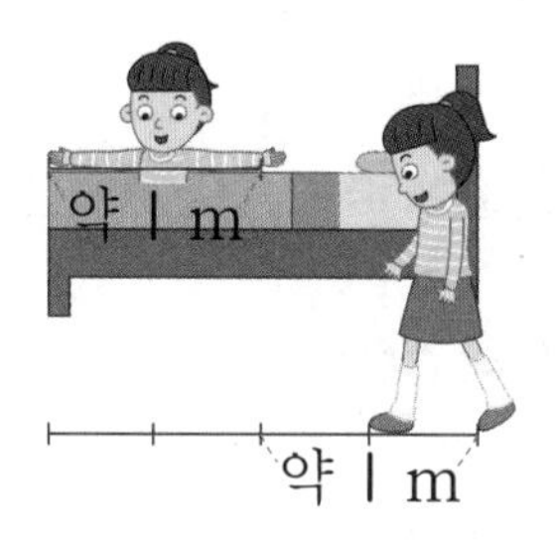

방법 1 양팔을 벌린 길이로 2번 정도이므로 약 2 m입니다. (약 1 m의 2배)

방법 2 2걸음이 약 1 m인데 4걸음 정도이므로 약 2 m입니다. (2걸음씩 2번 ➔ 약 1 m의 2배)

3. 운동장 한쪽의 길이 어림하기

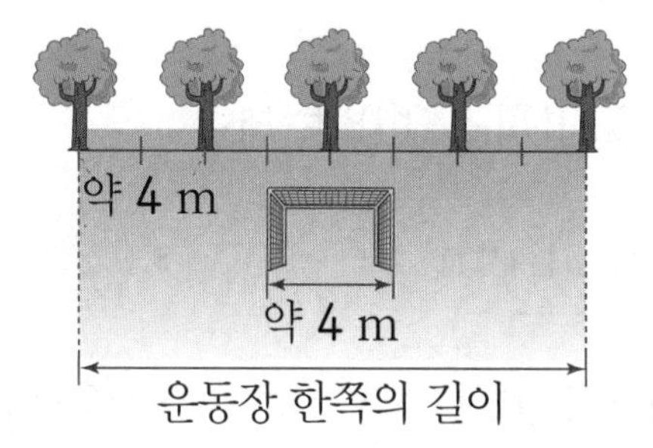

방법 1 세 부분으로 나누어 어림합니다.

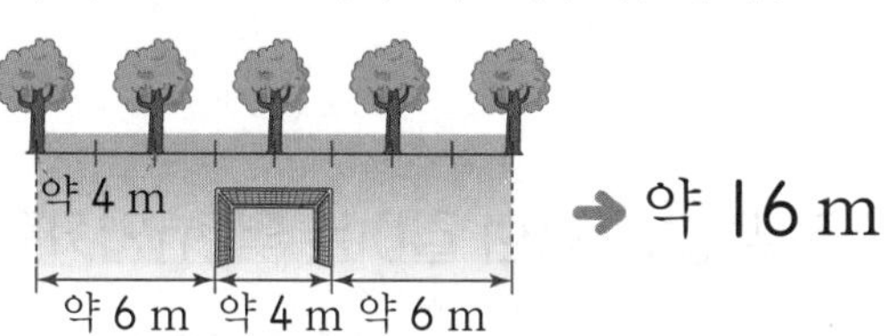

방법 2 나무가 약 4 m 간격으로 시작 지점부터 5그루 심어져 있으므로 운동장 한쪽의 길이는 약 16 m입니다. (4 m씩 4번)

1단계 기본 유형 연습

1 cm보다 더 큰 단위 알아보기

1 길이를 바르게 나타낸 사람의 이름을 쓰세요.

나영: 500 cm=5 m
재호: 3 m=30 cm

(   )

2 다음은 몇 m 몇 cm인지 쓰세요.

(1) 164 cm

꼭 단위까지 따라 쓰세요.

(m   cm)

(2) 608 cm

(m   cm)

3 같은 길이끼리 이어 보세요.

2 m 1 cm •	• 210 cm
2 m 10 cm •	• 201 cm

4 텃밭 짧은 쪽의 길이는 몇 m인가요?

400 cm
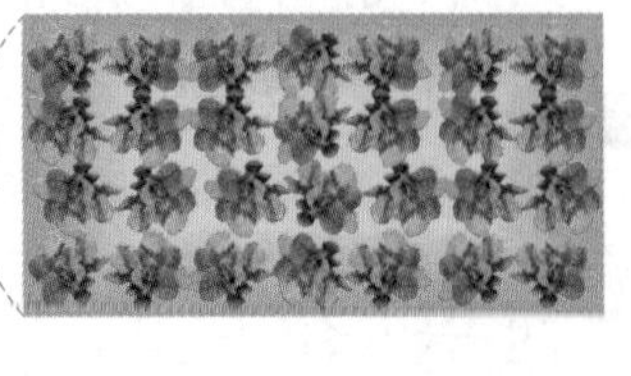

(m)

5 태형이의 키는 125 cm입니다. 태형이의 키는 몇 m 몇 cm인가요?

태형

(m   cm)

추론

6 cm와 m 중 알맞은 단위를 □ 안에 써넣으세요.

(1) 색연필의 길이는 약 16 □입니다.

(2) 냉장고의 높이는 약 2 □입니다.

(3) 우산의 길이는 약 100 □입니다.

7 더 긴 길이를 말한 사람은 누구인가요?

(   )

2 자로 길이 재기

8 교실 칠판 긴 쪽의 길이를 재는 데 알맞은 자에 ○표 하세요.

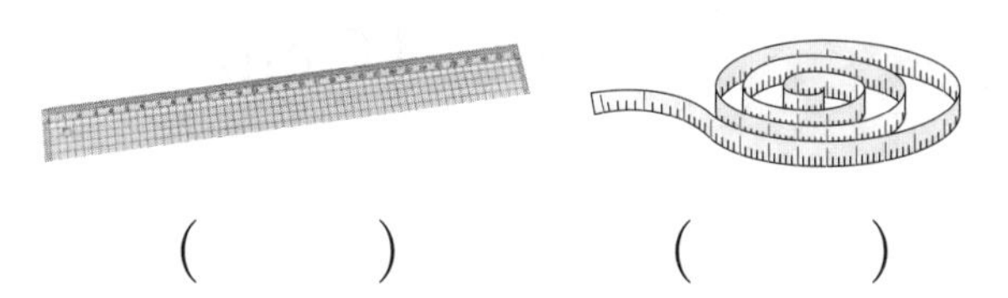

(　　　)　　　(　　　)

[9~10] 그림을 보고 물음에 답하세요.

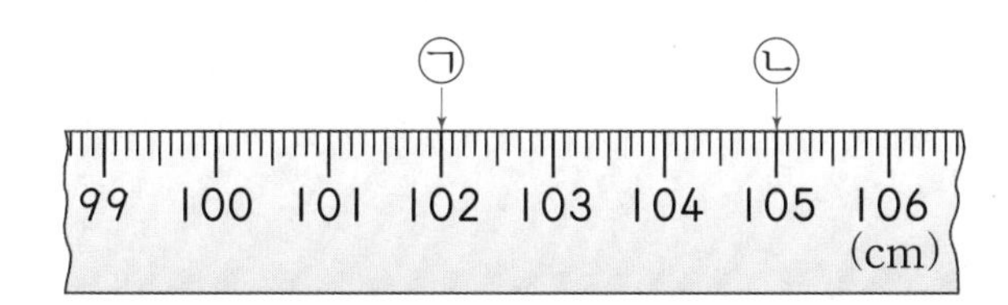

9 ㉠ 눈금은 몇 cm인가요?

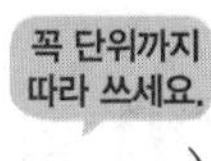

(　　　　cm)

10 ㉡ 눈금은 몇 m 몇 cm인가요?

(　　　m　　　cm)

11 허리띠의 길이는 몇 cm인가요?

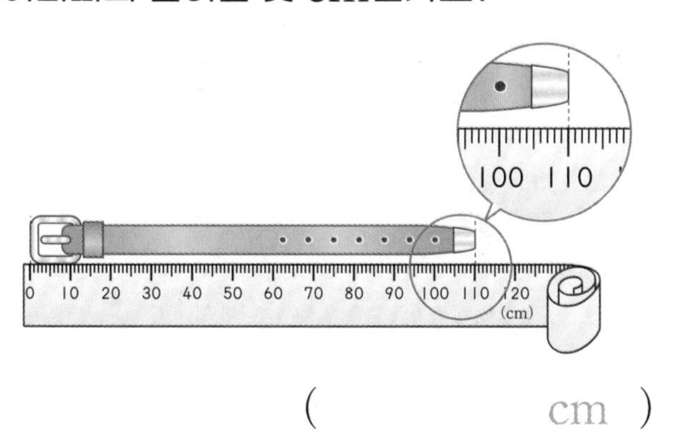

(　　　　cm)

12 식탁 긴 쪽의 길이는 몇 m 몇 cm인가요?

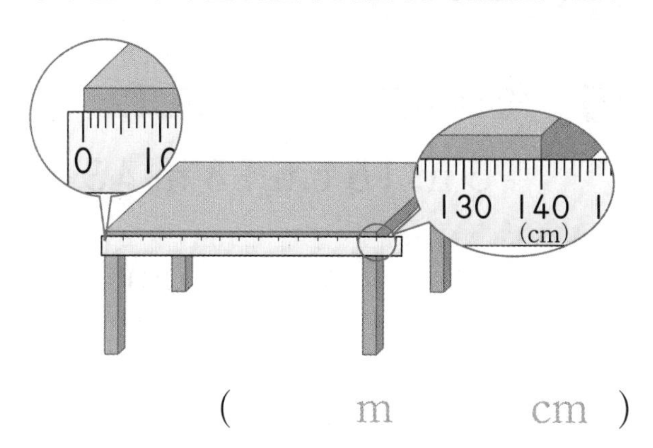

(　　　m　　　cm)

정보처리

13 한 줄로 놓인 물건들의 길이를 줄자로 재었습니다. 전체 길이를 두 가지 방법으로 나타내 보세요.

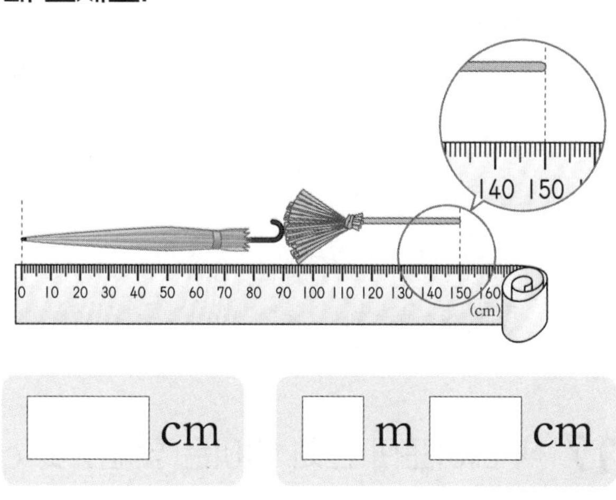

☐ cm　　☐ m ☐ cm

서술형

14 탁자 긴 쪽의 길이를 줄자로 재었습니다. 길이 재기가 잘못된 까닭을 쓰세요.

탁자 긴 쪽의 길이: 1 m 60 cm

까닭 ______________________

3 길이의 합

15 □ 안에 알맞은 수를 써넣으세요.

5 m 16 cm+8 m 43 cm

=□ m □ cm

16 두 길이의 합은 몇 m 몇 cm인가요?

1 m 20 cm, 2 m 50 cm

꼭 단위까지 따라 쓰세요.

(m cm)

17 색 테이프의 전체 길이는 몇 m 몇 cm인가요?

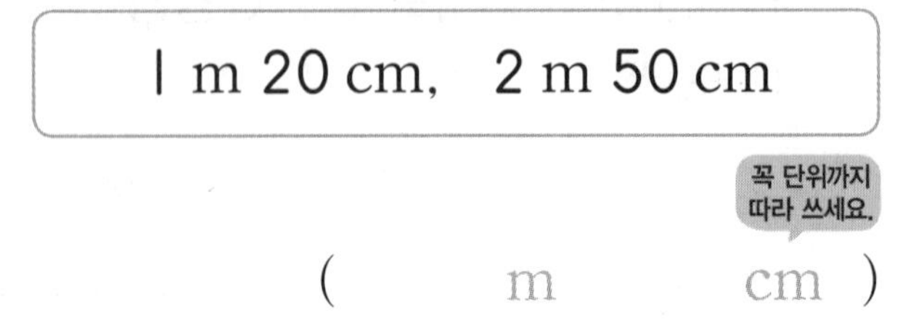

(m cm)

18 길이를 비교하여 ○ 안에 >, =, <를 알맞게 써넣으세요.

5 m ○ 1 m 46 cm+3 m 52 cm

19 3 m 50 cm+1 m 60 cm를 잘못 계산한 것입니다. 바르게 고쳐 계산해 보세요.

```
  3 m 50 cm
+ 1 m 60 cm
-----------
  4 m 10 cm
```

➜

20 길이가 2 m 15 cm인 끈 2개를 겹치지 않게 이으면 몇 m 몇 cm가 되나요?

(m cm)

문제 해결

21 은별이는 선을 따라 굴렁쇠를 굴렸습니다. 출발점에서 도착점까지 굴렁쇠가 굴러간 거리는 몇 m 몇 cm인가요?

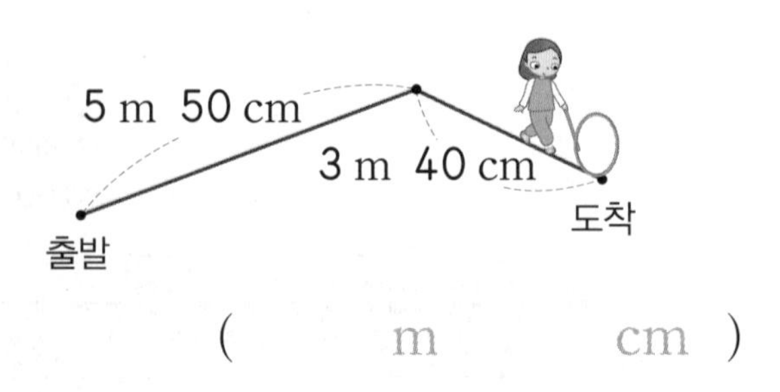

(m cm)

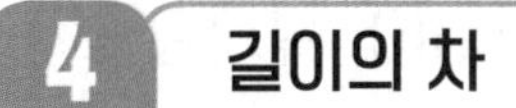

4 길이의 차

22 □ 안에 알맞은 수를 써넣으세요.

3 m 56 cm − 1 m 12 cm

= □ m □ cm

23 □ 안에 알맞은 수를 써넣으세요.

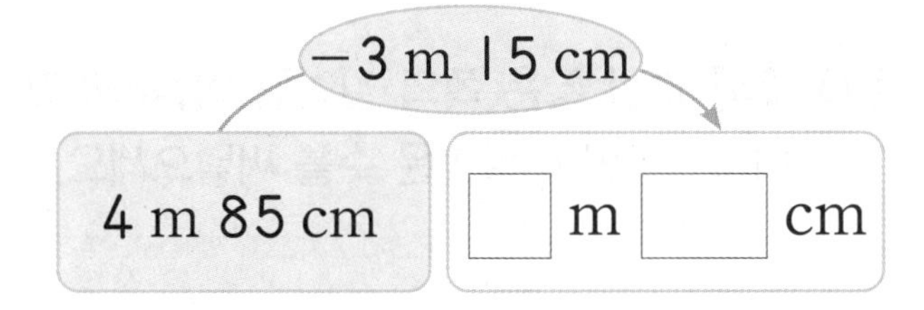

24 가 색 테이프는 나 색 테이프보다 몇 cm 더 긴가요?

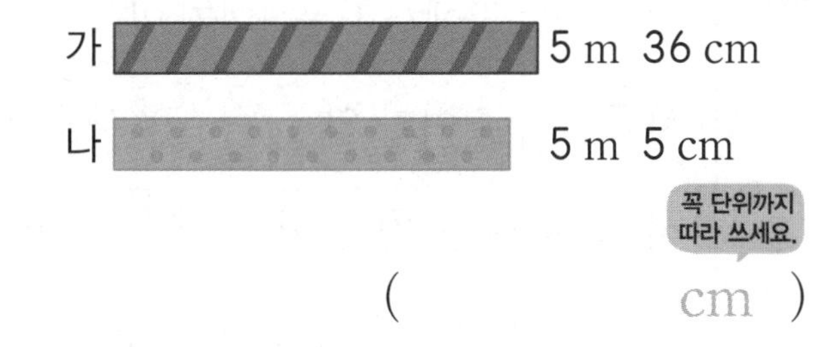

꼭 단위까지 따라 쓰세요.

(cm)

25 두 나무의 높이의 차는 몇 m 몇 cm인가요?

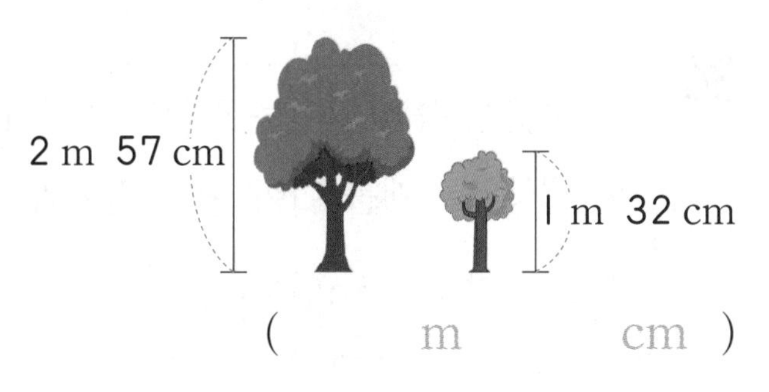

(m cm)

26 ㉠의 길이는 몇 m 몇 cm인가요?

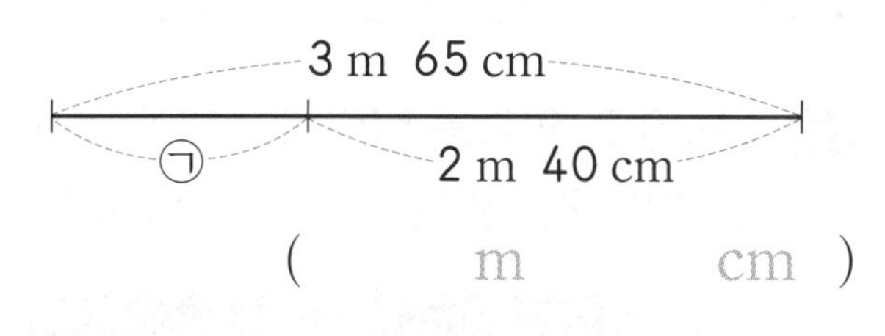

(m cm)

의사소통

27 대화를 보고 두 사람의 키의 차는 몇 cm인지 구하세요.

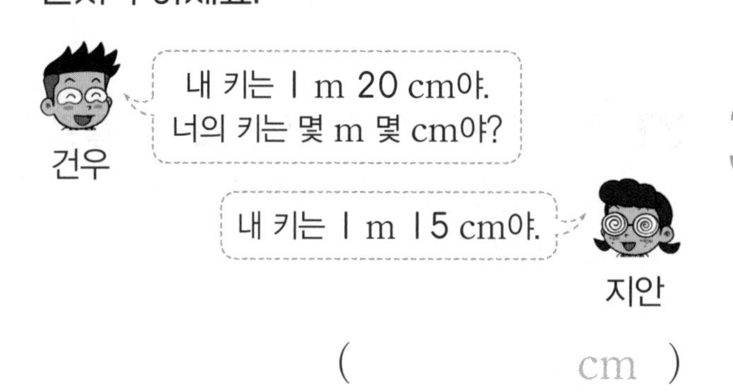

(cm)

28 길이가 더 긴 것을 찾아 기호를 쓰세요.

㉠ 2 m 50 cm
㉡ 5 m 10 cm − 2 m 40 cm

( )

29 민규는 끈 4 m 50 cm 중에서 상자를 묶는데 1 m 25 cm를 사용하였습니다. 남은 끈의 길이는 몇 m 몇 cm인가요?

(m cm)

5 길이 어림하기

30 다슬이가 양팔을 벌린 길이가 약 1 m입니다. 칠판 긴 쪽의 길이는 약 몇 m인가요?

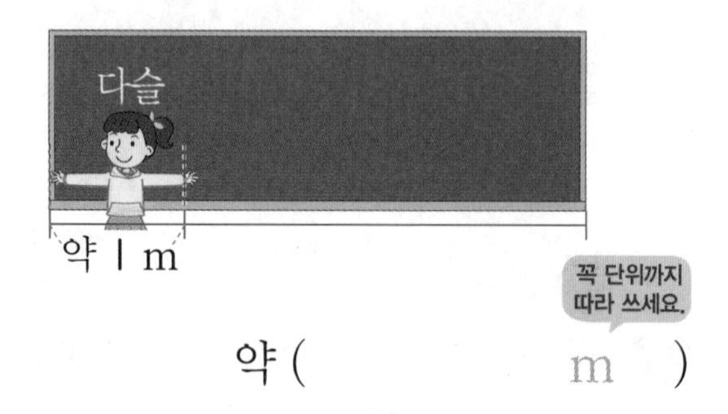

꼭 단위까지 따라 쓰세요.

약 (　　　　　m　)

31 길이가 1 m인 색 테이프로 긴 줄의 길이를 어림하려고 합니다. 줄의 길이는 약 몇 m인가요?

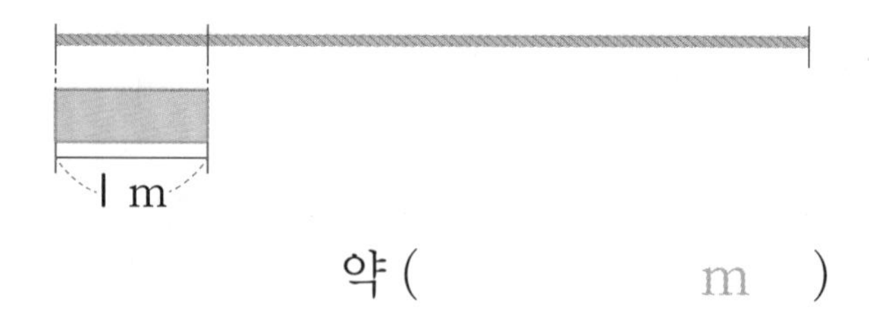

약 (　　　　　m　)

32 길이가 1 m보다 긴 것을 모두 찾아 기호를 쓰세요.

> ㉠ 휴대 전화의 길이
> ㉡ 기차의 길이
> ㉢ 운동장 짧은 쪽의 길이
> ㉣ 숟가락의 길이

(　　　　　　　　)

33 길이가 약 1 m인 물건을 2개 찾아 쓰세요.

(　　　　　　　　)

실생활 연결

34 알맞은 실제 길이를 찾아 이어 보세요.

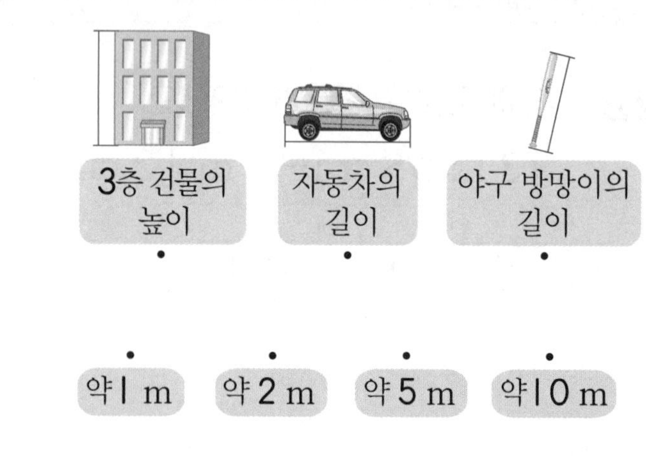

약 1 m　　약 2 m　　약 5 m　　약 10 m

[35~36] 교실 짧은 쪽의 길이를 어림하려고 합니다. □ 안에 알맞은 수를 써넣으세요.

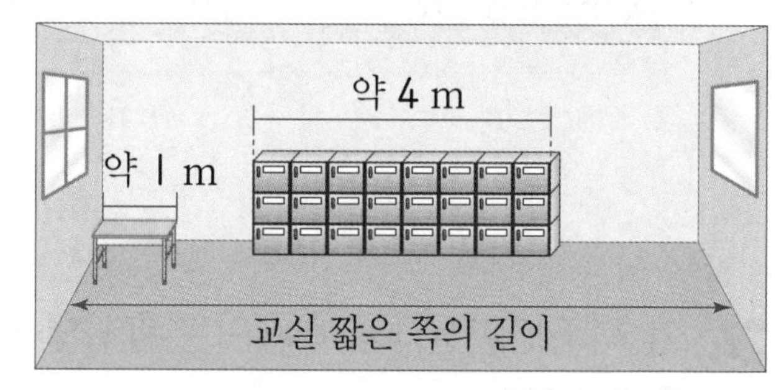

35

> 교실 한쪽 끝에서 사물함까지 약 □ m, 사물함의 길이가 약 □ m, 사물함에서 교실 다른 쪽 끝까지 약 □ m이므로 교실 짧은 쪽의 길이는 약 □ m입니다.

36

> 교실 짧은 쪽의 길이는 길이가 약 1 m인 책상 □개를 이어 놓은 길이와 같으므로 약 □ m입니다.

정답과 해설 15쪽

활용 1 길이 비교하기

길이의 단위가 다르면 단위를 같게 만든 후 길이를 비교합니다.

1-1 길이가 가장 긴 것을 찾아 기호를 쓰세요.

㉠ 5 m 40 cm
㉡ 4 m 30 cm
㉢ 565 cm

(　　　　　　)

1-2 길이가 가장 짧은 것을 찾아 기호를 쓰세요.

㉠ 7 m 50 cm
㉡ 763 cm
㉢ 721 cm

(　　　　　　)

1-3 길이가 긴 것부터 차례로 기호를 쓰세요.

㉠ 4 m 26 cm　　㉡ 402 cm
㉢ 4 m 5 cm　　㉣ 430 cm

(　　　　　　)

활용 2 □ 안에 들어갈 수 있는 수 구하기

❶ 길이의 단위를 같게 만듭니다.
❷ □ 안에 들어갈 수 있는 수를 구합니다.

2-1 □ 안에 들어갈 수 있는 수에 모두 ○표 하세요.

2 m 36 cm > □32 cm

(1 , 2 , 3 , 4 , 5 , 6)

2-2 □ 안에 들어갈 수 있는 수에 모두 ○표 하세요.

6 m 74 cm < 6□1 cm

(4 , 5 , 6 , 7 , 8 , 9)

2-3 1부터 9까지의 수 중에서 □ 안에 들어갈 수 있는 수를 모두 쓰세요.

8□4 cm > 8 m 56 cm

(　　　　　　)

활용 3 길이의 합과 차

받아올림이나 받아내림을 해야 하는 경우에는 100 cm=1 m임을 이용합니다.

100 cm를 1 m로 받아올림합니다.

$$\begin{array}{r} 1\text{ m } 80\text{ cm} \\ +\ 1\text{ m } 50\text{ cm} \\ \hline 3\text{ m } 30\text{ cm} \end{array}$$

1 m를 100 cm로 받아내림합니다.

$$\begin{array}{r} \overset{3}{\cancel{4}}\text{ m } \overset{100}{20}\text{ cm} \\ -\ 1\text{ m } 70\text{ cm} \\ \hline 2\text{ m } 50\text{ cm} \end{array}$$

3-1 길이가 3 m 70 cm인 빨간색 테이프와 2 m 50 cm인 파란색 테이프를 겹치지 않게 이어 붙였습니다. 이어 붙인 색 테이프의 전체 길이는 몇 m 몇 cm인가요?

(　　　　　　)

3-2 화단 긴 쪽의 길이는 5 m 30 cm이고, 짧은 쪽의 길이는 1 m 50 cm입니다. 화단 긴 쪽과 짧은 쪽의 길이의 차는 몇 m 몇 cm인가요?

(　　　　　　)

3-3 길이가 180 cm인 고무줄이 있습니다. 이 고무줄을 양쪽 끝에서 잡아당겼더니 3 m 10 cm가 되었습니다. 고무줄은 몇 m 몇 cm 늘어났나요?

(　　　　　　)

활용 4 몸의 부분으로 길이 어림하기

예 6걸음은 약 몇 m인지 알아보기

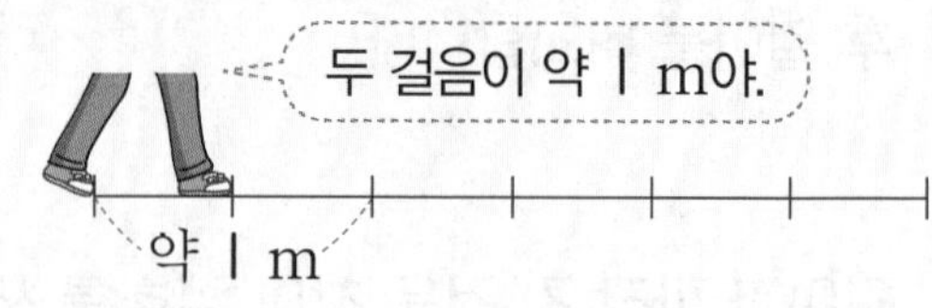

6걸음은 두 걸음씩 3번입니다. $(2 \times 3=6)$
6걸음은 약 1 m의 3배이므로 약 3 m입니다.

4-1 찬빈이의 두 걸음은 약 1 m입니다. 책장의 길이를 찬빈이의 걸음으로 재었더니 10걸음이었습니다. 책장의 길이는 약 몇 m인가요?

약 (　　　　　　)

4-2 윤아 동생의 세 걸음은 약 1 m입니다. 거실 긴 쪽의 길이를 윤아 동생의 걸음으로 재었더니 24걸음이었습니다. 거실 긴 쪽의 길이는 약 몇 m인가요?

약 (　　　　　　)

4-3 건호의 다섯 걸음은 약 2 m입니다. 도서실 짧은 쪽의 길이를 건호의 걸음으로 재었더니 35걸음이었습니다. 도서실 짧은 쪽의 길이는 약 몇 m인가요?

약 (　　　　　　)

2단계 실력 유형 연습

정답과 해설 15쪽

의사소통

1 소윤, 현서, 서준이 중에서 길이를 바르게 말한 사람은 누구인가요?

(　　　　　　　　)

2 길이를 바르게 나타낸 풍선에는 빨간색을 칠하고, 잘못 나타낸 풍선에는 파란색을 칠해 보세요.

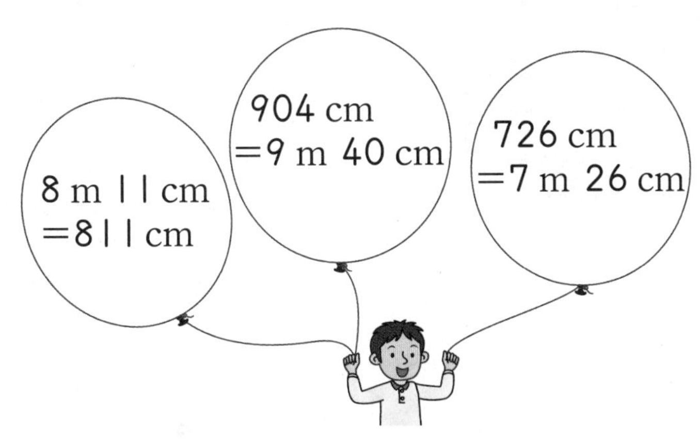

3 은산이와 관우는 공 멀리 던지기를 하였습니다. 공을 은산이는 3 m 28 cm 던졌고, 관우는 5 m 60 cm 던졌습니다. 누가 몇 m 몇 cm 더 멀리 던졌는지 차례로 쓰세요.

(　　　　　　　　), (　　　　　　　　)

S 솔루션

100 cm=1 m임을 이용하여 길이의 단위를 바꾸어 나타내요.

두 길이를 비교하여 긴 길이에서 짧은 길이를 빼요.

4 3장의 수 카드를 한 번씩만 사용하여 □ m □□ cm인 길이를 만들려고 합니다. 가장 긴 길이와 가장 짧은 길이를 각각 만들어 보세요.

2　8　5

가장 긴 길이: □ m □□ cm

가장 짧은 길이: □ m □□ cm

추론

5 강민이의 두 걸음이 약 1 m이고, 커튼 긴 쪽의 길이는 약 3 m입니다. □ 안에 알맞은 수를 써넣으세요.

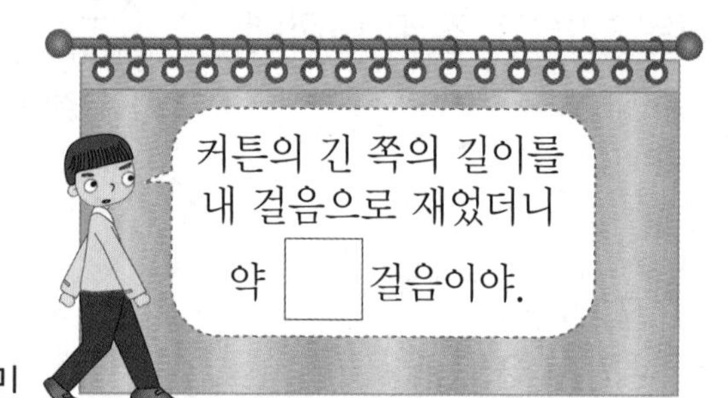

서술형

6 보기와 같이 주어진 길이를 사용하여 알맞은 문장을 만들어 보세요.

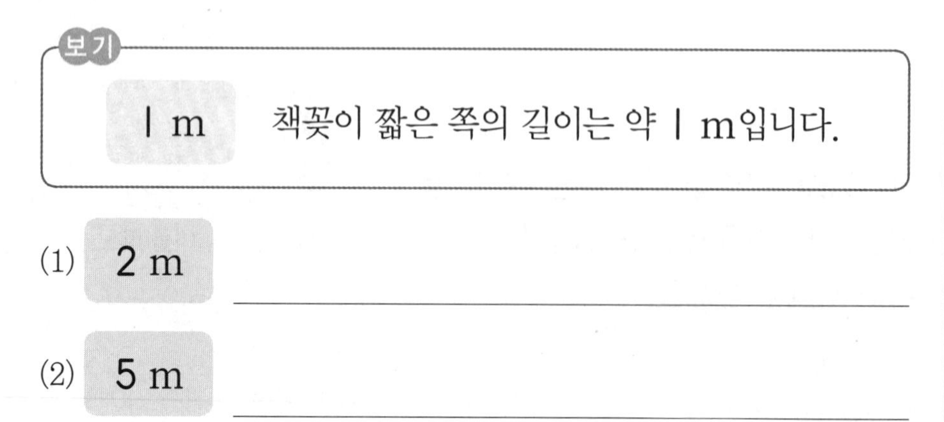

S 솔루션

□ m □□ cm에서 m 단위의 수가 클수록 더 길어요.

두 걸음의 길이가 약 1 m인 것에 주의해요.

1 m를 기준으로 각각 2배, 5배가 되는 길이를 어림해요.

7 한 변의 길이가 40 cm이고, 세 변의 길이가 모두 같은 삼각형이 있습니다. 이 삼각형의 모든 변의 길이의 합은 몇 m 몇 cm인가요?

( )

8 다음은 예찬이가 미술 시간에 사용한 철사의 길이와 남은 철사의 길이입니다. 예찬이가 처음에 가지고 있던 철사의 길이는 몇 m 몇 cm인가요?

사용한 철사의 길이	160 cm
남은 철사의 길이	1 m 80 cm

( )

문제 해결

9 어느 주차장의 높이는 2 m 10 cm입니다. 트럭, 소방차, 버스 중 주차장에 들어갈 수 없는 것을 모두 찾아 쓰세요.

- 트럭의 높이: 250 cm
- 소방차의 높이: 330 cm
- 버스의 높이: 1 m 90 cm

( )

S 솔루션

먼저 단위를 같게 만들어요.

차의 높이가 주차장의 높이보다 낮아야 주차장에 들어갈 수 있어요.

3단계 심화 유형 연습

심화 1

도형의 모든 변의 길이의 합 구하기

주어진 길이를 몇 m 몇 cm로 나타낸 후 길이의 합을 구하자!

◆ 삼각형의 세 변의 길이의 합은 몇 m 몇 cm인지 구하세요.

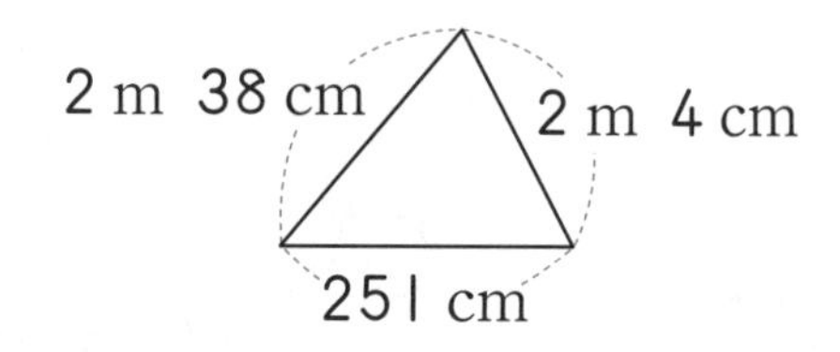

문제해결

1 251 cm는 몇 m 몇 cm인가요?

(　　　　　　　　　　)

2 삼각형의 세 변의 길이의 합은 몇 m 몇 cm인가요?

(　　　　　　　　　　)

쌍둥이

1-1 삼각형의 세 변의 길이의 합은 몇 m 몇 cm인가요?

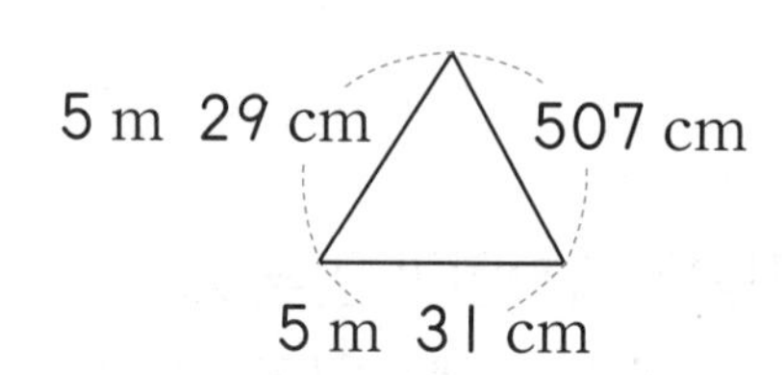

답 ____________

변형

1-2 사각형의 네 변의 길이의 합은 몇 m 몇 cm인가요?

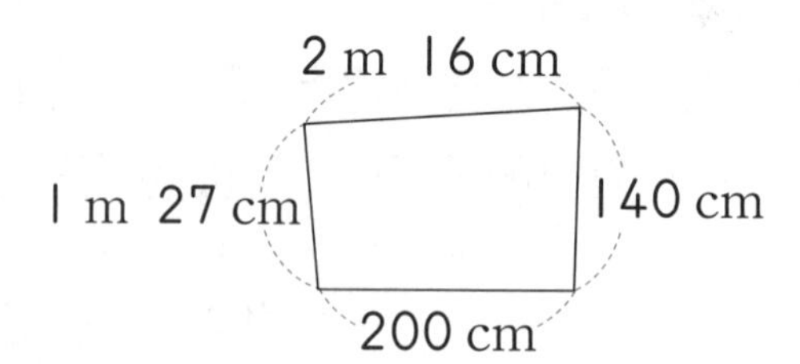

답 ____________

심화 2

□ 안에 알맞은 수 구하기

m는 m끼리, cm는 cm끼리 계산하자!

◆ ㉠과 ㉡에 알맞은 수를 각각 구하세요.

$$\begin{array}{r} 3\text{ m }\ \boxed{㉠}\text{ cm} \\ +\ \boxed{㉡}\text{ m }\ 25\text{ cm} \\ \hline 5\text{ m }\ 67\text{ cm} \end{array}$$

문제해결

1 길이의 합을 구하는 방법을 완성해 보세요.

길이의 합은 m는 □끼리,
cm는 □끼리 더하여 구합니다.

2 ㉠에 알맞은 수를 구하세요.

( )

3 ㉡에 알맞은 수를 구하세요.

( )

쌍둥이

2-1 ㉠과 ㉡에 알맞은 수를 각각 구하세요.

$$\begin{array}{r} \boxed{㉡}\text{ m }\ 58\text{ cm} \\ -\ 2\text{ m }\ \boxed{㉠}\text{ cm} \\ \hline 3\text{ m }\ 25\text{ cm} \end{array}$$

답 ㉠: ________, ㉡: ________

변형

2-2 □ 안에 알맞은 수를 구하세요.

4 m 37 cm+□ cm=562 cm

답 ________

심화 3

더 가까운 거리 찾기

더 가까운 거리는 더 짧은 거리를, 더 먼 거리는 더 긴 거리를 찾자!

◆ 공원에서 수영장까지 가려고 합니다. 학교와 백화점 중에서 어느 곳을 거쳐 가는 것이 더 가까운지 구하세요.

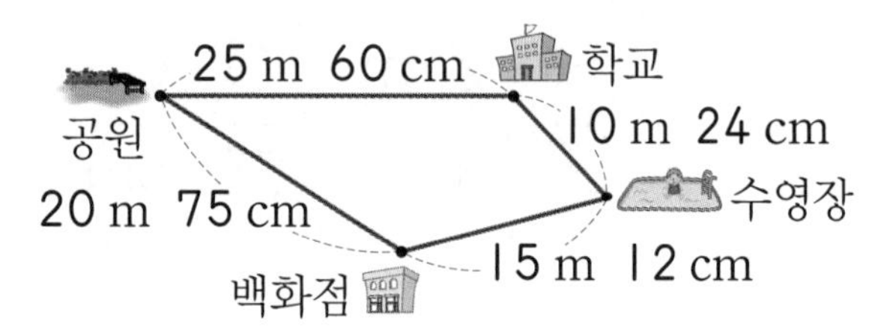

문제해결

1 공원에서 학교를 거쳐 수영장까지의 거리는 몇 m 몇 cm인가요?

( )

2 공원에서 백화점을 거쳐 수영장까지의 거리는 몇 m 몇 cm인가요?

( )

3 학교와 백화점 중에서 어느 곳을 거쳐 가는 것이 더 가까운가요?

( )

쌍둥이

3-1 집에서 미술관까지 가려고 합니다. 놀이터와 극장 중에서 어느 곳을 거쳐 가는 것이 더 가까운가요?

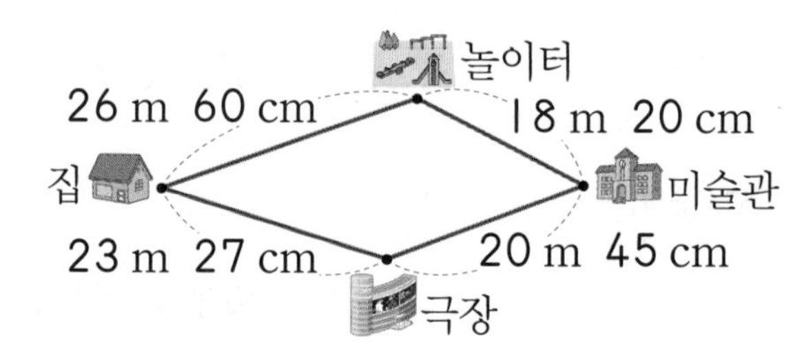

답 ________________

변형

3-2 학교에서 병원을 거쳐 도서관까지 가는 거리는 학교에서 도서관으로 바로 가는 거리보다 몇 m 몇 cm 더 먼가요?

동영상

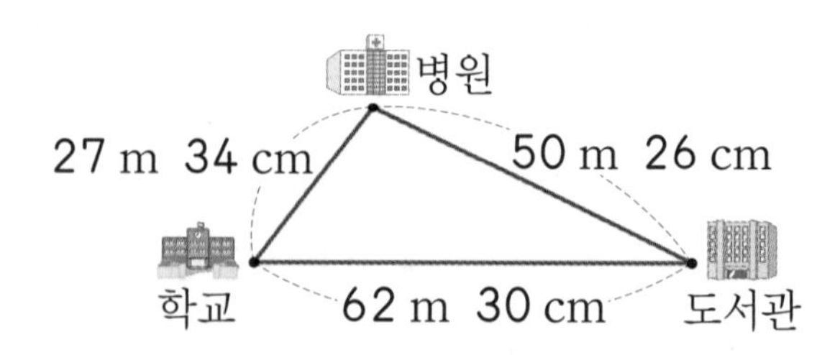

답 ________________

정답과 해설 16쪽

심화 4

더 가깝게 어림한 사람 찾기

실제 길이와 어림한 길이의 차가 작을수록 더 가깝게 어림한 것이다.

◆ 예림이와 찬욱이가 끈을 2 m만큼 어림하여 자르고 자로 재었습니다. 2 m에 더 가깝게 어림하여 자른 사람은 누구인가요?

예림: 내 끈의 길이는 215 cm야.
찬욱: 내 끈의 길이는 2 m 20 cm야.

문제해결

1 두 사람이 자른 끈의 길이와 2 m의 차를 각각 구하세요.

예림 (　　　　　　)
찬욱 (　　　　　　)

2 2 m에 더 가깝게 어림하여 자른 사람의 이름을 쓰세요.

(　　　　　　)

쌍둥이

4-1 승아와 서진이가 끈을 어림하여 4 m만큼 자르고 자로 재었습니다. 4 m에 더 가깝게 어림하여 자른 사람은 누구인가요?

승아: 내 끈의 길이는 3 m 80 cm야.
서진: 내 끈의 길이는 425 cm야.

답 ______________

변형

4-2 동영상 영규, 소연, 희진이가 끈을 3 m만큼 어림하여 자르고 자로 재었습니다. 3 m에 가장 가깝게 어림하여 자른 사람은 누구인가요?

영규: 내 끈의 길이는 320 cm야.
소연: 내 끈의 길이는 3 m 10 cm야.
희진: 내 끈의 길이는 2 m 70 cm야.

답 ______________

3단계 심화 유형 연습

심화 5

이어 붙인 전체 길이 구하기

붙이기 전의 전체 길이의 합에서 겹친 부분의 길이를 빼자!

◆ 길이가 2 m 23 cm인 색 테이프 3장을 18 cm씩 겹치도록 한 줄로 길게 이어 붙였습니다. 이어 붙인 색 테이프의 전체 길이는 몇 m 몇 cm인지 구하세요.

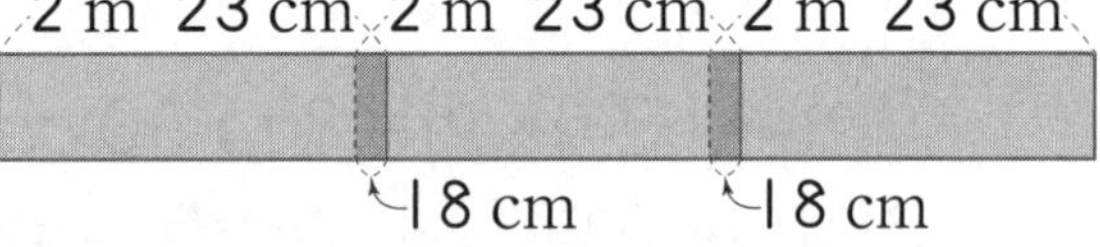

문제해결

1 색 테이프 3장의 길이의 합은 몇 m 몇 cm인가요?

( )

2 겹친 부분의 길이의 합은 몇 cm인가요?

( )

3 이어 붙인 색 테이프의 전체 길이는 몇 m 몇 cm인가요?

( )

쌍둥이

5-1 길이가 3 m 15 cm인 색 테이프 3장을 17 cm씩 겹치도록 한 줄로 길게 이어 붙였습니다. 이어 붙인 색 테이프의 전체 길이는 몇 m 몇 cm인지 구하세요.

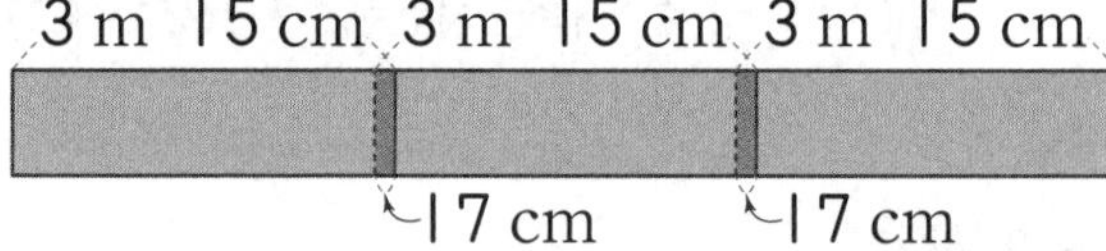

답 ________________

변형

5-2 동영상 길이가 2 m 40 cm인 색 테이프 3장을 다음과 같이 같은 길이만큼씩 겹치게 이어 붙였습니다. 이어 붙인 색 테이프의 전체 길이가 6 m 80 cm일 때 몇 cm씩 겹치게 이어 붙였나요?

2 m 40 cm 2 m 40 cm 2 m 40 cm

6 m 80 cm

답 ________________

정답과 해설 16쪽

심화 6

단위길이로 길이 재기

단위길이로 ●번이면 단위길이를 ●번 더하자!

◆ 우산의 길이가 1 m 15 cm입니다. 공부방 긴 쪽과 짧은 쪽의 길이의 차는 몇 m 몇 cm인지 구하세요.

- 공부방 긴 쪽: 우산으로 4번 잰 것보다 20 cm 더 깁니다.
- 공부방 짧은 쪽: 우산으로 3번 잰 것보다 15 cm 더 짧습니다.

문제해결

1 공부방 긴 쪽의 길이는 몇 m 몇 cm인가요?

( )

2 공부방 짧은 쪽의 길이는 몇 m 몇 cm인가요?

( )

3 공부방 긴 쪽과 짧은 쪽의 길이의 차는 몇 m 몇 cm인가요?

( )

쌍둥이

6-1 원재가 양팔을 벌린 길이는 1 m 20 cm입니다. 화장실 긴 쪽과 짧은 쪽의 길이의 차는 몇 m 몇 cm인지 구하세요.

- 화장실 긴 쪽: 원재가 양팔을 벌려서 3번 잰 것보다 25 cm 더 깁니다.
- 화장실 짧은 쪽: 원재가 양팔을 벌려서 2번 잰 것보다 20 cm 더 깁니다.

답 ____________

변형

6-2 동영상 준하의 키는 1 m 10 cm이고, 유빈이의 키는 1 m 25 cm입니다. 두 나무 가와 나 중 더 높은 나무를 찾아 쓰세요.

- 가: 준하의 키의 3배보다 20 cm 더 낮습니다.
- 나: 유빈이의 키의 2배보다 70 cm 더 높습니다.

답 ____________

3단계 심화 + 유형 완성

1 동영상

도로의 한쪽에 처음부터 끝까지 8 m 간격으로 나무 10그루가 심어져 있습니다. 이 도로의 길이는 몇 m인가요?

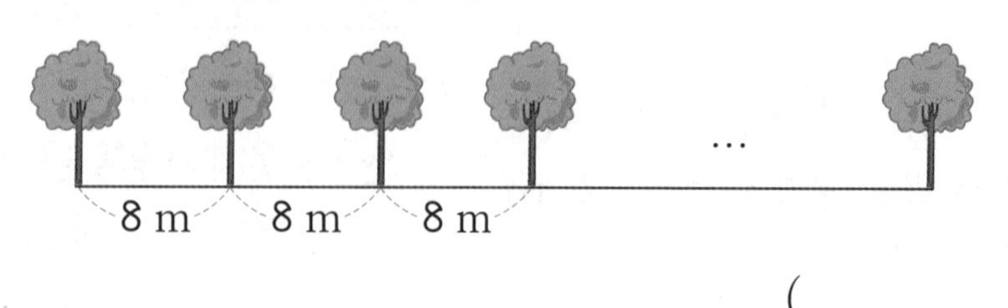

( )

2 동영상

수 카드 6장 중에서 3장을 골라 한 번씩만 사용하여 □ m □□ cm인 길이를 만들려고 합니다. 만들 수 있는 가장 긴 길이와 가장 짧은 길이를 □ 안에 써넣고, 그 차를 구하세요.

2	3	4
5	6	7

$$\begin{array}{r} \square\ \text{m}\ \square\square\ \text{cm} \\ -\ \square\ \text{m}\ \square\square\ \text{cm} \\ \hline \square\ \text{m}\ \square\ \text{cm} \end{array}$$

3 동영상

긴 길이를 어림한 사람부터 차례로 이름을 쓰세요.

약 1 m인 내 양팔을 벌린 길이로 4번 잰 길이가 신발장의 길이와 같았어.

서아

내 7뼘이 약 1 m인데 사물함의 길이가 35뼘과 같았어.

민재

내 두 걸음이 약 1 m인데 시소의 길이가 6걸음과 같았어.

유찬

( )

4 동영상

다솜이는 길이가 20 cm인 자로 주방 싱크대의 길이를 재었더니 약 15번이었습니다. 주방 싱크대의 길이는 약 몇 m인가요?

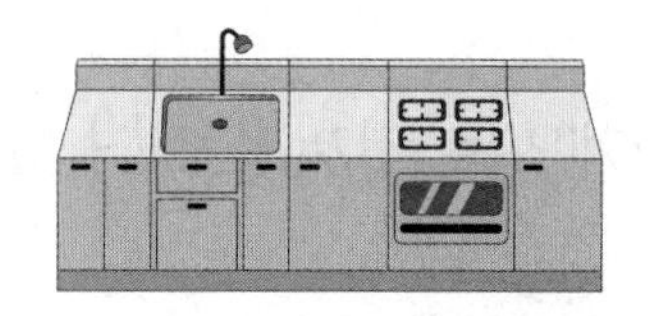

약 (   )

5 동영상

길이가 1 m인 막대를 두 도막으로 잘랐습니다. 긴 막대의 길이가 짧은 막대의 길이보다 20 cm 더 길다면 긴 막대의 길이는 몇 cm인가요?

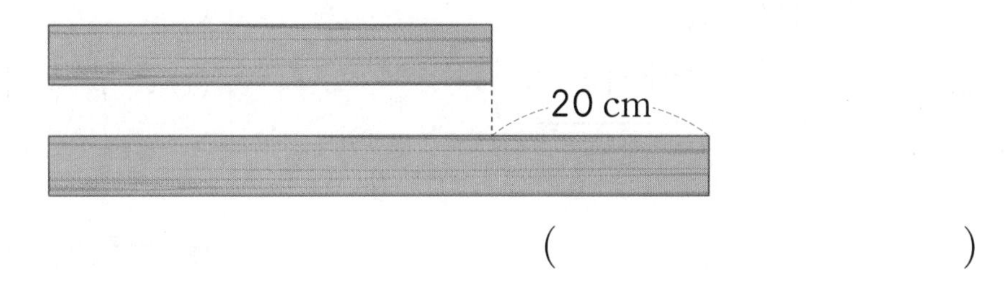

(   )

6 동영상

가장 작은 사각형의 변의 길이는 모두 같습니다. 굵은 선의 길이는 몇 m 몇 cm인지 구하세요.

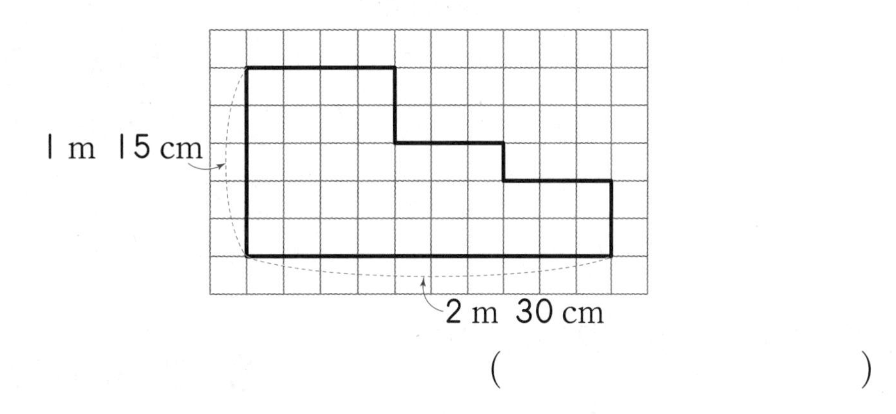

(   )

BOOK❷ 10~13쪽에서 경시대회 문제 도전!

Test 단원 실력 평가

맞힌 문제 수 개/14개

1 관계있는 것끼리 이어 보세요.

305 cm •	• 3 m 5 cm
350 cm •	• 3 m 50 cm

2 m 단위로 나타내기에 알맞은 것을 찾아 기호를 쓰세요.

㉠ 리모컨의 길이
㉡ 국기 게양대의 높이

(　　　　　　　)

3 줄넘기 줄의 길이는 몇 m 몇 cm인가요?

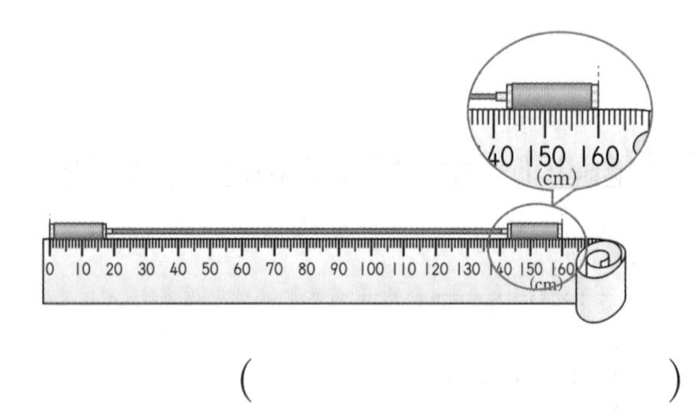

(　　　　　　　)

4 빈칸에 몇 m 몇 cm인지 써넣으세요.

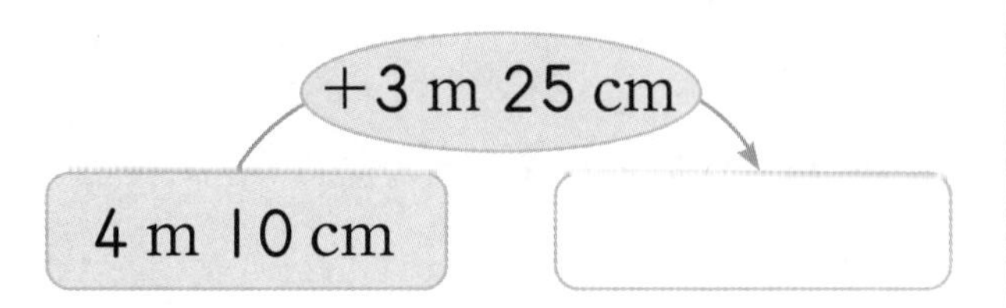

5 두 길이의 차는 몇 m 몇 cm인가요?

6 m 20 cm, 2 m 50 cm

(　　　　　　　)

6 보기에서 알맞은 길이를 골라 문장을 완성해 보세요.

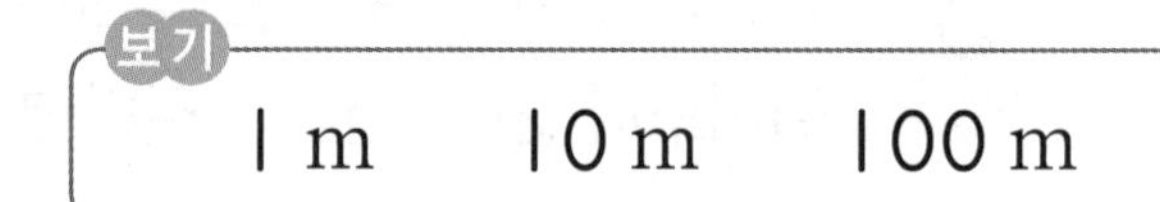

(1) 축구 경기장 긴 쪽의 길이는 약 [　　　] 입니다.

(2) 트럭의 길이는 약 [　　　] 입니다.

7 예솔이네 모둠 학생 6명이 앞 사람과의 간격이 1 m씩 되게 줄을 섰습니다. 가장 앞에 있는 학생과 가장 뒤에 있는 학생의 거리는 약 몇 m인가요?

약 (　　　　　　　)

8 길이가 10 cm인 빨대를 겹치지 않게 이어 붙여서 1 m를 만들려고 합니다. 빨대를 몇 개 이어 붙어야 하나요?

(　　　　　　　)

9 수지의 7뼘은 약 1 m입니다. 화장실 긴 쪽의 길이를 수지의 뼘으로 재었더니 42뼘이었습니다. 화장실 긴 쪽의 길이는 약 몇 m인가요?

약 (　　　　　　)

10 1부터 9까지의 수 중에서 □ 안에 들어갈 수 있는 수는 모두 몇 개인가요?

4 m 58 cm>4□2 cm

(　　　　　　)

서술형

11 가, 나, 다 막대의 길이를 나타낸 것입니다. 가장 긴 막대와 가장 짧은 막대의 길이의 차는 몇 m 몇 cm인지 풀이 과정을 쓰고 답을 구하세요.

가: 3 m 25 cm
나: 220 cm
다: 2 m 85 cm

풀이

답

12 □ 안에 알맞은 수를 구하세요.

□ cm−2 m 60 cm=380 cm

(　　　　　　)

13 5 m에 가장 가까운 길이의 끈을 가진 사람의 이름을 쓰세요.

지아: 내 끈은 515 cm야.
준혁: 내 끈은 5 m 5 cm야.
세은: 내 끈은 4 m 90 cm야.

(　　　　　　)

서술형

14 길이가 2 m 16 cm인 리본 3개를 15 cm씩 겹치도록 한 줄로 길게 이어 붙였습니다. 이어 붙인 리본의 전체 길이는 몇 m 몇 cm인지 풀이 과정을 쓰고 답을 구하세요.

풀이

답

4

시각과 시간

4단원의 대표 심화 유형

- 학습한 후에 이해가 부족한 유형에 체크하고 한 번 더 공부해 보세요.

01 주어진 기간의 날수 구하기 ☐

02 거울에 비친 시계의 시각 구하기 ☐

03 긴바늘을 돌리는 횟수 구하기 ☐

04 요일 구하기 ☐

05 빨라지는(늦어지는) 시계의 시각 구하기 ☐

06 해가 떠 있는 시간 구하기 ☐

큐알 코드를 찍으면 개념 학습 영상과 문제 풀이 영상도 보고, 수학 게임도 할 수 있어요.

이전에 배운 내용 1-2

❖ 모양과 시각
- 몇 시
- 몇 시 30분

이번에 배울 내용 2-2

❖ 시각과 시간
- 몇 시 몇 분
- 여러 가지 방법으로 시각 읽기
- 1시간 / 걸린 시간
- 하루의 시간 / 달력

이후에 배울 내용 3-1

❖ 길이와 시간
- 1분보다 작은 단위
- 시간의 덧셈
- 시간의 뺄셈

개념 1 몇 시 몇 분 (1)

1. 시계의 긴바늘과 시계의 숫자 사이의 관계

시계에서 긴바늘이 가리키는 **작은 눈금 한 칸은 1분**을 나타냅니다.

시계의 긴바늘이 가리키는 숫자가 **1**이면 **5분**, **2**이면 **10분**, **3**이면 **15분**, ...을 나타냅니다.

긴바늘이 가리키는 숫자가 1씩 커짐에 따라 나타내는 분도 5분씩 커져요.

2. 5분 단위의 시각 읽기

예

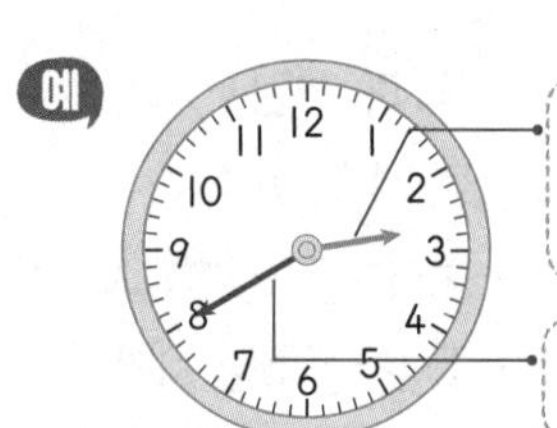

짧은바늘이 2와 3 사이를 가리킵니다.

긴바늘이 8을 가리킵니다.

➔ 시계가 나타내는 시각: 2시 40분

개념 2 몇 시 몇 분 (2)

- 1분 단위의 시각 읽기

예

5시 10분에서 긴바늘을 작은 눈금 2칸만큼 더 움직인 시각

짧은바늘이 5와 6 사이,
긴바늘이 2에서 작은 눈금으로 2칸 더 간 곳을 가리킵니다.
➔ 시계가 나타내는 시각: 5시 12분

개념 3 여러 가지 방법으로 시각 읽기

- 몇 시 몇 분 전으로 시각 읽기

8시 50분에서 10분 후에 9시가 됩니다.
8시 50분은 9시가 되기 10분 전입니다.

➔ **8시 50분**을 **9시 10분 전**이라고도 합니다.

개념 4 1시간 알아보기

시계의 긴바늘이 한 바퀴 도는 데 걸린 시간은 **60분**입니다.

긴바늘이 한 바퀴 도는 동안 짧은바늘은 5에서 6으로 숫자 눈금 한 칸만큼 움직입니다.

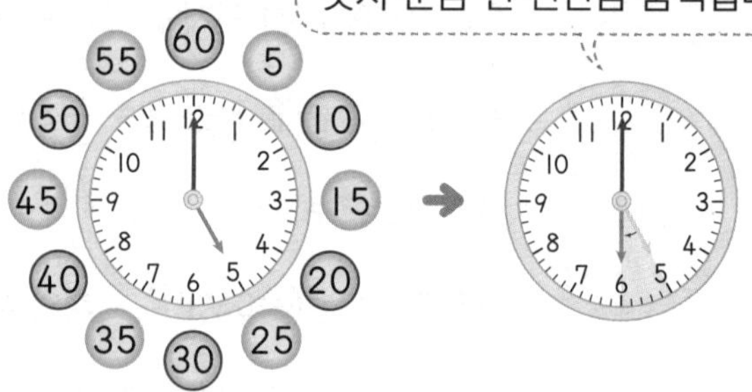

5시 10분 20분 30분 40분 50분 6시

60분=1시간

개념PLUS
- 시각: 어떤 일이 일어난 때
- 시간: 시각과 시각의 사이

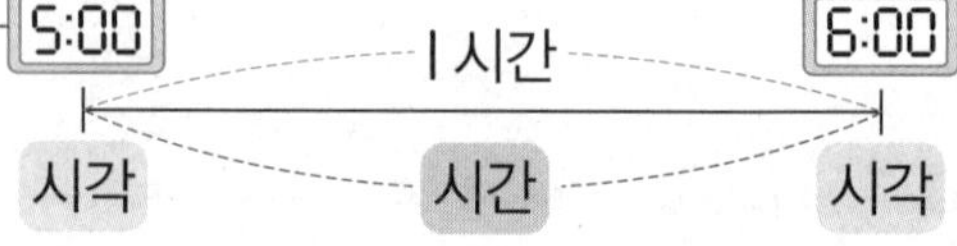

개념 5 걸린 시간 알아보기

예 집에서 10시에 출발하여 11시 40분에 미술관에 도착했을 때 미술관에 가는 데 걸린 시간 구하기

→ 걸린 시간은 1시간 40분입니다.

개념 6 하루의 시간 알아보기

오전: 전날 밤 12시부터 낮 12시까지

오후: 낮 12시부터 밤 12시까지

1일=24시간

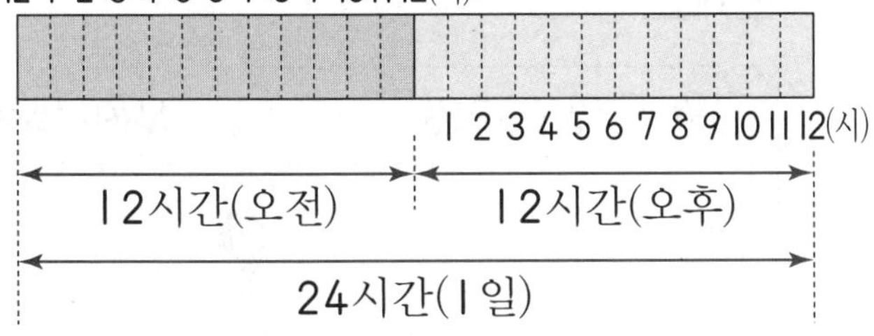

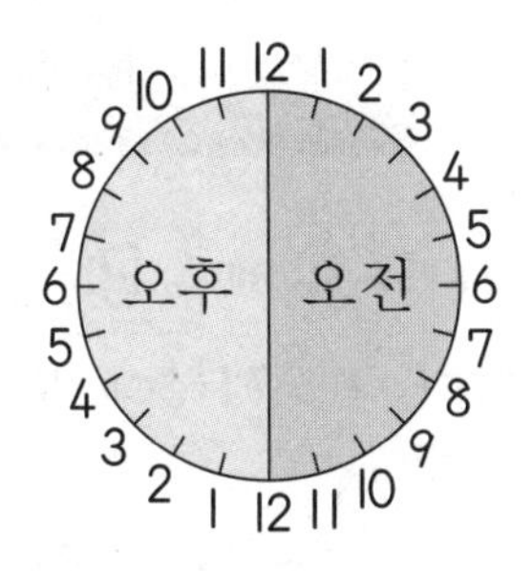

짧은바늘이 시계를 한 바퀴 도는 데 걸리는 시간은 12시간이야.

짧은바늘은 하루에 시계를 2바퀴 돌아.

개념 7 달력 알아보기

1. 달력을 보고 1주일 알아보기

9월

일요일	월요일	화요일	수요일	목요일	금요일	토요일
					1	2
3	4	5	6	7	8	9
10	11	12	13	14	15	16
17	18	19	20	21	22	23
24	25	26	27	28	29	30

•1주일=7일

9월은 30일까지 있습니다.

1주일=7일

7일마다 같은 요일이 반복돼.

2. 1년의 달력 알아보기

1년=12개월

1월부터 12월까지 있어.

월	1	2	3	4	5	6
날수(일)	31	28 (29)	31	30	31	30

월	7	8	9	10	11	12
날수(일)	31	31	30	31	30	31

참고 각 월의 날수를 쉽게 알 수 있는 방법

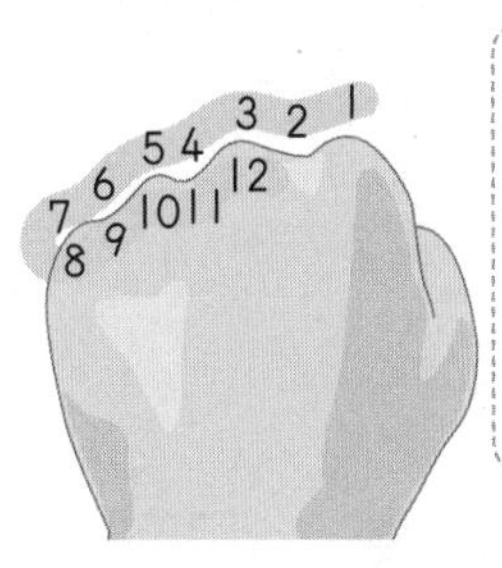

둘째 손가락부터 시작하여 위로 올라온 부분은 31일, 내려간 부분은 30일 (단, 2월은 28일 또는 29일)까지 있어.

1단계 기본 유형 연습

1 몇 시 몇 분 (1)

1 시계에서 각각의 숫자가 몇 분을 나타내는지 빈칸에 써넣으세요.

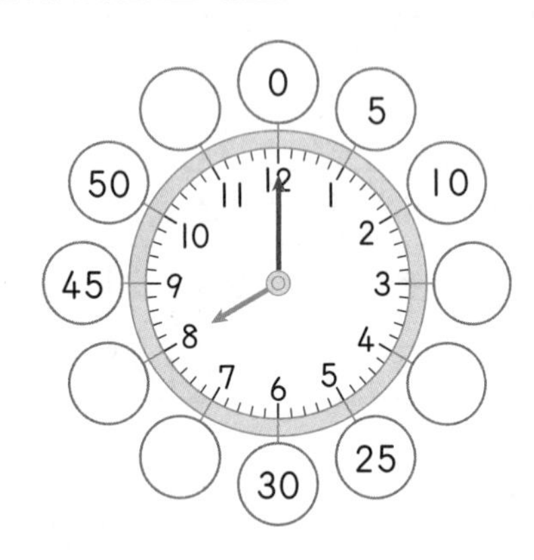

2 시계를 보고 몇 시 몇 분인지 쓰세요.

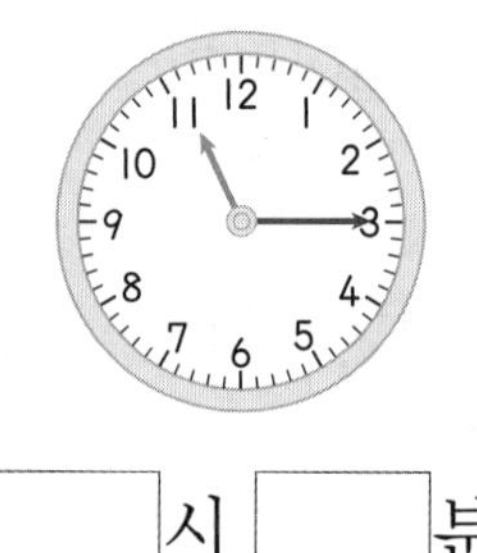

☐시 ☐분

3 같은 시각을 나타낸 것끼리 이어 보세요.

5:10 9:25 3:45

4 시각에 맞게 긴바늘을 그려 넣으세요.

3시 40분

5 시계의 시곗바늘이 다음과 같이 가리킬 때는 몇 시 몇 분인지 쓰세요.

짧은바늘: 6과 7 사이
긴바늘: 10

꼭 단위까지 따라 쓰세요.

(시 분)

의사소통

6 준호의 일기를 보고 준호가 출발한 시각과 산 정상에 도착한 시각은 몇 시 몇 분인지 쓰세요.

○월 ○일 ○요일 날씨: 맑음

출발한 시각 (시 분)
도착한 시각 (시 분)

2 몇 시 몇 분 (2)

7 시계를 보고 빈칸에 몇 분을 나타내는지 써넣으세요.

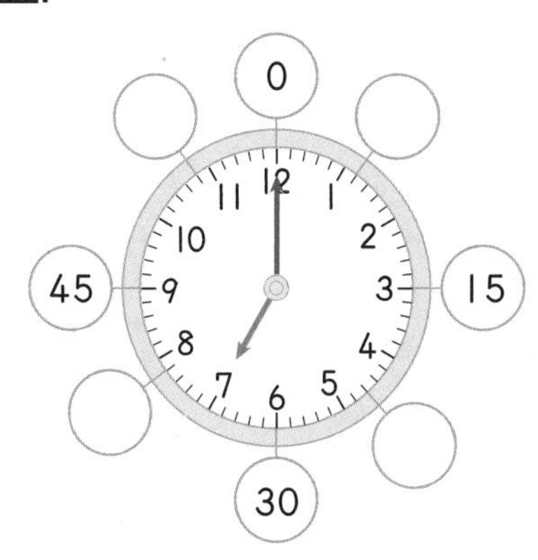

8 시계를 보고 몇 시 몇 분인지 쓰세요.

☐시 ☐분

9 2시 42분을 시계에 바르게 나타낸 사람의 이름을 쓰세요.

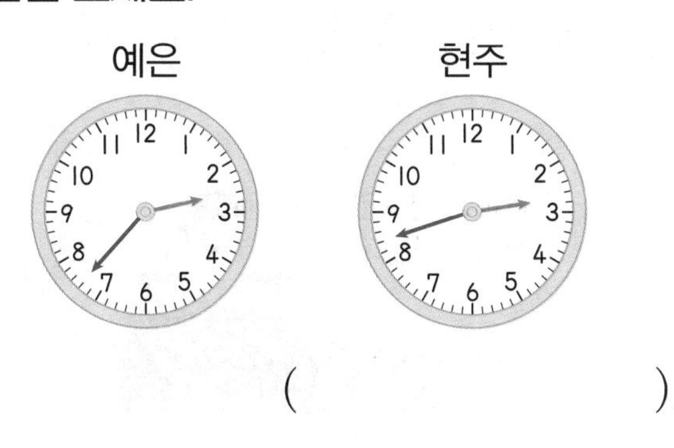

(　　　　　　)

10 소희가 박물관에 도착하여 시계를 보았더니 다음과 같았습니다. 박물관에 도착한 시각은 몇 시 몇 분인가요?

(　　시　　분)

11 시계의 시곗바늘이 다음과 같이 가리킬 때는 몇 시 몇 분인지 쓰세요.

> 짧은바늘: 8과 9 사이
> 긴바늘: 10에서 작은 눈금으로 2칸 더 간 곳

(　　시　　분)

문제 해결

12 다음을 보고 시각에 맞게 시계에 긴바늘을 각각 그려 넣으세요.

지민이는 4시 56분에 피아노를 치기 시작하여 5시 33분에 끝냈습니다.

시작한 시각　　끝낸 시각

3 여러 가지 방법으로 시각 읽기

13 시각을 읽어 보세요.

(1)

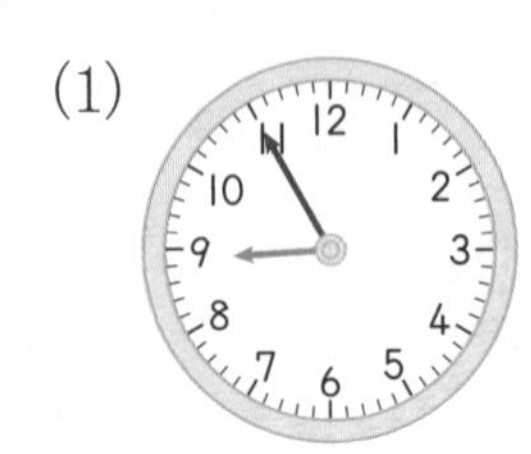

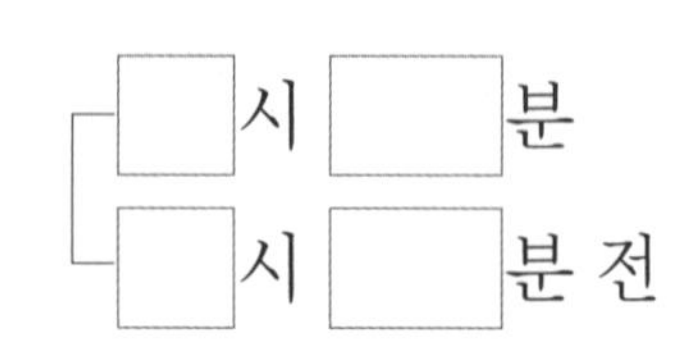

(2)

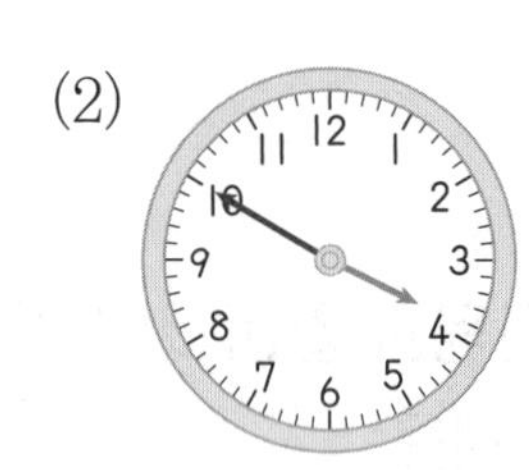

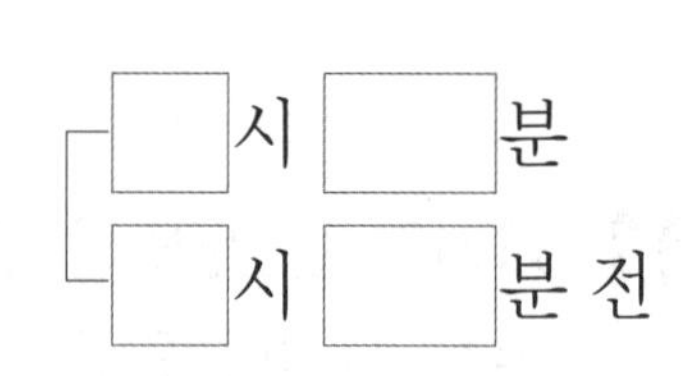

14 □ 안에 알맞은 수를 써넣으세요.

(1) 11시 10분 전은 □시 50분입니다.

(2) 2시 55분은 3시 □분 전입니다.

15 시각에 맞게 긴바늘을 그려 넣으세요.

10시 5분 전

16 같은 시각을 나타낸 것끼리 이어 보세요.

• 8시 5분 전

• 8시 10분 전

• 

실생활 연결

17 그림을 보고 시각에 맞게 □ 안에 알맞은 수를 써넣으세요.

서윤이가 버스를 타려고 버스 정류장에 □시 □분 전에 도착했습니다.

의사소통

18 민하가 일어난 시각에 맞게 시계에 긴바늘을 그려 넣으세요.

4 1시간 알아보기

19 시계의 긴바늘이 한 바퀴 도는 데 걸린 시간을 구하세요.

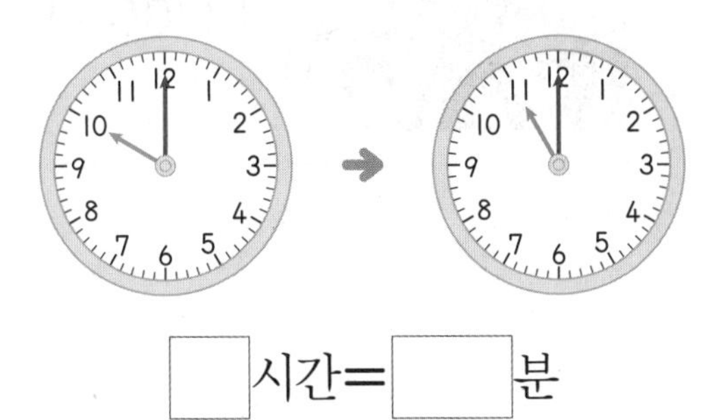

□시간=□분

20 □ 안에 알맞은 수를 써넣으세요.

2시간=□분

21 알맞은 말에 ○표 하세요.

선우가 놀이공원에 가려고 버스를 탄 (시각, 시간)은 9시이고, 가는 데 걸린 (시각, 시간)은 1시간입니다.

22 크리스마스 트리를 꾸미는 데 걸린 시간을 시간 띠에 색칠하고 구하세요.

시작한 시각

끝난 시각

40분	50분	3시	10분	20분	30분	40분	50분	4시	10분	20분

크리스마스 트리를 꾸미는 데 걸린 시간은 □시간입니다.

정보처리

23 시계를 보고 잘못 말한 부분을 찾아 기호를 쓰세요.

시작한 시각 끝낸 시각

지현이가 킥보드를 4시 20분(㉠)에 타기 시작하여 5시 20분(㉡)까지 탔습니다.
킥보드를 탄 시간은 2시간(㉢)입니다.

( )

24 정서는 8시 30분부터 60분 동안 숙제를 하였습니다. 정서가 숙제를 끝낸 시각은 몇 시 몇 분인가요?

꼭 단위까지 따라 쓰세요.

(시 분)

25 효섭이는 1시간 동안 야구를 하기로 했습니다. 시계를 보고 몇 분 더 해야 하는지 구하세요.

시작한 시각 지금 시각

(분)

1단계 기본 유형 연습

5 걸린 시간 알아보기

26 □ 안에 알맞은 수를 써넣으세요.

(1) 1시간 30분=□분

(2) 110분=□시간 □분

27 두 시계를 보고 시간이 몇 분 흘렀는지 시간 띠에 색칠하여 구하세요.

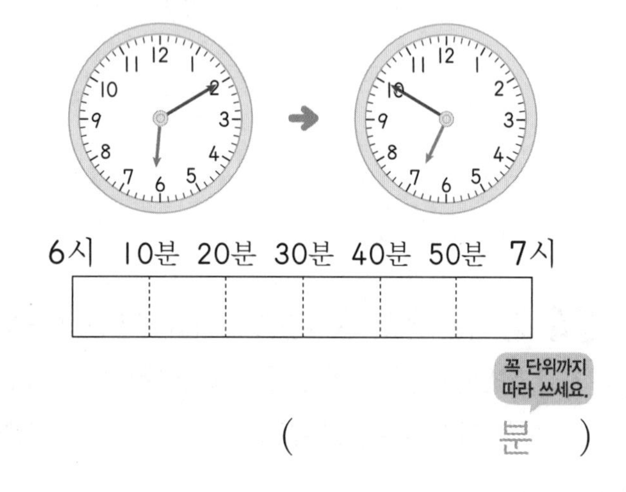

꼭 단위까지 따라 쓰세요.

(　　　　분)

28 다음을 읽고 밑줄 친 시간은 몇 분인지 쓰세요.

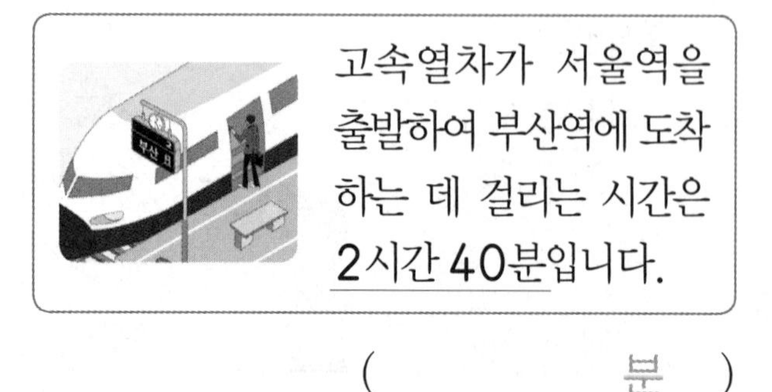

고속열차가 서울역을 출발하여 부산역에 도착하는 데 걸리는 시간은 2시간 40분입니다.

(　　　　분)

실생활 연결

29 준영이가 비행기를 타고 이동한 시간입니다. 걸린 시간은 몇 분인가요?

11:00~11:50

(　　　　분)

30 승민이 아버지가 달리기를 시작한 시각과 끝낸 시각입니다. 걸린 시간은 몇 시간 몇 분인가요?

9시 30분 → 11시 50분

(　　시간　　분)

31 만화 영화가 시작된 시각과 끝난 시각입니다. 만화 영화가 방송된 시간을 시간 띠에 색칠하고 구하세요.

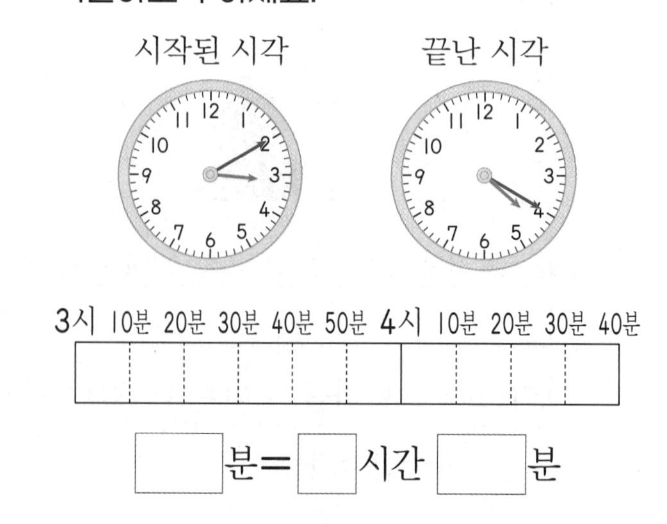

□분=□시간 □분

6 하루의 시간 알아보기

32 □ 안에 알맞은 수를 써넣으세요.

(1) 1일=□시간

(2) 1일 5시간=□시간

(3) 32시간=□일 □시간

33 빈칸에 오전과 오후를 알맞게 쓰세요.

(1)	낮 1시	
(2)	새벽 3시	
(3)	저녁 8시	

34 지호가 체험 학습을 시작한 시각과 끝낸 시각을 나타낸 것입니다. 체험 학습을 한 시간은 몇 시간인가요?

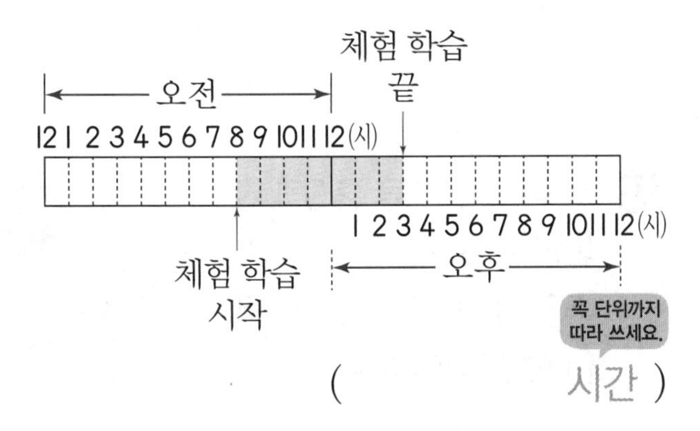

(시간)

35 민우가 동영상을 촬영한 때는 오전인가요, 오후인가요?

민우는 식물이 자라는 것을 관찰하기 위해 낮 12시부터 밤 12시까지 동영상을 촬영했습니다.

( )

36 소희가 집에서 출발하여 할머니 댁에 도착한 시각입니다. 할머니 댁에 가는 데 걸린 시간은 몇 시간인가요?

(시간)

37 서진이는 오전 11시에 친구를 만나서 2시간 동안 놀고 헤어졌습니다. 친구와 헤어진 시각은 언제인가요?

(오전, 오후) □시

1단계 기본 유형 연습

7 달력 알아보기

38 □ 안에 알맞은 수를 써넣으세요.

(1) 1주일은 □일입니다.

(2) 1년은 □개월입니다.

[39~41] 어느 해의 4월 달력입니다. 물음에 답하세요.

4월

일요일	월요일	화요일	수요일	목요일	금요일	토요일
				1	2	3
4	5	6	7	8	9	10
11	12	13	14	15	16	17
18	19	20	21	22	23	24
25	26	27	28	29	30	

39 금요일이 몇 번 있나요?

꼭 단위까지 따라 쓰세요.

(번)

40 14일은 무슨 요일인가요?

(요일)

의사소통

41 지호의 생일은 4월 며칠인가요?

다은

지호

(일)

42 각 월은 며칠인지 빈칸에 수를 써넣으세요.

월	1	2	3	4	5	6
날수(일)	31	28 (29)				
월	7	8	9	10	11	12
날수(일)						

[43~44] 어느 해의 12월 달력입니다. 물음에 답하세요.

12월

일요일	월요일	화요일	수요일	목요일	금요일	토요일
					3	4
		7	8			
12	13				17	
		21	22			25

43 달력을 완성해 보세요.

문제 해결

44 지유네 학교에서 12월 셋째 금요일에 학예회를 합니다. 학예회를 하는 날은 몇 월 며칠인가요?

(월 일)

45 시우는 수영을 20개월 동안 배웠습니다. 시우가 수영을 배운 기간은 몇 년 몇 개월인가요?

(년 개월)

정답과 해설 20쪽

활용 1 시곗바늘이 □바퀴 돈 후의 시각 구하기

- 긴바늘이 1바퀴 돌면 1시간이 지납니다.
- 짧은바늘이 1바퀴 돌면 12시간이 지납니다.

12시간이 지날 때마다 오전과 오후가 바뀌어.

1-1 지금은 5일 오전 10시 36분입니다. 시계의 긴바늘이 한 바퀴 돌면 며칠 몇 시 몇 분인지 구하세요.

□일 (오전 , 오후)

□시 □분

1-2 지금은 6일 오전 3시입니다. 시계의 짧은바늘이 한 바퀴 돌면 며칠 몇 시인지 구하세요.

□일 (오전 , 오후) □시

1-3 지금은 2일 오후 11시입니다. 긴바늘이 3바퀴 돌면 며칠 몇 시인지 구하세요.

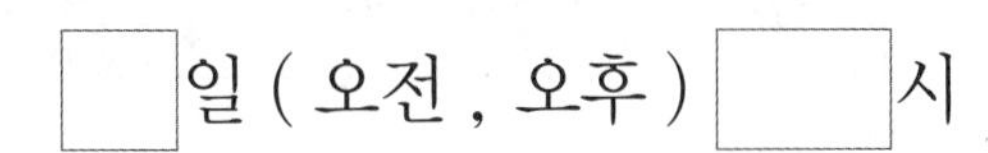

□일 (오전 , 오후) □시

활용 2 정확한 시각을 시계에 나타내기

10분 늦음.

10분 늦는 시계에서 10분 후의 시각이 정확한 시각입니다.

10분 빠름.

10분 빠른 시계에서 10분 전의 시각이 정확한 시각입니다.

2-1 왼쪽 시계는 정확한 시계보다 20분 늦습니다. 정확한 시각을 오른쪽 시계에 나타내 보세요.

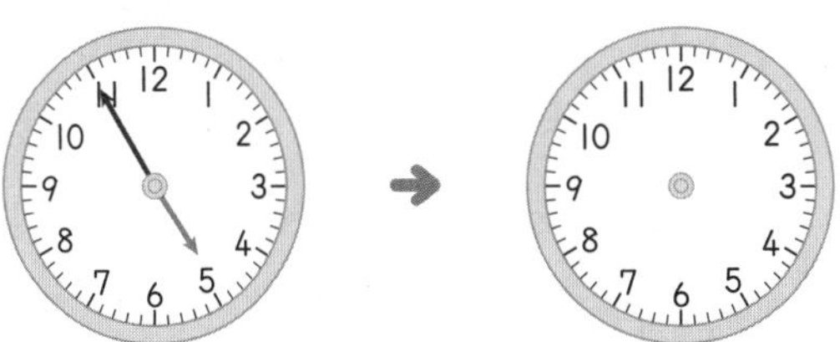

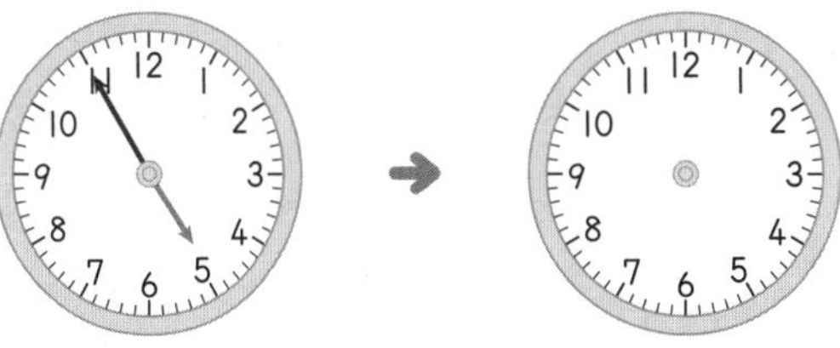

2-2 왼쪽 시계는 정확한 시계보다 25분 빠릅니다. 정확한 시각을 오른쪽 시계에 나타내 보세요.

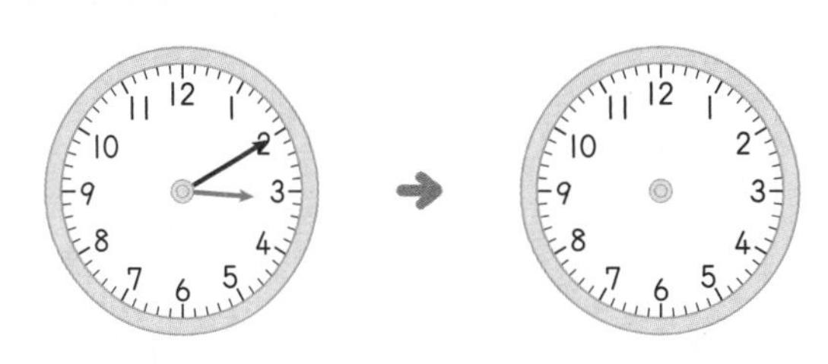

활용 3 찢어진 달력을 보고 요일 구하기

7일마다 같은 요일이 반복되므로 주어진 날짜에서 7씩 빼면서 요일을 알 수 있는 날짜를 구합니다.

예 15일은 15−7=8(일), 8−7=1(일)과 같은 요일입니다.

3-1 어느 해의 9월 달력의 일부분입니다. 9월 20일은 무슨 요일인가요?

9월

일	월	화	수	목	금	토
		1	2	3	4	5
6	7	8	9	10	11	12

(　　　　　　　　)

[3-2~3-3] 어느 해의 5월 달력의 일부분입니다. 물음에 답하세요.

5월

일	월	화	수	목	금	토
1	2	3	4	5	6	7
8	9	10				

3-2 5월 23일은 무슨 요일인가요?

(　　　　　　　　)

3-3 5월의 마지막 날은 무슨 요일인가요?

(　　　　　　　　)

활용 4 달력을 이용하여 날짜 구하기

각 월이 며칠까지 있는지 알아보고 문제를 해결합니다.

월	1	2	3	4	5	6
날수(일)	31	28 (29)	31	30	31	30
월	7	8	9	10	11	12
날수(일)	31	31	30	31	30	31

4-1 승호의 생일은 은우 생일의 일주일 전입니다. 승호의 생일은 몇 월 며칠인가요?

4월

일	월	화	수	목	금	토
				1	2	3
4	5	6	7 은우 생일	8	9	10
11	12	13	14	15	16	17

(　　　　　　　　)

4-2 준수가 가족 여행을 떠나는 날은 방학식을 하는 날의 일주일 후입니다. 가족 여행을 떠나는 날은 몇 월 며칠인가요?

7월

일	월	화	수	목	금	토
		1	2	3	4	5
6	7	8	9	10	11	12
13	14	15	16	17	18	19
20	21	22	23	24	25 방학식	26

(　　　　　　　　)

2단계 실력 유형 연습

정답과 해설 21쪽

1 7시 8분을 나타내는 시계에 ○표 하세요.

( ) ( )

S 솔루션

주어진 시각에 짧은바늘과 긴바늘이 가리키는 곳을 각각 알아봐요.

2 □ 안에 알맞은 수나 말을 써넣어 시각을 설명해 보세요.

(1) 시계의 짧은바늘이 □ 와/과 □ 사이를 가리키고, □ 바늘이 □ 을/를 가리키면 10시 45분입니다.

(2) 시계의 짧은바늘이 □ 와/과 □ 사이를 가리키고, 긴바늘이 3에서 작은 눈금으로 □ 칸 더 간 곳을 가리키면 4시 16분입니다.

시각을 몇 시 몇 분과 몇 시 몇 분 전으로 나타내 봐요.

의사소통

3 시계를 보고 옳게 말한 사람에 ○표 하세요.

( ) ( )

4 어느 해의 5월 달력의 일부분입니다. 5월 6일에서 2주일 후는 몇 월 며칠인가요?

5월

일	월	화	수	목	금	토
	1	2	3	4	5	6
7	8	9	10	11	12	13
	15	16	17	18	19	

(　　　　　　　　)

서술형

5 몇 시 몇 분에 무엇을 하고 있는지 쓰세요.

□시 □분에 ______________

실생활 연결

6 기차를 타고 이동하는 데 걸린 시간을 구하세요.

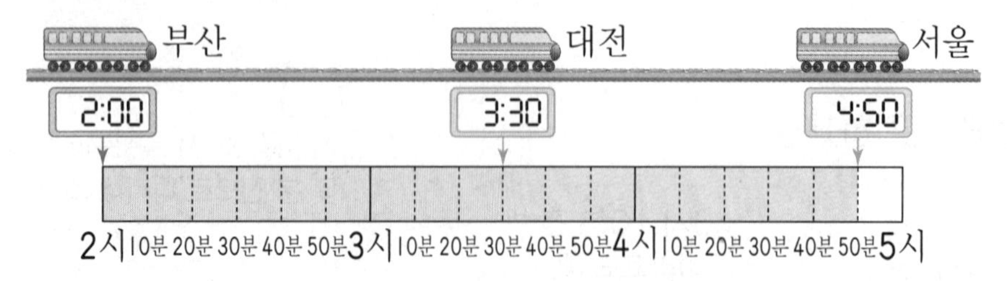

(1) 부산에서 대전까지: □시간 □분=□분

(2) 대전에서 서울까지: □분=□시간 □분

(3) 부산에서 서울까지: □시간 □분=□분

S 솔루션

1주일은 7일이에요.

시계의 시각을 읽고 그 시각에 한 일을 써 봐요.

7 오른쪽은 어느 해의 8월 달력의 일부분입니다. 예서는 매주 화요일에 발레 학원을 갑니다. 예서가 8월에 발레 학원을 가는 날짜를 모두 쓰세요.

( )

8 현수는 오후 9시에 잠자리에 들어 다음날 오전 7시에 일어났습니다. 현수가 잠을 잔 시간은 몇 시간인가요?

( )

9 준우는 2시에 그림 그리기를 시작하여 1시간 35분 후에 그림 그리기를 끝냈습니다. 준우가 그림 그리기를 끝낸 시각을 오른쪽 시계에 나타내 보세요.

10 다은이와 지호가 일어난 시각입니다. 더 일찍 일어난 사람의 이름을 쓰세요.

나는 7시 55분에 일어났어.

난 8시 10분 전에 일어났어.

다은

지호

( )

솔루션

7일마다 같은 요일이 반복돼요.

오후 9시부터 밤 12시까지의 시간과 밤 12시부터 오전 7시까지의 시간을 각각 구해서 더해요.

짧은바늘을 그려 '시'를 나타내고, 긴바늘을 그려 '분'을 나타내 봐요.

2단계 실력 유형 연습

[11~12] 선우가 참가한 1박 2일 전통놀이 체험 일정표입니다. 물음에 답하세요.

첫날

시간	일정
09:00~11:00	체험장으로 이동
11:00~12:00	연날리기
12:00~ 1:00	점심 식사
1:00~ 2:00	휴식
2:00~ 4:00	윷놀이
4:00~ 5:30	제기차기
⋮	⋮

다음날

시간	일정
08:00~09:00	아침 식사
09:00~11:00	투호놀이
11:00~12:00	사방치기
12:00~ 1:00	점심 식사
1:00~ 2:00	휴식
⋮	⋮
4:00~ 6:00	집으로 이동

의사소통

11 바르게 설명한 것을 찾아 기호를 쓰세요.

㉠ 첫날 오전에 윷놀이를 했습니다.
㉡ 다음날 오전에 사방치기를 했습니다.
㉢ 다음날 오후에 투호놀이를 했습니다.

(　　　　　　　)

12 선우가 전통놀이 체험을 다녀오는 데 걸린 시간은 몇 시간인가요?

첫날 출발한 시각: 오전 9:00

다음날 도착한 시각: 오후 6:00

(　　　　　　　)

13 재호와 희승이의 생일은 각각 몇 월 며칠인가요?

• 재호의 생일은 5월 마지막 날입니다.
• 희승이는 재호보다 13일 먼저 태어났습니다.

재호 (　　　　　　　), 희승 (　　　　　　　)

S 솔루션

일정표에서 낮 12시를 기준으로 그 전의 시간은 오전이고, 그 후의 시간은 오후예요.

5월은 며칠까지 있는지 알아봐요.

추론

14 시계의 짧은바늘이 3에서 8까지 움직이는 동안에 긴바늘은 몇 바퀴를 도는지 구하세요.

(　　　　　　　　)

S 솔루션

I 시간 동안 긴바늘은 시계를 I 바퀴 돌아요.

15 인서의 생일은 10월 9일 수요일이고, 아버지의 생신은 인서의 생일의 11일 후입니다. 아버지의 생신은 몇 월 며칠 무슨 요일인가요?

(　　　　　　　　)

16 승윤이는 2시간 20분 동안 응원을 했습니다. 응원을 끝낸 시각이 5시 40분이라면 응원을 시작한 시각은 몇 시 몇 분인가요?

(　　　　　　　　)

끝낸 시각에서 거꾸로 생각하여 시작한 시각을 구해요.

17 연극 공연장에서 보낸 시간을 시간 띠에 색칠하여 몇 시간 몇 분인지 구하세요.

연극 공연 시간표
1부: 5:30~6:20
쉬는 시간: 20분
2부: 6:40~7:50

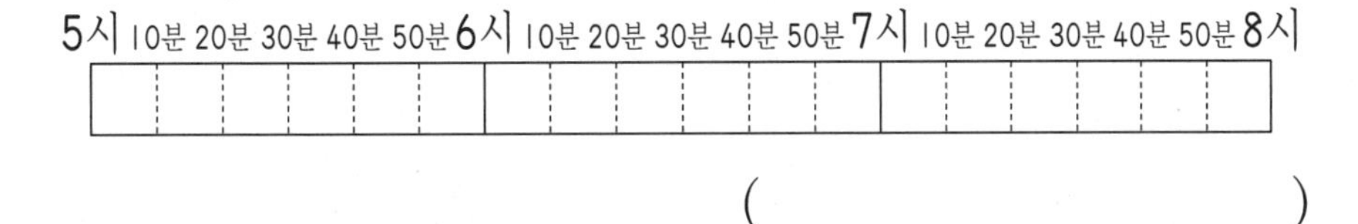

(　　　　　　　　)

I부 공연 시간, 쉬는 시간, 2부 공연 시간으로 나누어 시간 띠에 색칠해서 구해요.

4 시각과 시간

3단계 심화 유형 연습

심화 1

주어진 기간의 날수 구하기

주어진 기간의 월별 날수를 각각 구하여 더하자!

◆ 어린이 뮤지컬을 하는 기간은 며칠인지 구하세요.

문제해결

1 3월에 어린이 뮤지컬을 하는 기간은 며칠인가요?

( )

2 4월에 어린이 뮤지컬을 하는 기간은 며칠인가요?

( )

3 어린이 뮤지컬을 하는 기간은 며칠인가요?

( )

쌍둥이

1-1 어느 공원에서 튤립 축제를 4월 20일부터 5월 12일까지 한다고 합니다. 튤립 축제를 하는 기간은 며칠인가요?

답 ________________

변형

1-2 태준이는 10월 15일부터 12월 15일까지 문제집 한 권을 다 풀었습니다. 태준이가 이 문제집 한 권을 다 푸는 데 걸린 기간은 며칠인가요?

답 ________________

정답과 해설 22쪽

심화 2

거울에 비친 시계의 시각 구하기

시곗바늘이 가리키는 곳을 찾아 시각을 먼저 구하자!

◆ 다음은 거울에 비친 시계입니다. 이 시계가 나타내는 시각부터 1시간 40분 후는 몇 시 몇 분인지 구하세요.

문제해결

1 거울에 비친 시계가 나타내는 시각은 몇 시 몇 분인가요?

( )

2 거울에 비친 시계가 나타내는 시각부터 1시간 40분 후는 몇 시 몇 분인가요?

( )

2-1 다음은 거울에 비친 시계입니다. 이 시계가 나타내는 시각부터 2시간 5분 전은 몇 시 몇 분인가요?

답 ______

2-2 다음은 거울에 비친 시계입니다. 이 시계가 나타내는 시각부터 130분 후의 시각을 구하세요.

______

3단계 심화 유형 연습

심화 3

긴바늘을 돌리는 횟수 구하기

시계의 긴바늘이 1바퀴 돌면 1시간이 지난다.

◆ 시계가 멈춰서 현재 시각으로 맞추려고 합니다. 긴바늘을 몇 바퀴만 돌리면 되는지 구하세요.

멈춘 시계

현재 시각

5:00

문제해결

1 멈춘 시계의 시각과 현재 시각을 각각 쓰세요.

멈춘 시계의 시각 (   )

현재 시각 (   )

2 멈춘 시계의 시각에서 몇 시간이 지나야 현재 시각이 되나요?

(   )

3 긴바늘을 몇 바퀴만 돌리면 되나요?

(   )

쌍둥이

3-1 시계가 멈춰서 현재 시각으로 맞추려고 합니다. 긴바늘을 몇 바퀴만 돌리면 되나요?

멈춘 시계

현재 시각

6:30

답 ______________________

변형

3-2 동영상 멈춘 시계의 긴바늘을 5바퀴 돌렸더니 11시 20분으로 맞추어졌습니다. 멈춘 시계의 시각은 몇 시 몇 분이었는지 구하세요.

멈춘 시계

맞춘 시계

답 ______________________

정답과 해설 22쪽

심화 4

요일 구하기

주어진 달력을 보고 먼저 그 월의 마지막 날의 요일을 구하자!

◆ 어느 해의 7월 달력의 일부분입니다. 같은 해의 8월 2일은 무슨 요일인지 구하세요.

7월

일	월	화	수	목	금	토
				1	2	3
4	5	6	7			

문제해결

1 7월의 마지막 날은 며칠인가요?

( )

2 7월의 마지막 날은 무슨 요일인가요?

( )

3 8월 2일은 무슨 요일인가요?

( )

쌍둥이

4-1 어느 해의 4월 달력의 일부분입니다. 같은 해의 5월 5일 어린이날은 무슨 요일인가요?

4월

일	월	화	수	목	금	토
	1	2	3	4	5	6
7	8	9	10			

변형

4-2 

어느 해의 2월 16일은 토요일입니다. 같은 해의 3월 3일에 개학식을 할 때 개학식 날은 무슨 요일인가요?
(단, 이 해의 2월의 날수는 29일입니다.)

3단계 심화 유형 연습

심화 5

빨라지는(늦어지는) 시계의 시각 구하기

시계를 맞춘 시각부터 주어진 시각까지 빨라지는(늦어지는) 시간을 구하자!

◆ 1시간에 1분씩 빨라지는 시계가 있습니다. 이 시계의 시각을 오늘 오전 10시에 정확하게 맞추었습니다. 내일 오전 10시에 이 시계가 나타내는 시각은 오전 몇 시 몇 분인지 구하세요.

문제해결

1 오늘 오전 10시부터 내일 오전 10시까지는 몇 시간인가요?

( )

2 위 1에서 구한 시간 동안 시계는 몇 분이 빨라지나요?

( )

3 내일 오전 10시에 시계가 나타내는 시각은 오전 몇 시 몇 분인가요?

( )

쌍둥이

5-1 하루에 1분씩 빨라지는 시계가 있습니다. 이 시계의 시각을 어느 해 9월 1일 오전 6시에 정확하게 맞추었습니다. 같은 해의 10월 1일 오전 6시에 이 시계가 나타내는 시각은 오전 몇 시 몇 분인가요?

답 ____________

변형

5-2 동영상 1시간에 1분씩 늦어지는 시계가 있습니다. 이 시계의 시각을 오늘 오후 2시에 정확하게 맞추었습니다. 2일 후 오후 2시에 이 시계가 나타내는 시각은 오후 몇 시 몇 분인가요?

답 ____________

정답과 해설 22쪽

심화 6

해가 떠 있는 시간 구하기

낮 12시를 기준으로 하여 오전 시간과 오후 시간으로 나누어 구하자!

◆ 어느 지역에 오늘 해가 뜬 시각과 해가 진 시각을 나타낸 것입니다. 오늘 이 지역에 해가 떠 있는 시간은 몇 시간 몇 분이었는지 구하세요.

해가 뜬 시각

오전

해가 진 시각

오후

문제해결

1 해가 뜬 시각부터 낮 12시까지는 몇 시간 몇 분인가요?

(　　　　　　　　　　)

2 낮 12시부터 해가 진 시각까지는 몇 시간인가요?

(　　　　　　　　　　)

3 해가 떠 있는 시간은 몇 시간 몇 분이었나요?

(　　　　　　　　　　)

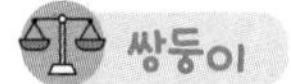

6-1 주원이가 사는 지역에 어제 해가 뜬 시각과 해가 진 시각을 나타낸 것입니다. 어제 이 지역에 해가 떠 있던 시간은 몇 시간 몇 분이었나요?

해가 뜬 시각	해가 진 시각
오전 6:00	오후 7:10

 답 ____________________

변형

6-2 동영상 태우가 사는 지역에 어느 날 오전 7시에 해가 떴고, 해가 떠 있는 시간이 10시간 10분이었다고 합니다. 이날 이 지역에 해가 진 시각은 오후 몇 시 몇 분이었나요?

답 ____________________

3단계 심화 유형 완성

1 동영상 어느 해의 11월 4일은 금요일입니다. 같은 해의 11월 셋째 수요일은 며칠인지 구하세요.

( )

실생활 연결

2 동영상 우리나라 서울의 시각은 미국 뉴욕의 시각보다 13시간 빠릅니다. 뉴욕의 시각이 9월 20일 오전 2시 20분일 때 서울의 시각은 9월 20일 오후 몇 시 몇 분인가요?

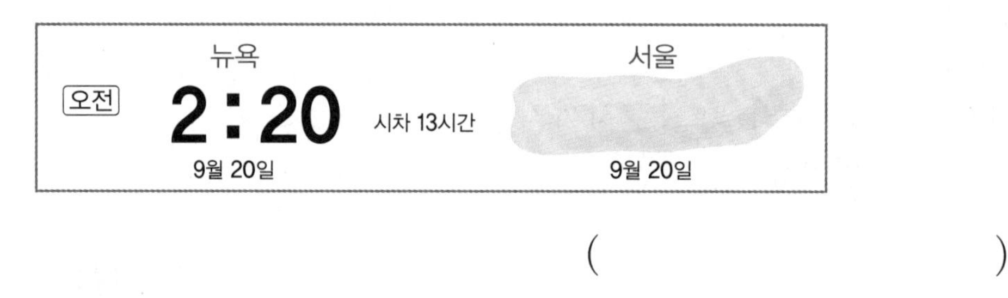

( )

3 동영상 조각상 전시회가 9월 1일부터 100일 동안 열린다고 합니다. 전시회를 하는 마지막 날은 몇 월 며칠인지 구하세요.

( )

정답과 해설 24쪽

추론

4 동영상 축구 경기를 다음과 같은 시간 동안 했더니 8시 10분 전에 끝났습니다. 축구 경기를 시작한 시각은 몇 시 몇 분인지 구하세요.

전반전 경기 시간	휴식 시간	후반전 경기 시간
45분	15분	45분

(　　　　　　　　)

5 동영상 윤재와 수아가 오후에 영어 공부를 시작한 시각과 끝낸 시각입니다. 영어 공부를 더 오래 한 사람의 이름을 쓰세요.

	시작한 시각	끝낸 시각
윤재		
수아	5:30	7:15

(　　　　　　　　)

6 동영상 예은이네 가족은 캠핑을 다녀왔습니다. 5월 30일 오전 8시에 집에서 출발하여 6월 1일 낮 12시에 집에 도착하였습니다. 예은이네 가족이 캠핑을 다녀오는 데 걸린 시간은 몇 시간인지 구하세요.

(　　　　　　　　)

BOOK❷ 14~19쪽에서 경시대회 문제 도전!

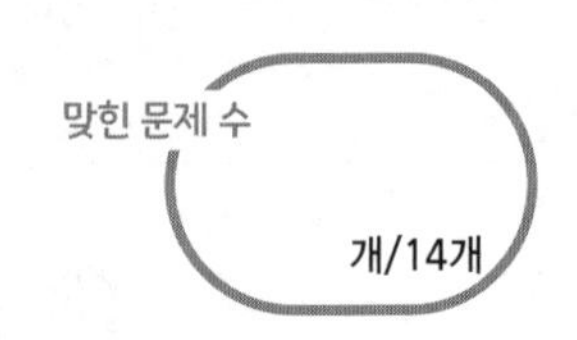

Test 단원 실력 평가

1 시계를 보고 몇 시 몇 분인지 쓰세요.

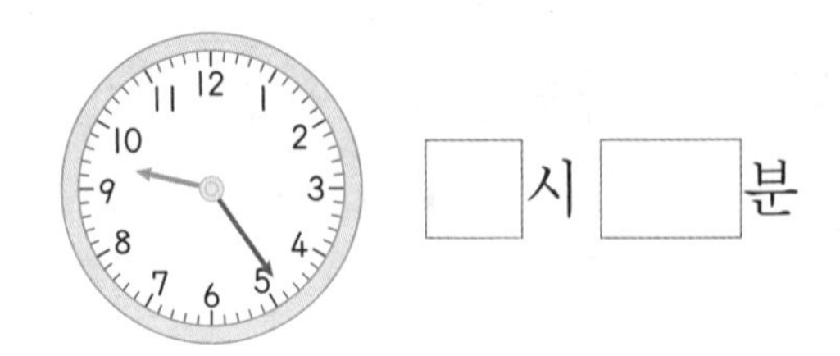

2 시각에 맞게 긴바늘을 그려 넣으세요.

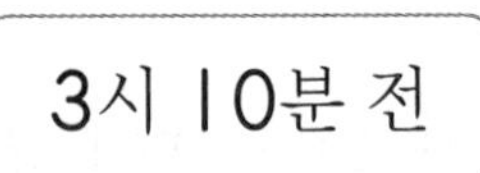

3 시각을 잘못 쓴 것을 찾아 기호를 쓰고, 시각을 바르게 쓰세요.

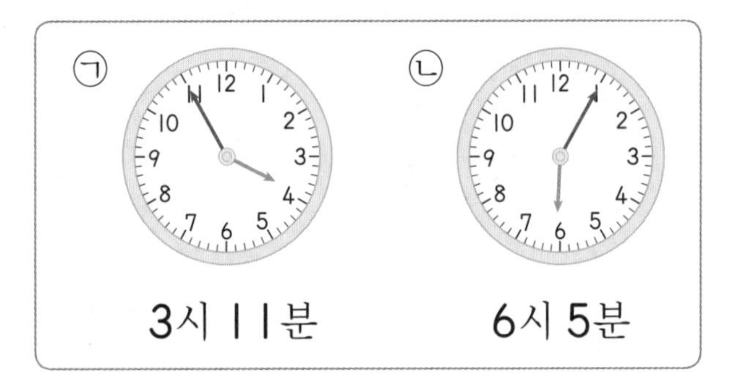

기호 (　　　　　　　　)

시각 쓰기 (　　　　　　　　)

4 바르게 나타낸 것을 찾아 기호를 쓰세요.

㉠ 70분=1시간 20분
㉡ 24시간=2일
㉢ 17개월=1년 5개월

(　　　　　　　　)

[5~6] 어느 해의 8월 달력의 일부분입니다. 물음에 답하세요.

8월

일	월	화	수	목	금	토
	1	2	3	4	5	6
7	8					

5 5일부터 1주일 후는 며칠인가요?

(　　　　　　　　)

6 8월의 셋째 목요일은 며칠인가요?

(　　　　　　　　)

7 성재가 방 청소를 시작한 시각과 끝낸 시각입니다. 방 청소를 하는 데 걸린 시간은 몇 분인가요?

(　　　　　　　　)

8 민호와 준서가 약속 장소에 도착한 시각입니다. 더 일찍 도착한 사람의 이름을 쓰세요.

- 민호: 4시 45분
- 준서: 5시 10분 전

(　　　　　　　　)

9 지성이네 가족은 휴양림에 오늘 오후 3시에 도착하여 내일 오전 10시에 나온다고 합니다. 휴양림에 있는 시간은 몇 시간인가요?

( )

10 태민이네 가족은 1월 25일부터 2월 6일까지 해외 여행을 간다고 합니다. 태민이네 가족이 해외 여행을 가는 기간은 며칠인가요?

( )

서술형

11 다음을 보고 시온이의 생일은 몇 월 며칠인지 풀이 과정을 쓰고 답을 구하세요.

- 윤재의 생일은 12월 마지막 날입니다.
- 시온이는 윤재보다 15일 늦게 태어났습니다.

풀이

답

12 어느 해의 7월 17일은 토요일입니다. 같은 해의 8월 15일은 무슨 요일인가요?

( )

13 주하와 동준이가 오후에 책 읽기를 시작한 시각과 끝낸 시각입니다. 책을 더 오래 읽은 사람의 이름을 쓰세요.

	시작한 시각	끝낸 시각
주하	3시 40분	5시 10분
동준	4시 20분	5시 45분

( )

서술형

14 1시간에 1분씩 늦어지는 시계가 있습니다. 이 시계의 시각을 오늘 오전 9시에 정확하게 맞추었습니다. 내일 오전 9시에 이 시계가 나타내는 시각은 오전 몇 시 몇 분인지 풀이 과정을 쓰고 답을 구하세요.

풀이

답

5

표와 그래프

이전에 배운 내용 ____ 2-1

❖ 분류하기

- 분류는 어떻게 하는지 알아보기
- 기준에 따라 분류하기
- 분류하고 세어 보기
- 분류한 결과 알아보기

5단원의 대표 심화 유형

- 학습한 후에 이해가 부족한 유형에 체크하고 한 번 더 공부해 보세요.

01 찢어진 그래프에서 자료의 값 구하기 ··· ✓

02 빠진 자료 구하기 ··· ✓

03 그래프를 완성하여 문제 해결하기 ··· ✓

04 표에서 조건에 맞는 자료의 값 구하기 ··· ✓

05 표에서 빈칸에 알맞은 자료의 값 구하기 ··· ✓

06 한 항목에 두 가지 자료를 같이 나타낸 그래프 알아보기 ✓

이번에 배울 내용 ____ 2-2

❖ 표와 그래프

- 자료를 분류하여 표로 나타내기
- 자료를 조사하여 표로 나타내기
- 그래프로 나타내기
- 표와 그래프의 내용 알아보기
- 표와 그래프로 나타내기

이후에 배울 내용 ____ 4-1

❖ 막대그래프

- 막대그래프 알아보기
- 자료를 수집하여 막대그래프로 나타내기

큐알 코드를 찍으면 개념 학습 영상과 문제 풀이 영상도 보고, 수학 게임도 할 수 있어요.

개념 1 자료를 분류하여 표로 나타내기

예 성미네 반 학생들이 좋아하는 간식을 조사한 자료를 보고 표로 나타내기

좋아하는 간식

성미 라면	선정 도넛	경주 햄버거	소희 도넛
태호 햄버거	보라 라면	민성 햄버거	정현 라면
재진 도넛	지혜 햄버거	경민 라면	은주 햄버거

1. 조사한 자료를 기준에 따라 분류하기

분류 기준	좋아하는 간식

간식	라면	도넛	햄버거
학생 이름	성미, 보라, 정현, 경민	선정, 소희, 재진	경주, 태호, 민성, 지혜, 은주

2. 분류한 결과를 보고 표로 나타내기

좋아하는 간식별 학생 수

간식	라면	도넛	햄버거	합계
학생 수(명)	4	3	5	12

4+3+5=12(명)

표로 나타내면 좋아하는 간식별 학생 수를 한눈에 알아보기 쉬워.

개념 2 자료를 조사하여 표로 나타내기

1. 무엇을 조사할지 정하기

예 가 보고 싶은 나라

2. 조사 방법을 정하기

한 사람씩 말하기, 손을 들기, 붙임 종이에 적기, 항목에 붙임딱지 붙이기

3. 자료를 조사하기

붙임 종이에 적는 방법

〈가 보고 싶은 나라〉

중국 일본 일본 중국 미국 일본 중국 미국 일본

4. 표로 나타내기

가 보고 싶은 나라별 학생 수

나라	중국	일본	미국	합계
학생 수(명)	3	4	2	9

개념 3 그래프로 나타내기

위 개념 2에서 나타낸 표를 이용하여 그래프로 나타내 보자.

1. 가로와 세로에 어떤 것을 나타낼지 정하기

➜ 예 가로: 나라, 세로: 학생 수

2. 가로와 세로를 각각 몇 칸으로 할지 정하기

3. 그래프에 ○, ×, / 중 하나를 선택하여 자료를 나타내기

학생 수를 ○로 표시해서 그렸어.

가 보고 싶은 나라별 학생 수

4		○	
3	○	○	
2	○	○	○
1	○	○	○
학생 수(명) / 나라	중국	일본	미국

맨 아래 칸부터 빠짐없이 채우도록 합니다.

개념 4 표와 그래프의 내용 알아보기

1. 표의 내용 알아보기

학생별 일주일 동안 읽은 책 수

이름	성아	영주	동건	합계
책 수(권)	5	6	4	15

① 동건이가 일주일 동안 읽은 책 수는 4권입니다.

② 성아네 모둠 학생들이 일주일 동안 읽은 책은 모두 15권입니다.

표로 나타내면 조사한 자료별 수와 조사한 자료의 전체 수를 쉽게 알 수 있어.

2. 그래프의 내용 알아보기

학생별 일주일 동안 읽은 책 수

동건	×	×	×	×		
영주	×	×	×	×	×	×
성아	×	×	×	×	×	
이름 / 책 수(권)	1	2	3	4	5	6

그래프의 가로에 책 수를, 세로에 이름을 나타냈어.

① 일주일 동안 책을 가장 많이 읽은 학생은 영주입니다.

② 책을 4권보다 많이 읽은 학생은 성아와 영주입니다. (4권은 포함되지 않습니다.)

③ 영주가 성아보다 일주일 동안 책을 1권 더 많이 읽었습니다. (6−5=1)

그래프는 가장 많은 것과 가장 적은 것을 한눈에 알아보기 편리해.

개념 5 표와 그래프로 나타내기

예 수미네 반 학생들이 좋아하는 운동을 조사하여 표와 그래프로 나타내기

좋아하는 운동

이름	운동	이름	운동	이름	운동
수미	야구	희선	농구	호준	야구
강준	축구	우혁	농구	아영	농구
철우	야구	나영	축구	민수	배구
소은	농구	윤경	야구	미경	야구
미선	야구	태주	축구	정석	배구

기준에 따라 분류한 내용을 표로 나타낸 다음, 표를 보고 그래프로 나타내야 해.

1. 표로 나타내기

좋아하는 운동별 학생 수

운동	야구	축구	농구	배구	합계
학생 수(명)	6	3	4	2	15

2. 그래프로 나타내기

좋아하는 운동별 학생 수

6	/			
5	/			
4	/		/	
3	/	/	/	
2	/	/	/	/
1	/	/	/	/
학생 수(명) / 운동	야구	축구	농구	배구

5 표와 그래프

1단계 기본 유형 연습

1 자료를 분류하여 표로 나타내기

[1~3] 상호네 반 학생들이 좋아하는 과일을 조사하였습니다. 물음에 답하세요.

좋아하는 과일

상호	지은	주명	보람	세미	희재
포도	바나나	바나나	배	포도	바나나
성민	재우	선정	형준	예림	소연
바나나	배	포도	배	바나나	포도

1 지은이는 어떤 과일을 좋아하나요?

( )

2 조사한 자료를 기준에 따라 분류한 것입니다. 빈칸에 알맞은 이름을 써넣으세요.

분류 기준	좋아하는 과일

과일	포도	바나나	배
이름			

3 자료를 보고 표를 완성해 보세요.

좋아하는 과일별 학생 수

과일	포도	바나나	배	합계
학생 수(명)	4			

[4~6] 지유네 모둠이 가지고 있는 연결 모형을 조사하였습니다. 물음에 답하세요.

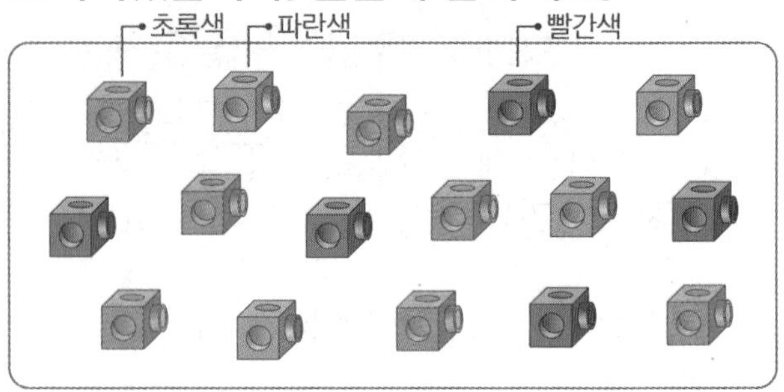

4 지유네 모둠이 가지고 있는 연결 모형은 모두 몇 개인가요?

꼭 단위까지 따라 쓰세요.

(개)

5 조사한 자료를 보고 표로 나타내 보세요.

가지고 있는 색깔별 연결 모형 수

색깔	초록색	파란색	빨간색	합계
연결 모형 수(개)				

의사소통

6 위 **5**의 표를 보고 □ 안에 알맞은 수를 써넣으세요.

처음에 연결 모형의 색깔별로 7개씩 있었어.

파란색 연결 모형 □개, 빨간색 연결 모형 □개가 없어졌네. 표를 보니 쉽게 알 수 있겠어!

2 자료를 조사하여 표로 나타내기

[7~9] 정수네 모둠 학생들이 좋아하는 색깔을 한 사람씩 말한 것입니다. 물음에 답하세요.

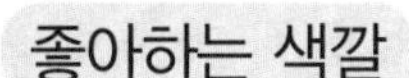

7 정수네 모둠 학생들이 좋아하는 색깔이 아닌 것에 ×표 하세요.

빨간색	노란색	파란색
(　　)	(　　)	(　　)

8 조사한 자료를 보고 표를 완성해 보세요.

좋아하는 색깔별 학생 수

색깔	빨간색	파란색	초록색	합계
학생 수 (명)	3			

9 위 **8**의 표를 보고 알 수 있는 내용으로 알맞은 것의 기호를 쓰세요.

㉠ 파란색을 좋아하는 학생들의 이름
㉡ 빨간색을 좋아하는 학생 수

(　　　　　　)

[10~11] 민성이네 반 학생들이 생일에 받고 싶은 선물을 종이에 적어 칠판에 붙인 것입니다. 물음에 답하세요.

받고 싶은 생일 선물

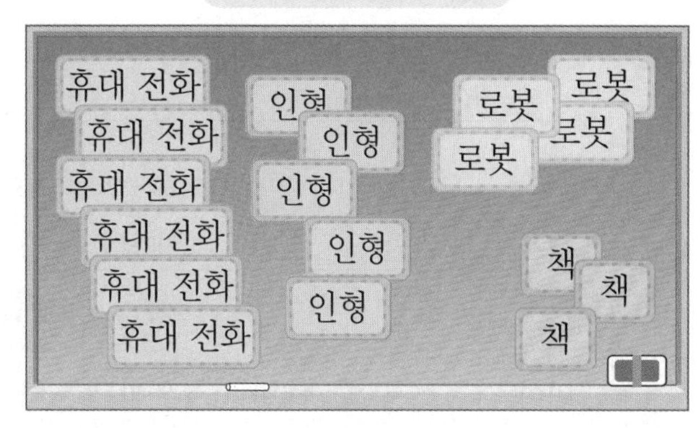

10 생일에 받고 싶은 선물은 모두 몇 가지인가요?

꼭 단위까지 따라 쓰세요.

(　　　　　가지)

11 조사한 자료를 보고 표를 완성해 보세요.

받고 싶은 생일 선물별 학생 수

선물	휴대 전화			합계
학생 수 (명)	6			18

추론

12 자료를 조사하여 표로 나타내는 순서대로 기호를 쓰세요.

㉠ 조사하는 방법 정하기
㉡ 조사한 자료를 표로 나타내기
㉢ 조사할 주제 정하기
㉣ 자료 조사하기

(　　　　　　)

1단계 기본 유형 연습

3 그래프로 나타내기

[13~15] 정우네 모둠 학생들이 기르는 동물을 조사하였습니다. 물음에 답하세요.

기르는 동물

정우	현민	수빈	재원	영준
민아	소진	혜빈	은미	미주

(토끼, 고양이, 강아지, 거북)

13 자료를 보고 표를 완성해 보세요.

기르는 동물별 학생 수

동물	토끼	고양이	강아지	거북	합계
학생 수(명)	3				

14 위 13의 표를 보고 ○를 이용하여 그래프를 완성해 보세요.

기르는 동물별 학생 수

4				
3	○			
2	○			
1	○			
학생 수(명) / 동물	토끼	고양이	강아지	거북

15 위 14의 그래프의 가로와 세로에 각각 나타낸 것은 무엇인가요?

가로 ( )
세로 ( )

[16~18] 재인이네 모둠 학생들이 주말에 읽은 책을 조사하여 표로 나타냈습니다. 물음에 답하세요.

읽은 책의 종류별 학생 수

종류	동화책	만화책	위인전	잡지	합계
학생 수(명)	4	5	2	4	15

16 그래프의 가로를 4칸으로 나눈다면 세로는 적어도 몇 칸으로 나누어야 하나요? 꼭 단위까지 따라 쓰세요.

(칸)

17 위의 표를 보고 /을 이용하여 그래프로 나타내 보세요.

읽은 책의 종류별 학생 수

5				
4				
3				
2				
1				
학생 수(명) / 종류	동화책	만화책	위인전	잡지

18 위의 표를 보고 ×를 이용하여 그래프로 나타내 보세요.

읽은 책의 종류별 학생 수

잡지					
위인전					
만화책					
동화책					
종류 / 학생 수(명)	1	2	3	4	5

4 표와 그래프의 내용 알아보기

[19~22] 태민이네 반 학생들의 취미를 조사하여 표로 나타냈습니다. 물음에 답하세요.

취미별 학생 수

취미	여행	게임	독서	운동	합계
학생 수(명)	4	6	2	3	

19 취미가 독서인 학생은 몇 명인가요?

꼭 단위까지 따라 쓰세요.

(명)

20 조사한 학생은 모두 몇 명인가요?

(명)

21 가장 많은 학생이 좋아하는 취미는 무엇이고, 몇 명인지 차례로 쓰세요.

( ), (명)

22 위의 표를 보고 바르게 말한 사람은 누구인가요?

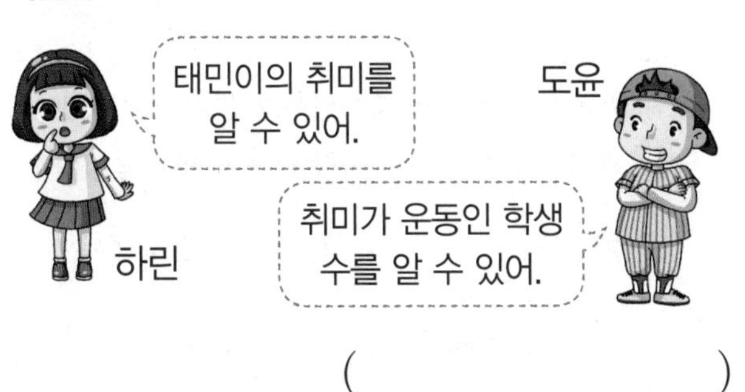

( )

[23~25] 수호네 반 학생들이 좋아하는 티셔츠 색깔을 조사하여 표와 그래프로 나타냈습니다. 물음에 답하세요.

좋아하는 티셔츠 색깔별 학생 수

색깔	빨강	노랑	초록	분홍	합계
학생 수(명)	4	5	3	4	16

좋아하는 티셔츠 색깔별 학생 수

분홍	○	○	○	○	
초록	○	○	○		
노랑	○	○	○	○	○
빨강	○	○	○	○	
색깔 / 학생 수(명)	1	2	3	4	5

23 가장 적은 학생이 좋아하는 티셔츠 색깔은 무엇인가요?

( )

의사소통

24 선생님이 그래프를 보고 쓴 알림장입니다. □ 안에 알맞은 수나 말을 써넣으세요.

<알림장>

내일 우리 반이 입을 티셔츠 색깔은 가장 많은 학생 □명이 좋아하는 색깔인 □으로 결정되었습니다.

25 표와 그래프 중 좋아하는 티셔츠 색깔별 학생 수의 많고 적음을 한눈에 알 수 있는 것은 어느 것인가요?

( )

5 표와 그래프

5 표와 그래프로 나타내기

[26~28] 성웅이네 모둠 학생들의 혈액형을 조사하였습니다. 물음에 답하세요.

성웅이네 모둠 학생들의 혈액형

성웅	A형	지현	A형	누리	B형
정훈	B형	새봄	AB형	연주	O형
수미	A형	선규	O형	재철	A형

26 조사한 자료를 보고 표를 완성해 보세요.

혈액형별 학생 수

혈액형	A형	B형	AB형	O형	합계
학생 수(명)	4				

27 위 **26**의 표를 보고 그래프를 완성해 보세요.

혈액형별 학생 수

4	○			
3	○			
2	○			
1	○			
학생 수(명) / 혈액형	A형	B형	AB형	O형

28 위의 표와 그래프를 보고 □ 안에 알맞게 써넣으세요.

가장 많은 학생의 혈액형은 A형으로 □명이고, 가장 적은 학생의 혈액형은 □형으로 □명입니다.

[29~31] 수지네 반 학생들이 좋아하는 계절을 조사하였습니다. 물음에 답하세요.

좋아하는 계절

봄	여름	여름	가을
봄	겨울	봄	여름
여름	가을	여름	가을

29 조사한 자료를 보고 표로 나타내 보세요.

좋아하는 계절별 학생 수

계절	봄	여름	가을	겨울	합계
학생 수(명)					

30 위 **29**의 표를 보고 /을 이용하여 그래프로 나타내 보세요.

좋아하는 계절별 학생 수

겨울					
가을					
여름					
봄					
계절 / 학생 수(명)	1	2	3	4	5

정보처리

31 위의 표와 그래프를 보고 □ 안에 알맞은 말을 써넣으세요.

제목: 좋아하는 계절 조사하기

3월 5일 | 날씨: ☼

우리 반 학생들이 좋아하는 계절을 조사하였다. 표와 그래프를 보니 가장 많은 학생이 좋아하는 계절은 □이고, 가장 적은 학생이 좋아하는 계절은 □이었다.

정답과 해설 27쪽

활용 1 표 완성하기

합계에서 나머지 자료의 수들을 빼서 모르는 자료의 수를 구합니다.

1-1 서이네 반 학생들이 배우고 싶은 악기를 조사하여 표로 나타냈습니다. 표를 완성해 보세요.

배우고 싶은 악기별 학생 수

악기	바이올린	피아노	플루트	기타	합계
학생 수(명)	10	7	6		25

1-2 준수네 반 학생들이 좋아하는 동물을 조사하여 표로 나타냈습니다. 표를 완성해 보세요.

좋아하는 동물별 학생 수

동물	코끼리	호랑이	사슴	기린	합계
학생 수(명)	5		4	7	26

1-3 윤하가 한 달 동안 운동을 한 횟수를 조사하여 표로 나타냈습니다. 한 달 동안 수영을 한 횟수는 달리기를 한 횟수와 같습니다. 표를 완성해 보세요.

윤하가 운동을 한 횟수

운동	줄넘기	달리기	수영	배드민턴	합계
횟수(번)	12	5			30

활용 2 그래프를 보고 표로 나타내기

❶ 그래프에서 ○, ×, /의 수를 세어 표에 써넣습니다.
❷ 수를 모두 더해 합계를 구합니다.

2-1 가위바위보를 하여 이긴 횟수를 조사하여 그래프로 나타냈습니다. 그래프를 보고 표로 나타내 보세요.

학생별 가위바위보를 이긴 횟수

설희	○	○		
윤아	○	○	○	○
준범	○	○	○	
이름 / 횟수(번)	1	2	3	4

학생별 가위바위보를 이긴 횟수

이름	준범	윤아	설희	합계
횟수(번)				

2-2 운동회에서 딴 반별 메달 수를 조사하여 그래프로 나타냈습니다. 그래프를 보고 표로 나타내 보세요.

운동회에서 딴 반별 메달 수

3반	×	×	×	×	
2반	×	×	×	×	×
1반	×	×	×		
반 / 메달 수(개)	1	2	3	4	5

운동회에서 딴 반별 메달 수

반	1반	2반	3반	합계
메달 수(개)				

활용 3 항목별 수의 합과 차 구하기

항목별 수를 각각 찾아 합 또는 차를 구합니다.

3-1 나래네 반 학생들이 좋아하는 과일을 조사하여 표로 나타냈습니다. 사과를 좋아하는 학생은 귤을 좋아하는 학생보다 몇 명 더 많은가요?

좋아하는 과일별 학생 수

과일	사과	배	귤	바나나	합계
학생 수(명)	7	8	6	9	30

(　　　　　　　)

3-2 정표네 반 학생들이 좋아하는 새를 조사하여 그래프로 나타냈습니다. 참새를 좋아하는 학생과 앵무새를 좋아하는 학생은 모두 몇 명인가요?

좋아하는 새별 학생 수

7			/	
6			/	
5	/		/	
4	/		/	/
3	/	/	/	/
2	/	/	/	/
1	/	/	/	/
학생 수(명) / 새	참새	갈매기	앵무새	까치

(　　　　　　　)

활용 4 기준이 되는 수보다 많은(적은) 것 찾기

기준이 되는 수에 선을 그어 그은 선보다 그린 ○(또는 ×, /)가 더 많은(적은) 자료를 찾습니다.

4-1 영지네 모둠 학생들이 좋아하는 간식을 조사하여 그래프로 나타냈습니다. 3명보다 많은 학생들이 좋아하는 간식은 무엇인지 모두 찾아 쓰세요.

좋아하는 간식별 학생 수

햄버거	○	○	○	○	
도넛	○	○	○		
떡볶이	○	○	○	○	○
핫도그	○	○			
간식 / 학생 수(명)	1	2	3	4	5

(　　　　　　　)

4-2 유희네 반 학생들의 장래 희망을 조사하여 그래프로 나타냈습니다. 4명보다 적은 학생들이 원하는 장래 희망은 무엇인지 모두 찾아 쓰세요.

장래 희망별 학생 수

가수	×	×	×	×	×	×
검사	×	×	×			
경찰	×	×	×	×		
정치인	×	×				
장래 희망 / 학생 수(명)	1	2	3	4	5	6

(　　　　　　　)

정답과 해설 28쪽

[1~2] 어느 해 11월의 날씨를 조사하였습니다. 물음에 답하세요.

11월

일	월	화	수	목	금	토
				1 맑음	2 흐림	3 맑음
4 비	5 비	6 맑음	7 맑음	8 흐림	9 흐림	10 맑음
11 흐림	12 흐림	13 흐림	14 비	15 맑음	16 맑음	17 맑음
18 비	19 맑음	20 맑음	21 흐림	22 비	23 맑음	24 맑음
25 비	26 흐림	27 맑음	28 맑음	29 흐림	30 비	

:맑음 :흐림 :비

1 조사한 자료를 보고 표를 완성해 보세요.

11월의 날씨별 날수

날씨	맑음	흐림	비	합계
날수(일)	14			

추론

2 11월 중 비가 오지 않은 날은 며칠인가요?

( )

3 민지가 친구와 가위바위보를 하여 이기면 ○표, 비기면 △표, 지면 ×표를 하여 나타낸 것입니다. 민지의 가위바위보 결과를 표에 나타내 보세요.

가위바위보 결과

순서	1	2	3	4	5	6	7	8
결과	○	×	△	×	○	×	△	○

가위바위보 결과별 횟수

결과	이김	비김	짐	합계
횟수(번)				

S 솔루션

두 번 세거나 빠뜨리지 않도록 날씨별로 서로 다르게 표시하면서 세어 봐요.

자료에서 해당하는 것의 수를 세어 횟수를 표에 써 봐요.

4 모양을 만드는 데 사용한 조각 수를 표로 나타내 보세요.

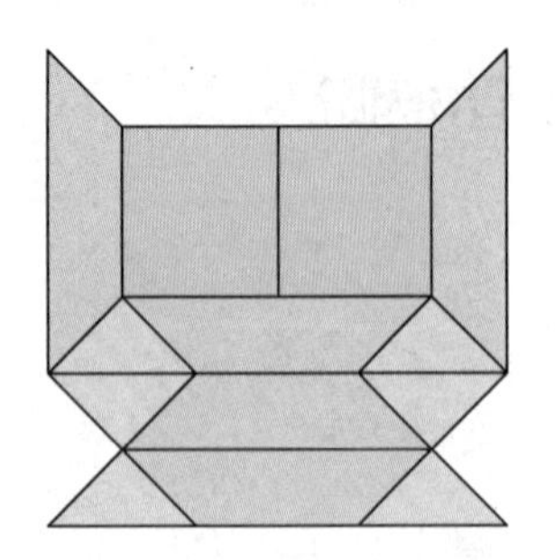

사용한 조각 수

조각	(사각형)	(삼각형)	(사다리꼴)	합계
조각 수(개)				

S 솔루션

조각별로 수를 세어 표로 나타내 봐요.

[5~6] 지호네 반 학생들이 화단에 심은 꽃을 조사하여 표로 나타냈습니다. 물음에 답하세요.

화단에 심은 꽃별 학생 수

꽃	장미	국화	해바라기	수선화	합계
학생 수(명)	4	2	5		14

5 수선화를 심은 학생은 몇 명인가요?

( )

합계에서 다른 꽃을 심은 학생 수를 빼서 구해요.

6 위의 표를 보고 ×를 이용하여 그래프로 나타내 보세요.

화단에 심은 꽃별 학생 수

5				
4				
3				
2				
1				
학생 수(명) / 꽃	장미	국화	해바라기	수선화

7 은지네 반 학생들이 좋아하는 색깔을 조사하여 그래프로 나타냈습니다. 조사한 학생은 모두 몇 명인가요?

좋아하는 색깔별 학생 수

보라색	○	○	○	○			
주황색	○	○					
초록색	○	○	○	○	○	○	○
하늘색	○	○	○	○	○		
색깔 / 학생 수(명)	1	2	3	4	5	6	7

( )

문제 해결

8 해찬이네 모둠 학생들이 가지고 있는 젤리 수를 조사하여 그래프로 나타냈습니다. 가영이보다 젤리를 적게 가지고 있는 학생들의 젤리 수의 합은 몇 개인가요?

가지고 있는 젤리 수

6				/	
5	/			/	
4	/	/		/	
3	/	/		/	/
2	/	/		/	/
1	/	/	/	/	/
젤리 수(개) / 이름	해찬	가영	수현	영민	지아

( )

솔루션

항목별 ○의 수를 세어 모두 더해 봐요.

먼저 기준이 되는 수에 선을 그어 그은 선보다 그린 /이 더 적은 자료를 찾아 봐요.

3단계 심화 유형 연습

심화 1

찢어진 그래프에서 자료의 값 구하기

전체에서 알고 있는 수를 빼서 구하자!

◆ 성준이네 반 학생 15명이 좋아하는 강아지를 조사하여 나타낸 그래프의 일부가 찢어졌습니다. 시츄를 좋아하는 학생은 몇 명인가요?

좋아하는 강아지별 학생 수

6		○		
5		○		
4		○		
3	○	○		
2	○	○		○
1	○	○		○
학생 수(명) / 강아지	삽살개	푸들	시츄	진돗개

문제해결

1 그래프에서 알 수 있는 좋아하는 강아지별 학생 수를 구하세요.

삽살개: [ ]명, 푸들: [ ]명,

진돗개: [ ]명

2 시츄를 좋아하는 학생은 몇 명인가요?

( )

쌍둥이

1-1 재우네 반 학생 22명이 좋아하는 음료수를 조사하여 나타낸 그래프의 일부가 찢어졌습니다. 주스를 좋아하는 학생은 몇 명인가요?

좋아하는 음료수별 학생 수

주스							
식혜	×	×	×	×			
우유	×	×	×	×	×		
탄산수	×	×	×	×	×	×	×
음료수 / 학생 수(명)	1	2	3	4	5	6	7

답 ______

변형

1-2 연주네 반 학생 16명이 좋아하는 과일을 조사하여 나타낸 그래프의 일부가 찢어졌습니다. 딸기를 좋아하는 학생 수와 사과를 좋아하는 학생 수가 같을 때 귤을 좋아하는 학생은 몇 명인가요?

동영상

좋아하는 과일별 학생 수

딸기					
귤					
포도	/	/	/		
사과	/	/	/	/	
과일 / 학생 수(명)	1	2	3	4	5

답 ______

심화 2

빠진 자료 구하기

빠진 것을 제외하고 수를 세어 비교하자!

◆ 영은이네 모둠 학생들이 좋아하는 꽃을 조사하여 표로 나타냈습니다. 민호가 좋아하는 꽃은 무엇인가요?

좋아하는 꽃

영은	벚꽃	하나	진달래	성도	매화
민호		민기	매화	수진	벚꽃
정수	매화	은정	벚꽃	혜영	진달래

좋아하는 꽃별 학생 수

꽃	벚꽃	매화	진달래	합계
학생 수(명)	4	3	2	9

문제해결

1 조사한 자료에서 민호를 제외하고 좋아하는 꽃별 학생 수를 세어 보세요.

벚꽃: □명, 매화: □명,

진달래: □명

2 민호가 좋아하는 꽃은 무엇인가요?

( )

쌍둥이

2-1 옷 가게에 있는 옷을 조사하여 표로 나타냈습니다. 오늘 옷 가게에서 팔고 남은 옷이 그림과 같다면 오늘 판 옷은 무엇인가요?

옷 가게에 있는 종류별 옷 수

종류	윗옷	치마	바지	합계
옷 수(벌)	4	3	6	13

답 ____________

변형

2-2 하영이네 모둠 학생들이 좋아하는 채소를 조사하여 표로 나타냈습니다. 동국이가 좋아하는 채소는 무엇인가요?

좋아하는 채소

하영	당근	재석	가지	시우	오이
수지	오이	효림	당근	설아	오이
동국		가은	오이	원규	

좋아하는 채소별 학생 수

채소	당근	오이	가지	합계
학생 수(명)	2	6	1	9

답 ____________

3단계 심화 유형 연습

심화 3

그래프를 완성하여 문제 해결하기

모르는 자료의 수를 구해 문제를 해결하자!

◆ 학생 9명이 좋아하는 장난감을 조사하여 그래프로 나타냈습니다. 그래프를 완성하고, 가장 많은 학생이 좋아하는 장난감을 구하세요.

좋아하는 장난감별 학생 수

5			
4			
3			○
2			○
1		○	○
학생 수(명) / 장난감	로봇	인형	블록

문제해결

1 로봇을 좋아하는 학생은 몇 명인가요?

( )

2 위의 그래프를 완성하고, 가장 많은 학생이 좋아하는 장난감을 구하세요.

( )

쌍둥이

3-1 학생 15명이 좋아하는 곤충을 조사하여 그래프로 나타냈습니다. 그래프를 완성하고, 가장 적은 학생이 좋아하는 곤충을 구하세요.

좋아하는 곤충별 학생 수

나비	×	×	×	×	×	×
잠자리						
무당벌레	×	×	×			
사슴벌레	×	×	×	×		
곤충 / 학생 수(명)	1	2	3	4	5	6

답 ______

변형

3-2 위 3-1의 그래프에서 좋아하는 학생이 가장 많은 곤충과 가장 적은 곤충의 좋아하는 학생 수의 합은 몇 명인지 구하세요.

답 ______

정답과 해설 28쪽

심화 4

표에서 조건에 맞는 자료의 값 구하기

문제에 주어진 조건을 이용해 알 수 있는 것부터 차례로 구하자!

◆ 유미네 반 학생들이 태어난 계절을 조사하여 표로 나타냈습니다. 봄에 태어난 학생 수는 겨울에 태어난 학생 수의 2배입니다. 가을에 태어난 학생은 몇 명인가요?

태어난 계절별 학생 수

계절	봄	여름	가을	겨울	합계
학생 수(명)		6		4	20

문제해결

1 봄에 태어난 학생은 몇 명인가요?

( )

2 가을에 태어난 학생은 몇 명인가요?

( )

쌍둥이

4-1 경진이네 반 학생들이 좋아하는 운동을 조사하여 표로 나타냈습니다. 축구를 좋아하는 학생 수는 배구를 좋아하는 학생 수의 3배입니다. 농구를 좋아하는 학생은 몇 명인가요?

좋아하는 운동별 학생 수

운동	축구	야구	배구	농구	합계
학생 수(명)		8	3		28

답 ____________

변형

4-2 동영상 태희네 반 학생들이 배우는 악기를 조사하여 표로 나타냈습니다. 기타를 배우는 학생은 피아노를 배우는 학생보다 2명 더 적습니다. 태희네 반 학생은 모두 몇 명인가요?

배우는 악기별 학생 수

악기	바이올린	기타	플루트	피아노	합계
학생 수(명)	5		7	12	

답 ____________

3단계 심화 유형 연습

심화 5

표에서 빈칸에 알맞은 자료의 값 구하기

모르는 수가 2개일 때 두 수를 한 가지 기호로 나타내 식을 만들어 구하자!

◆ 냉장고에 들어 있는 과일을 조사하여 표로 나타냈습니다. 망고는 사과보다 2개 더 많습니다. 망고는 몇 개인가요?

냉장고에 들어 있는 종류별 과일 수

종류	딸기	망고	사과	합계
과일 수(개)	8			16

문제해결

1 □ 안에 알맞은 수를 써넣으세요.

사과 수를 ●개라 하면
망고 수는 (●+□)개입니다.

2 망고와 사과 수의 합은 몇 개인가요?

( )

3 사과는 몇 개인가요?

( )

4 망고는 몇 개인가요?

( )

쌍둥이

5-1 경호네 반 학급 문고에 있는 책을 조사하여 표로 나타냈습니다. 동화책은 시집보다 3권 더 적습니다. 학급 문고에 있는 동화책은 몇 권인가요?

학급 문고에 있는 종류별 책 수

종류	만화책	시집	동화책	합계
책 수(권)	5			20

답 ____________

변형

5-2 동영상 예나네 농장에 있는 동물 수를 조사하여 표로 나타냈습니다. 오리의 수는 닭의 수의 2배입니다. 예나네 농장에 있는 닭은 몇 마리인가요?

농장에 있는 동물별 수

종류	돼지	오리	닭	합계
동물 수(마리)	4			19

답 ____________

심화 6

한 항목에 두 가지 자료를 같이 나타낸 그래프 알아보기

먼저 한 항목에 있는 두 가지 자료의 합을(차를) 각각 구하자!

◆ 은우네 반과 선미네 반 학생들이 타고 싶은 놀이기구를 조사하여 그래프로 나타냈습니다. 가장 많은 학생이 타고 싶은 놀이기구는 무엇인가요?

타고 싶은 놀이기구별 학생 수

종류 \ 학생 수(명)	1	2	3	4	5
범퍼카	×	×			
	○	○	○	○	○
회전목마	×	×	×	×	
	○	○			
바이킹	×	×	×	×	×
	○	○	○	○	

○: 은우네 반, ×: 선미네 반

문제해결

1 은우네 반과 선미네 반 학생들이 타고 싶은 놀이기구별 학생 수의 합을 구하세요.

바이킹: 4+5=□(명),

회전목마: 2+□=□(명),

범퍼카: □+2=□(명)

2 가장 많은 학생이 타고 싶은 놀이기구는 무엇인가요?

(　　　　　　　　)

쌍둥이

6-1 하영이네 모둠 학생들이 가지고 있는 연필과 볼펜 수를 조사하여 그래프로 나타냈습니다. 가지고 있는 연필과 볼펜 수의 합이 가장 적은 학생은 누구인가요?

학생별 가지고 있는 연필과 볼펜 수

이름 \ 수(자루)	1	2	3	4	5	6
윤정	/	/	/	/	/	
	○	○	○	○		
동훈	/	/				
	○	○	○	○	○	○
하영	/	/	/	/		
	○	○				

○: 연필, /: 볼펜

답 ____________

변형

6-2 위 6-1의 그래프에서 가지고 있는 연필과 볼펜 수의 차가 가장 큰 학생은 누구인가요?

동영상

답 ____________

3단계 심화 + 유형 완성

1 동영상 채연이가 가지고 있는 학용품 수를 조사하여 그래프로 나타냈습니다. 가장 많이 가지고 있는 학용품과 가장 적게 가지고 있는 학용품 수의 차는 몇 개인가요?

( )

채연이가 가지고 있는 학용품 수

4	○			
3	○		○	
2	○	○	○	
1	○	○	○	○
개수(개) / 학용품	필통	가위	자	지우개

문제 해결

2 동영상 희민이네 반 학생들이 좋아하는 방송 프로그램을 조사하여 표와 그래프로 나타냈습니다. 표와 그래프를 완성해 보세요.

좋아하는 방송 프로그램별 학생 수

방송 프로그램	학생 수(명)
예능	4
드라마	
뉴스	
만화	5
합계	

좋아하는 방송 프로그램별 학생 수

5				
4			×	
3		×	×	
2		×	×	
1		×	×	
학생 수(명) / 방송 프로그램	예능	드라마	뉴스	만화

추론

3 동영상 선우네 모둠 학생들이 수학 문제를 10개씩 푼 후 틀린 문제 수를 조사하여 표로 나타냈습니다. 문제를 가장 많이 맞힌 학생은 누구인가요?

학생별 틀린 문제 수

이름	선우	지빈	영훈	하린	윤아	합계
틀린 문제 수(개)	2	4	6	3	5	20

( )

4 동영상 정빈이네 반 학생들이 좋아하는 김밥별 학생 수를 조사하여 표로 나타냈습니다. 참치 김밥을 좋아하는 학생은 김치 김밥을 좋아하는 학생보다 몇 명 더 많은가요?

좋아하는 김밥별 학생 수

종류	돈가스	치즈	참치	김치	합계
학생 수(명)	4	8		5	24

(　　　　　　　)

5 동영상 공 던지기 놀이에서 학생들이 넣은 공의 수를 조사하여 그래프로 나타냈습니다. 넣은 공 한 개당 3점씩 얻고, 10점이 넘는 학생에게는 상품을 줍니다. 상품을 받는 학생을 모두 찾아 쓰세요.

(　　　　　　　　　)

학생별 넣은 공의 수

혜주	/	/	/	/	/
지희	/	/	/		
민율	/	/	/	/	
석현	/	/			
이름 / 공의 수(개)	1	2	3	4	5

6 동영상 현지네 반 학생들이 좋아하는 붕어빵의 종류를 조사하여 표로 나타냈습니다. 피자 붕어빵을 좋아하는 학생은 팥 붕어빵을 좋아하는 학생보다 3명 더 많고, 치즈 붕어빵을 좋아하는 학생은 슈크림 붕어빵을 좋아하는 학생보다 2명 더 적습니다. 현지네 반 학생은 모두 몇 명인가요?

좋아하는 붕어빵 종류별 학생 수

종류	팥	피자	슈크림	치즈	합계
학생 수(명)	5		8		

(　　　　　　　)

BOOK❷ 20~23쪽에서 경시대회 문제 도전!

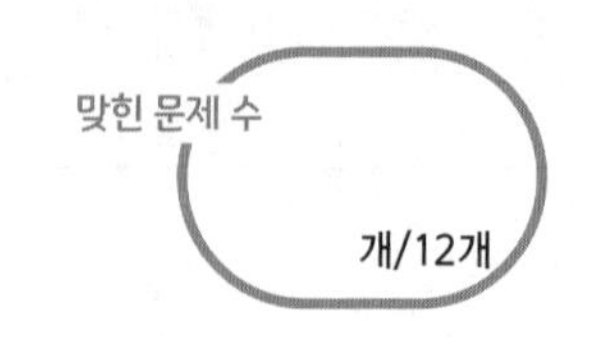

Test 단원 실력 평가

[1~4] 소미네 모둠 학생들이 좋아하는 채소를 조사하였습니다. 물음에 답하세요.

좋아하는 채소

소미	오이	성철	상추	준호	오이
찬현	당근	희주	오이	진우	고추
민수	당근	영준	상추	은경	오이
정민	오이	명수	오이	소연	상추

1 소미가 좋아하는 채소는 무엇인가요?

( )

2 조사한 자료를 보고 표로 나타내 보세요.

좋아하는 채소별 학생 수

채소	오이	당근	상추	고추	합계
학생 수(명)					

3 조사한 학생은 모두 몇 명인가요?

( )

4 가장 많은 학생이 좋아하는 채소는 무엇인가요?

( )

[5~7] 빛나네 반 학생들이 좋아하는 민속놀이를 조사하여 표로 나타냈습니다. 물음에 답하세요.

좋아하는 민속놀이별 학생 수

민속놀이	강강술래	가마싸움	윷놀이	합계
학생 수(명)	7		6	17

5 위의 표를 완성해 보세요.

6 위의 표를 보고 /을 이용하여 그래프로 나타내 보세요.

좋아하는 민속놀이별 학생 수

윷놀이							
가마싸움							
강강술래							
민속놀이 / 학생 수(명)	1	2	3	4	5	6	7

7 많은 학생들이 좋아하는 민속놀이부터 순서대로 쓰세요.

( )

8 오른쪽 모양을 만드는 데 사용한 조각 수를 표로 나타내 보세요.

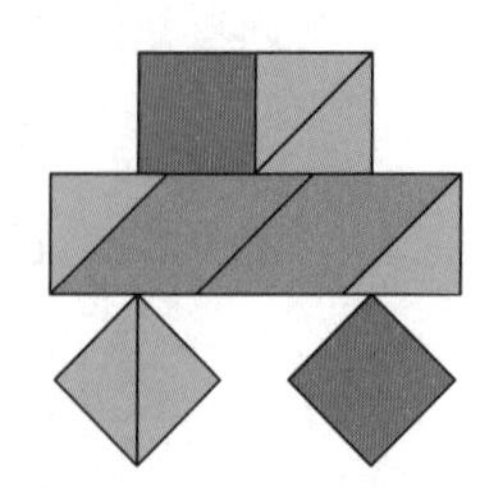

사용한 조각 수

조각	(정사각형)	(삼각형)	(평행사변형)	합계
조각 수(개)				

9 서우네 반 학생들의 혈액형을 조사하여 그래프로 나타냈습니다. 조사한 학생은 모두 몇 명인가요?

혈액형별 학생 수

AB형	×	×	×				
O형	×	×	×	×	×	×	×
B형	×	×	×	×			
A형	×	×	×	×	×	×	
혈액형 / 학생 수(명)	1	2	3	4	5	6	7

(　　　　　　　)

서술형

10 학생 18명이 먹고 싶은 간식을 조사하여 그래프로 나타냈습니다. 빵을 먹고 싶은 학생은 몇 명인지 풀이 과정을 쓰고 답을 구하세요.

먹고 싶은 간식별 학생 수

빵						
과자	/	/	/			
피자	/	/	/	/	/	/
떡볶이	/	/	/	/		
간식 / 학생 수(명)	1	2	3	4	5	6

풀이

답

11 학생들이 주사위를 던져 나온 눈의 수가 1인 횟수를 조사하여 표와 그래프로 나타냈습니다. 표와 그래프를 완성해 보세요.

학생별 주사위의 눈의 수가 1이 나온 횟수

이름	횟수(번)
정호	3
종석	
우빈	4
인경	
합계	

5		○		
4		○		
3		○		
2		○		○
1		○		○
횟수(번) / 이름	정호	종석	우빈	인경

서술형

12 솔비네 반 학생들이 좋아하는 장난감을 조사하여 표로 나타냈습니다. 로봇을 좋아하는 학생 수는 인형을 좋아하는 학생 수의 3배입니다. 공을 좋아하는 학생은 몇 명인지 풀이 과정을 쓰고 답을 구하세요.

좋아하는 장난감별 학생 수

장난감	인형	로봇	공	비행기	합계
학생 수(명)	2			7	20

풀이

답

6

규칙 찾기

이전에 배운 내용 ____ 1-2

❖ 규칙 찾기
- 규칙 찾기 / 규칙 만들기
- 수 배열, 수 배열표에서 규칙 찾기
- 규칙을 여러 가지 방법으로 나타내기

6단원의 대표 심화 유형

- 학습한 후에 이해가 부족한 유형에 체크하고 한 번 더 공부해 보세요.

01 달력에서 규칙 찾기 ··········

02 번호를 구하여 문제 해결하기 ··········

03 도형을 그린 규칙 알아보기 ··········

04 규칙에 따라 시각 구하기 ··········

05 필요한 쌓기나무의 개수 구하기 ··········

06 ■번째에 놓일 수의 크기 비교하기 ··········

큐알 코드를 찍으면 개념 학습 영상과 문제 풀이 영상도 보고, 수학 게임도 할 수 있어요.

이번에 배울 내용 ____ 2-2

❖ 규칙 찾기
- 무늬에서 규칙 찾기
- 쌓은 모양에서 규칙 찾기
- 덧셈표에서 규칙 찾기
- 곱셈표에서 규칙 찾기
- 생활에서 규칙 찾기

이후에 배울 내용 ____ 4-1

❖ 규칙 찾기
- 수의 배열에서 규칙 찾기
- 도형의 배열에서 규칙 찾기
- 계산식에서 규칙 찾기

교과서 **핵심 노트**

6. 규칙 찾기

개념 1 무늬에서 규칙 찾기 (1)

1. 색이 반복되는 무늬에서 규칙 찾기

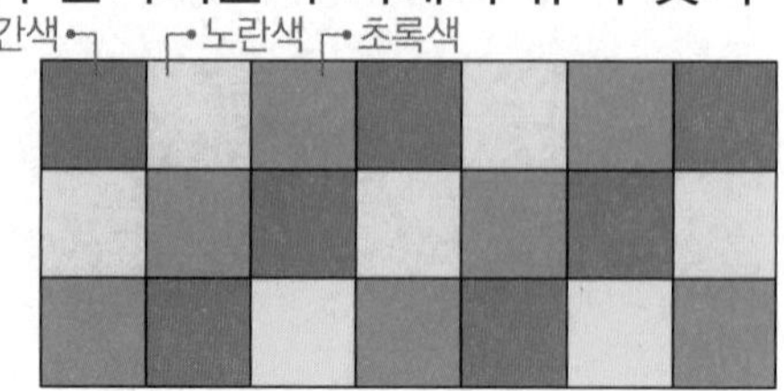

규칙 **빨간색, 노란색, 초록색이 반복**됩니다.

2. 모양과 색이 반복되는 무늬에서 규칙 찾기

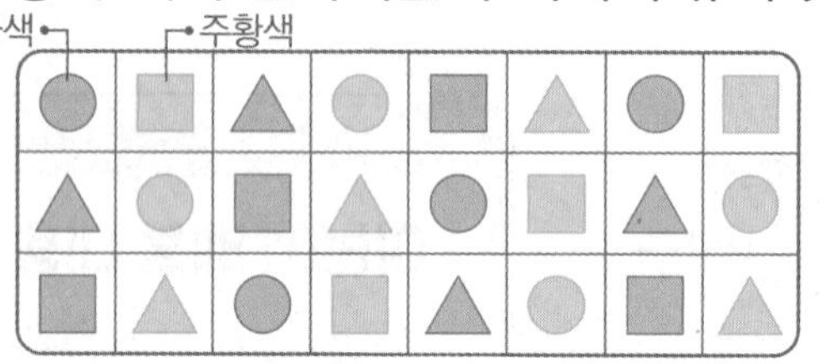

규칙 **원, 사각형, 삼각형이 반복**되고, → 방향으로 **보라색과 주황색이 반복**됩니다.

3. 무늬를 숫자로 바꾸어 규칙 찾기

♥	★	◆	★	♥
★	◆	★	♥	★
◆	★	♥	★	◆

위 무늬에서 ♥는 1로, ★은 2로, ◆는 3으로 나타내 봐!

1	2	3	2	1
2	3	2	1	2
3	2	1	2	3

규칙 **1, 2, 3, 2가 반복**됩니다.

개념 2 무늬에서 규칙 찾기 (2)

1. 돌아가는 무늬의 규칙 찾기

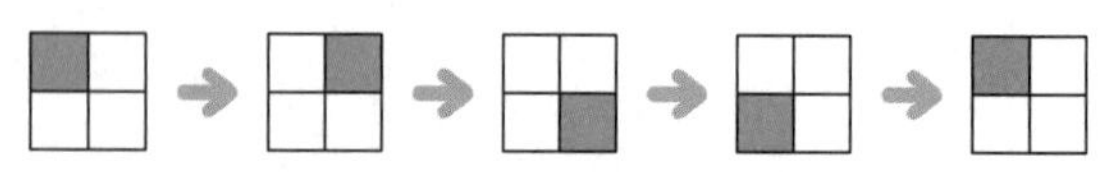

규칙 초록색으로 색칠되어 있는 부분이 시계 방향으로 돌아가고 있습니다.

2. 수가 늘어나는 무늬의 규칙 찾기

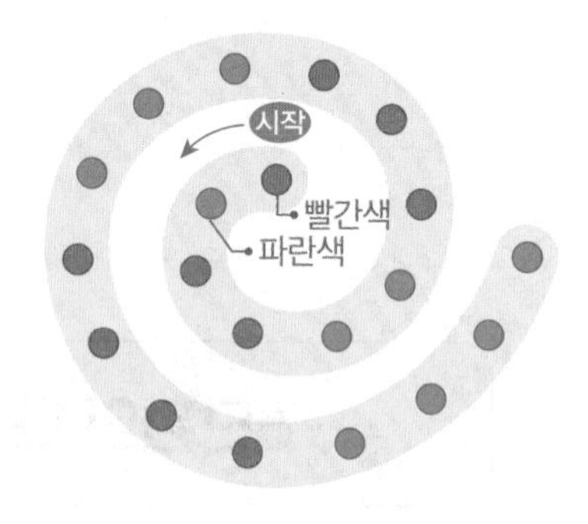

규칙 **빨간색, 파란색의 원이 각각 1개씩 늘어나며 반복**되고 있습니다.

개념 3 쌓은 모양에서 규칙 찾기

1. 쌓기나무가 쌓인 모양에서 규칙 찾기

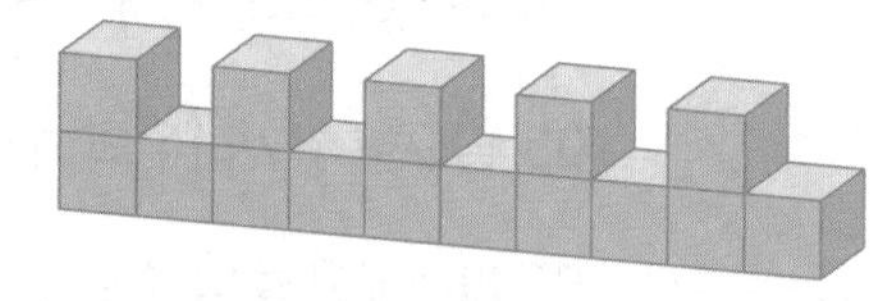

규칙 쌓기나무의 수가 왼쪽에서 오른쪽으로 **2개, 1개씩 반복**됩니다.

2. 쌓기나무를 쌓은 규칙 찾기

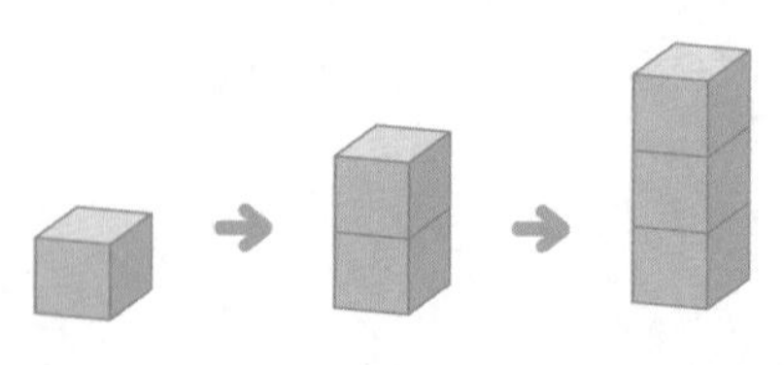

규칙 쌓기나무가 **위로 1개씩 늘어나고** 있습니다.

개념 4 덧셈표에서 규칙 찾기

1. 덧셈표에서 규칙 찾기(1)

+	0	1	2	3
0	0	1	2	3
1	1	2	3	4
2	2	3	4	5
3	3	4	5	6

(1) 같은 줄에서 아래쪽으로 내려갈수록, 같은 줄에서 오른쪽으로 갈수록 각각 **1씩 커지는** 규칙이 있습니다.

(2) ↙ 방향의 수들은 모두 같고, ↘ 방향으로 갈수록 **2씩 커지는** 규칙이 있습니다.

파란색 점선(----)을 따라 접으면 만나는 수는 서로 같아.

2. 덧셈표에서 규칙 찾기(2)

+	2	4	6	8
1	3	5	7	9
3	5	7	9	11
5	7	9	11	13
7	9	11	13	15

(1) 같은 줄에서 아래쪽으로 내려갈수록, 같은 줄에서 오른쪽으로 갈수록 각각 **2씩 커지는** 규칙이 있습니다.

(2) ↙ 방향의 수들은 모두 같고, ↘ 방향으로 갈수록 **4씩 커지는** 규칙이 있습니다.

개념 5 곱셈표에서 규칙 찾기

×	1	2	3	4
1	1	2	3	4
2	2	4	6	8
3	3	6	9	12
4	4	8	12	16

(1) 각 단의 수는 오른쪽으로 갈수록, 아래쪽으로 내려갈수록 각각 **단의 수만큼 커지는** 규칙이 있습니다.

(2) **2, 4단** 곱셈구구에 있는 수는 모두 **짝수**입니다.

초록색 점선(----)을 따라 접으면 만나는 수는 서로 같아.

개념 6 생활에서 규칙 찾기

1. 달력에서 규칙 찾기

일	월	화	수	목	금	토
		1	2	3	4	5
6	7	8	9	10	11	12
13	14	15	16	17	18	19

➜ 모든 요일은 **7일마다 반복**되는 규칙이 있습니다.

2. 계산기에서 규칙 찾기

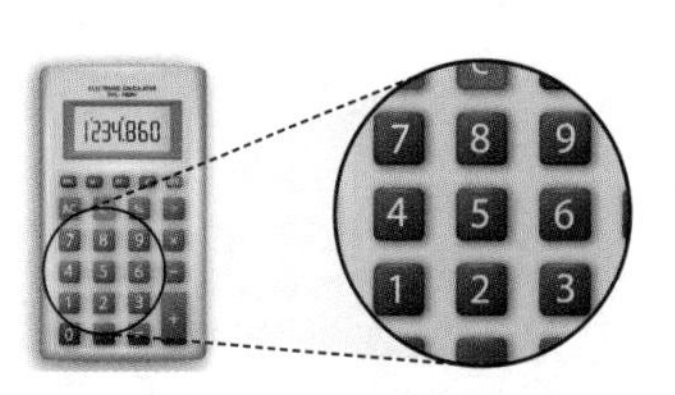

➜ 같은 줄에서 아래쪽으로 내려갈수록 **3씩 작아지는** 규칙이 있습니다.

1단계 기본 유형 연습

1 무늬에서 규칙 찾기 (1)

1 규칙을 찾아 빈칸에 알맞은 색에 ○표 하세요.

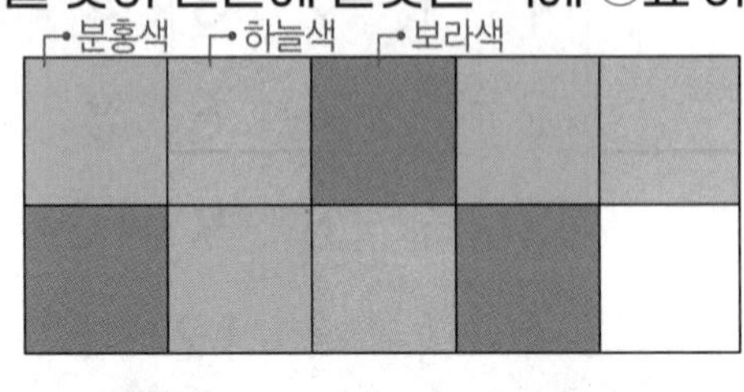

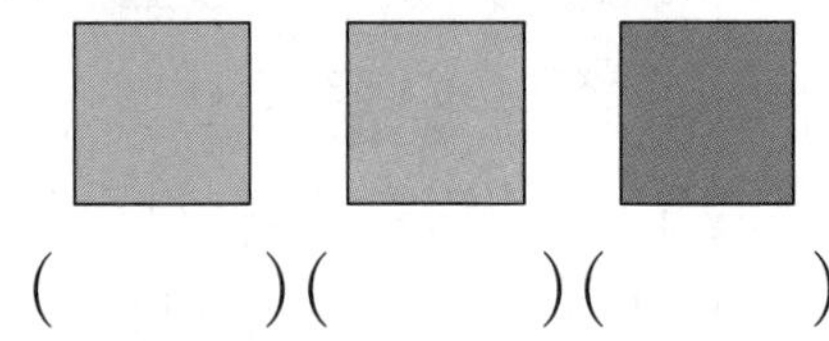

(　　　)(　　　)(　　　)

[2~3] 그림을 보고 물음에 답하세요.

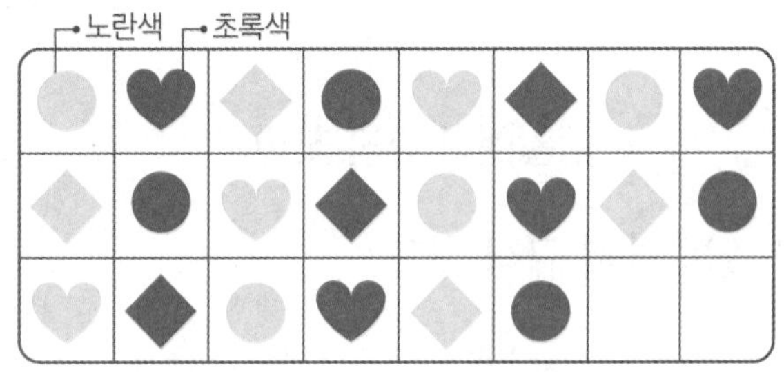

2 위 무늬의 규칙을 적은 것입니다. □ 안에 알맞은 모양과 말을 써넣으세요.

규칙 모양은 ○, ♡, □이/가 반복되고, 색깔은 노란색과 □색이 반복됩니다.

3 규칙에 맞게 빈칸에 알맞은 모양을 그리고, 색칠해 보세요.

[4~6] 그림을 보고 물음에 답하세요.

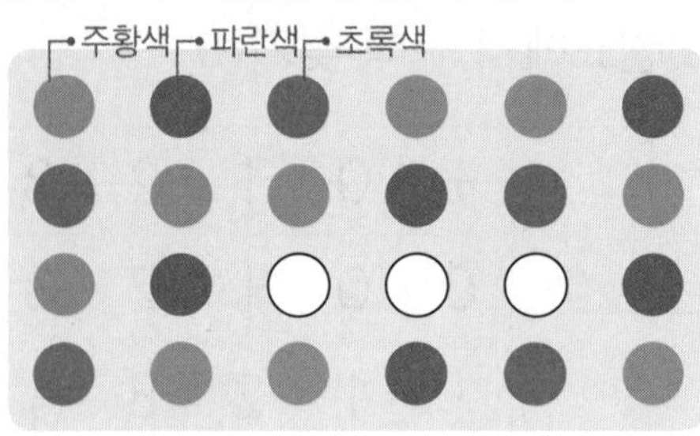

4 규칙을 찾아 ○ 안에 알맞게 색칠해 보세요.

5 위의 그림에서 ●은 1, ●은 2, ●은 3으로 바꾸어 나타내 보세요.

1	2	3	1	1	2
3	1	1	2	3	1
1	2	3			
3	1				

서술형

6 위 **5**를 보고 규칙을 찾아 쓰세요.

규칙

7 규칙을 찾아 □ 안에 알맞은 모양을 그리고, 색칠해 보세요.

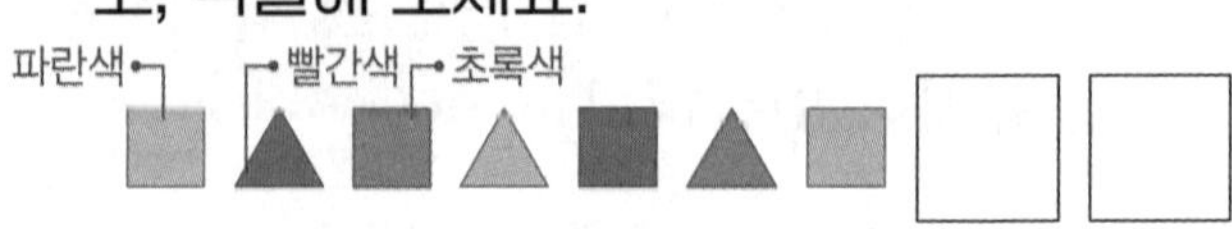

2 무늬에서 규칙 찾기 (2)

8 규칙을 찾아 □ 안에 알맞은 모양의 기호를 쓰세요.

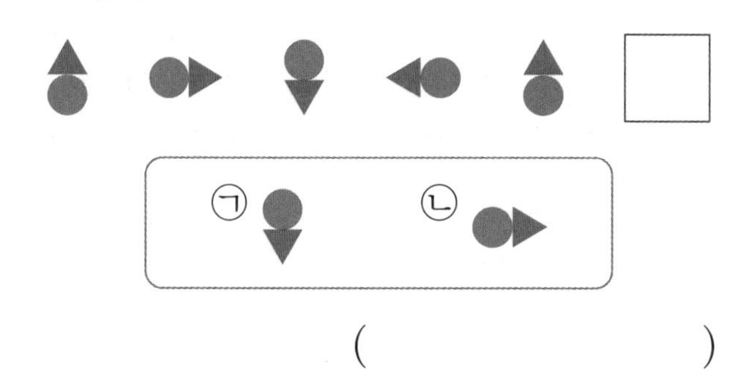

( )

9 규칙을 찾아 빈 곳에 알맞게 색칠해 보세요.

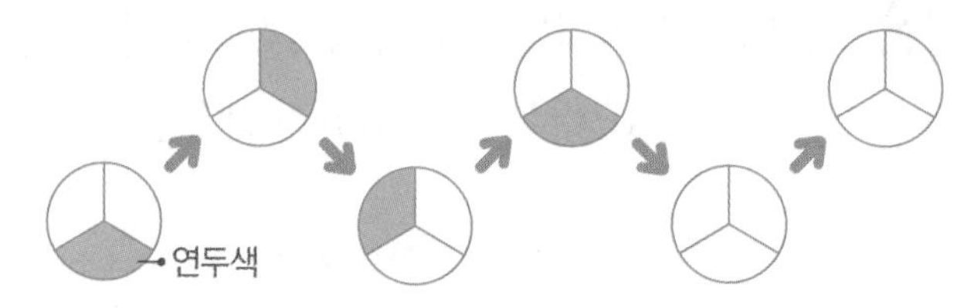

10 규칙을 찾아 사각형 안에 •을 알맞게 그려 보세요.

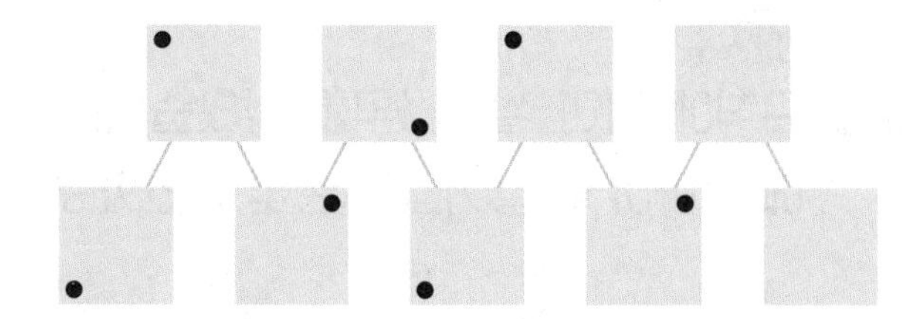

11 규칙을 찾아 □ 안에 알맞은 모양을 그려 보세요.

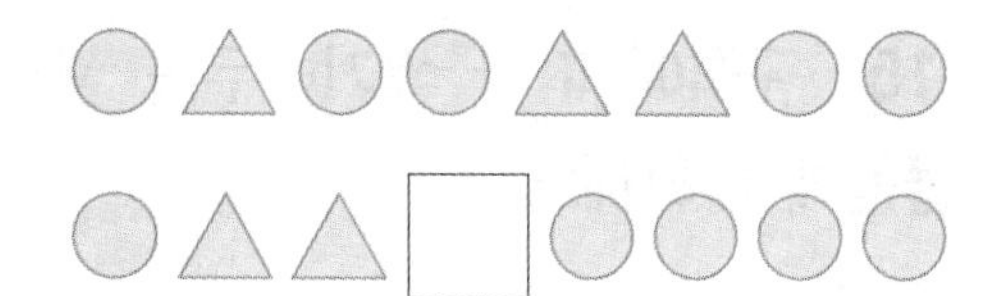

의사소통

12 다음 무늬에서 찾을 수 있는 규칙을 바르게 말한 사람은 누구인가요?

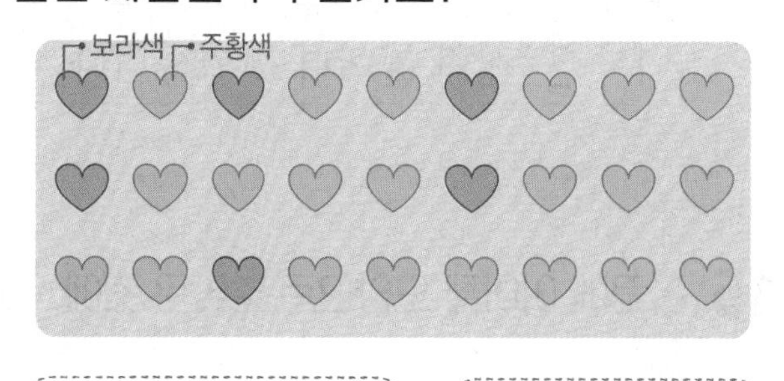

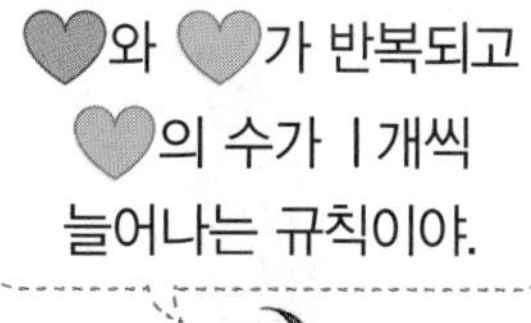

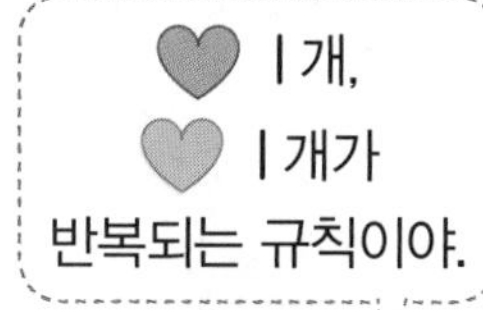

지호

다은

( )

실생활 연결

13 규칙에 따라 노란색 구슬과 분홍색 구슬을 실에 끼우고 있습니다. □ 안에 알맞은 구슬은 무슨 색인가요?

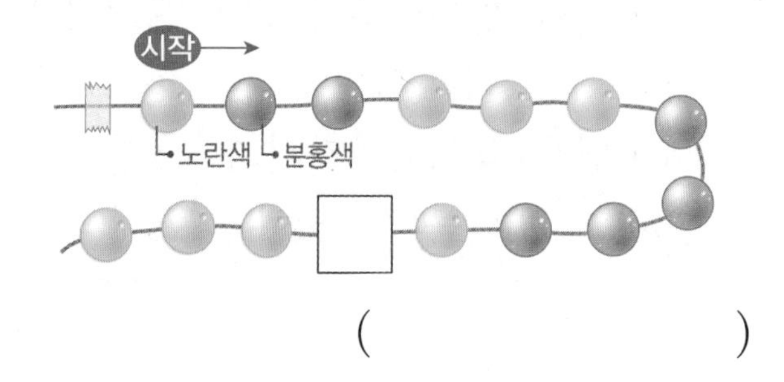

( )

1단계 기본 유형 연습

3 쌓은 모양에서 규칙 찾기

[14~15] 규칙에 따라 쌓기나무를 쌓았습니다. 물음에 답하세요.

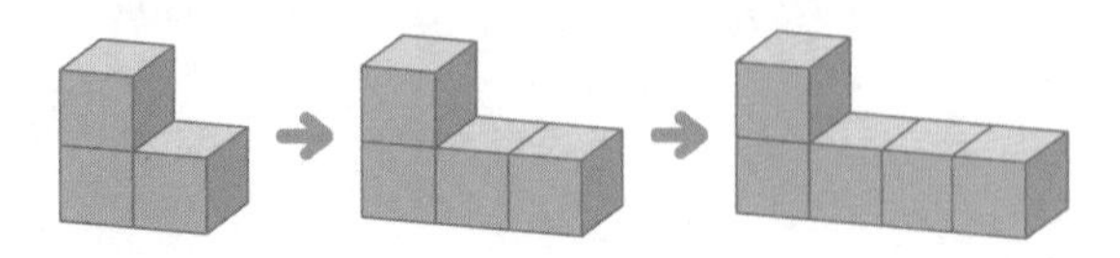

14 쌓기나무로 쌓은 규칙을 설명한 것입니다. 알맞은 말이나 수에 ○표 하세요.

규칙 쌓기나무가 (왼 , 오른)쪽으로 (1 , 2)개씩 늘어나고 있습니다.

15 다음에 이어질 모양으로 알맞은 것에 ○표 하세요.

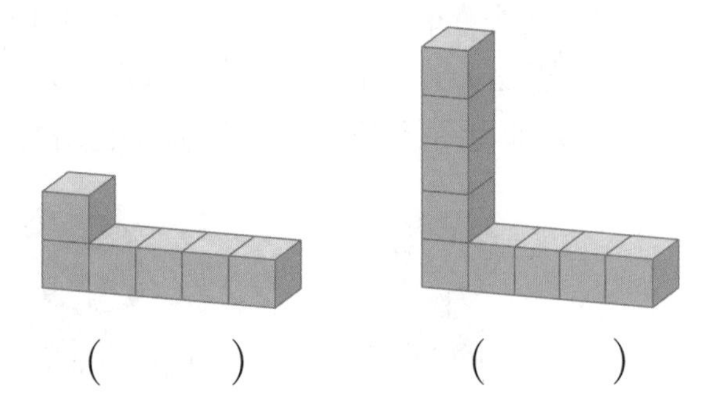

(　　)　(　　)

16 규칙에 따라 쌓기나무를 쌓았습니다. 규칙을 바르게 말한 사람의 이름을 쓰세요.

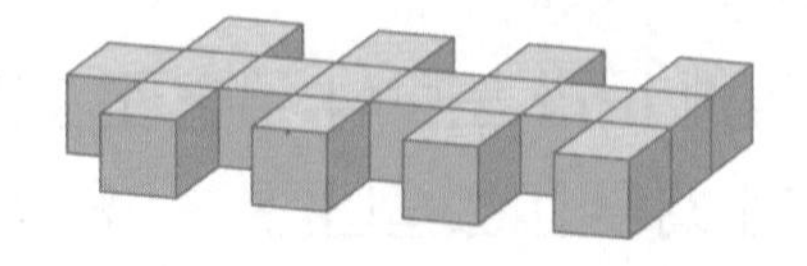

- 지민: 쌓기나무가 1개, 3개씩 반복되고 있어.
- 연재: 쌓기나무가 1개, 3개, 1개씩 반복되고 있어.

(　　　　)

17 쌓기나무를 쌓은 모양을 보고 규칙을 찾아 알맞은 수나 말에 ○표 하세요.

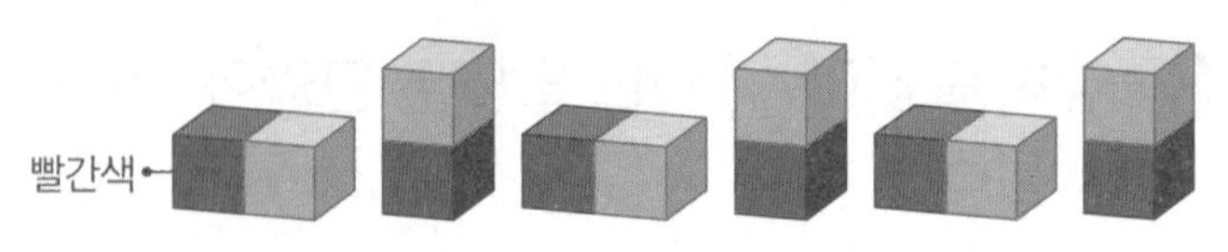

규칙 빨간색 쌓기나무가 있고 쌓기나무 (1 , 2)개가 빨간색 쌓기나무의 오른쪽과 (위 , 아래)쪽으로 번갈아 가며 나타나고 있습니다.

[18~19] 규칙에 따라 쌓기나무를 쌓았습니다. 물음에 답하세요.

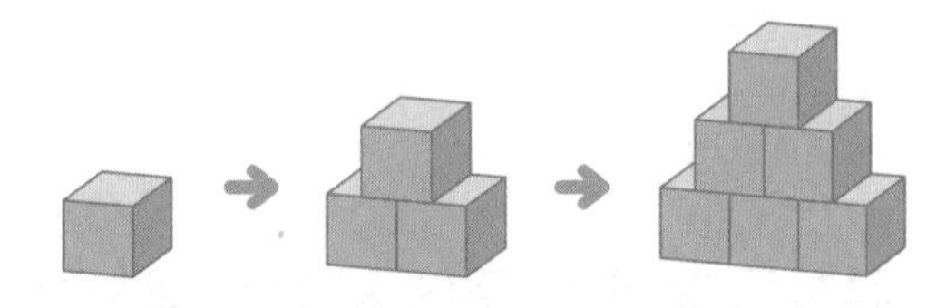

18 쌓기나무로 쌓은 규칙을 설명한 것입니다. □ 안에 알맞은 수를 써넣으세요.

규칙 쌓기나무가 한 층씩 늘어나면서 2개, □개, ...가 늘어나고 있습니다.

19 다음에 이어질 모양에 쌓을 쌓기나무는 몇 개인가요?

꼭 단위까지 따라 쓰세요.

(　　　　개　)

추론

20 규칙에 따라 쌓기나무를 쌓았습니다. 다음에 쌓아야 할 쌓기나무는 몇 개인가요?

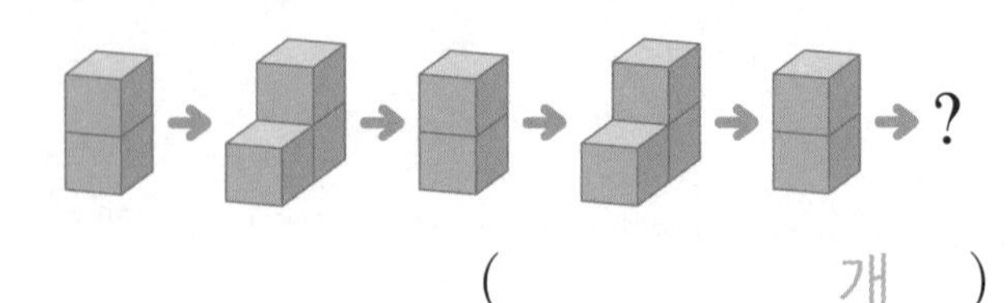

(　　　　개　)

6 규칙 찾기

4 덧셈표에서 규칙 찾기

[21~23] 덧셈표를 보고 물음에 답하세요.

+	5	6	7	8
5	10	11	12	13
6	11	12	㉠	14
7	12	13	14	15
8	13	㉡	15	16

21 덧셈표를 보고 규칙을 찾아 □ 안에 알맞은 수를 써넣으세요.

규칙 같은 줄에서 아래쪽으로 내려갈수록 □씩 커지고, 같은 줄에서 오른쪽으로 갈수록 □씩 커집니다.

22 ㉠과 ㉡에 알맞은 수를 각각 구하세요.

㉠ (　　　　　　)
㉡ (　　　　　　)

23 알맞은 말에 ○표 하세요.

초록색 점선(----)에 놓인 수는 모두 (같습니다 , 다릅니다).

24 규칙을 찾아 덧셈표를 완성해 보세요.

+	3	4	5
5	8	9	10
7	10	11	
9		13	

25 ㉠, ㉡, ㉢ 중에서 다른 수가 들어가는 곳을 찾아 기호를 쓰세요.

+	4	5	6	7
0	4	5	6	7
1	5	6	7	㉠
2	6	7	㉡	9
3	7	8	㉢	10

(　　　　　　)

추론

26 덧셈표에서 규칙을 찾아 빈칸에 알맞은 수를 써넣으세요.

+	0	1	2	3
0	0	1	2	3
1	1	2	3	4
2	2	3	4	5
3	3	4	5	6

7		9	
	9	10	
	10		

서술형

27 덧셈표를 보고 초록색 점선(----)에 놓인 수에는 어떤 규칙이 있는지 찾아 쓰세요.

+	2	4	6	8
2	4	6	8	10
4	6	8	10	12
6	8	10	12	14
8	10	12	14	16

규칙 ________________________________

____

1단계 기본 유형 연습

5 곱셈표에서 규칙 찾기

28 곱셈표에서 ㉠과 ㉡에 알맞은 수를 각각 구하세요.

×	1	2	3	4
1	1	2	3	4
2	2	4	6	㉠
3	3	6	9	12
4	4	8	㉡	16

㉠ (　　　　　)
㉡ (　　　　　)

[29~30] 곱셈표를 보고 물음에 답하세요.

×	2	4	6	8
2	4	8	12	16
4	8	16	24	32
6	12	24	36	48
8	16	32	48	64

29 ▭으로 칠해진 수는 몇씩 커지는 규칙이 있나요?

꼭 단위까지 따라 쓰세요.

(　　　　　씩)

30 ▭으로 칠해진 곳과 규칙이 같은 곳을 찾아 색칠해 보세요.

[31~32] 곱셈표를 보고 물음에 답하세요.

×	1	3	5	7
1	1	3	5	7
3		9	15	21
5	5		25	35
7	7			49

31 초록색 점선(----)을 따라 접었을 때 만나는 수의 규칙을 이용하여 곱셈표를 완성해 보세요.

의사소통

32 곱셈표를 보고 규칙을 잘못 말한 사람의 이름을 쓰세요.

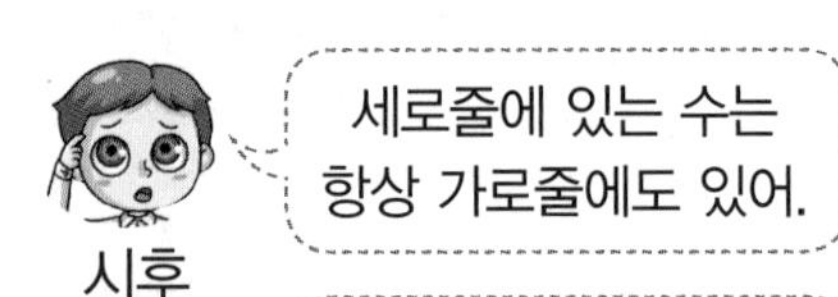

(　　　　　)

33 ㉠과 ㉡에 알맞은 수의 합을 구하세요.

×	3	4	5	6
3	9	12	㉠	18
4	12	16	20	24
5	15	20	25	30
6	18	㉡	30	36

(　　　　　)

6 규칙 찾기

6 생활에서 규칙 찾기

34 옷의 무늬에 있는 규칙을 찾아 □ 안에 알맞은 말을 써넣으세요.

규칙 옷의 줄무늬의 색이 □색, □색의 순서로 반복되는 규칙이 있습니다.

[35~37] 어느 해 2월의 달력입니다. 물음에 답하세요.

2월

일	월	화	수	목	금	토
1	2	3	4	5	6	7
8	9	10	11	12	13	14
15	16	17	18	19	20	21
22	23	24	25	26	27	28

35 위 달력에서 화요일인 날짜를 모두 찾아 ○표 하세요.

36 화요일은 며칠마다 반복되나요?

(일)

37 초록색 점선(----)에 놓인 수는 ↙ 방향으로 갈수록 몇씩 커지는 규칙이 있나요?

(씩)

[38~39] 어느 버스 정류장의 버스 출발 시각을 나타낸 표입니다. 물음에 답하세요.

버스 출발 시각
8시 30분
9시 30분
10시 30분
11시 30분

38 위 표에서 규칙을 찾아 □ 안에 알맞은 수를 써넣으세요.

규칙 버스는 □시간마다 출발합니다.

39 규칙에 맞게 빈칸에 알맞은 시각은 몇 시 몇 분인지 구하세요.

(시 분)

실생활 연결

40 승강기 버튼의 수에서 규칙을 찾아 빈 곳에 알맞은 수를 써넣으세요.

1단계 기본 유형 완성

활용 1 규칙에 맞게 무늬 완성하기

① 어떤 무늬가 반복되는지 규칙을 찾습니다.
② 규칙에 따라 빈칸에 알맞은 모양을 찾습니다.

1-1 규칙을 찾아 빈칸에 알맞은 모양의 기호를 쓰세요.

●	▲	■	●	▲	■	●	▲
■	●	▲	■	●	▲	■	●
▲	■	●	▲	■			

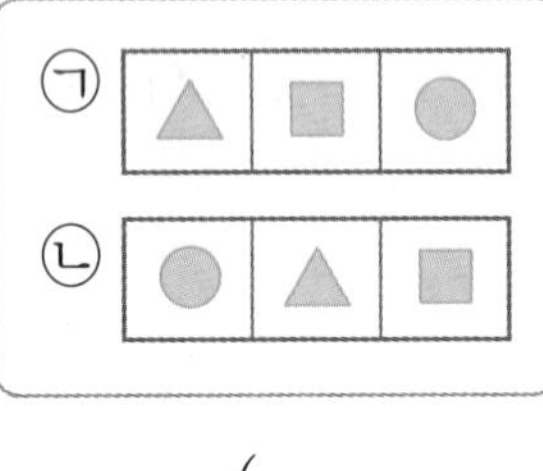

(　　　　　　　　　)

1-2 규칙을 찾아 빈칸에 알맞은 모양의 기호를 쓰세요.

빨간색 주황색 보라색

♥	▲	♥	▲	♥	▲	♥
▲	♥	▲	♥	▲	♥	▲
♥	▲	♥	▲			

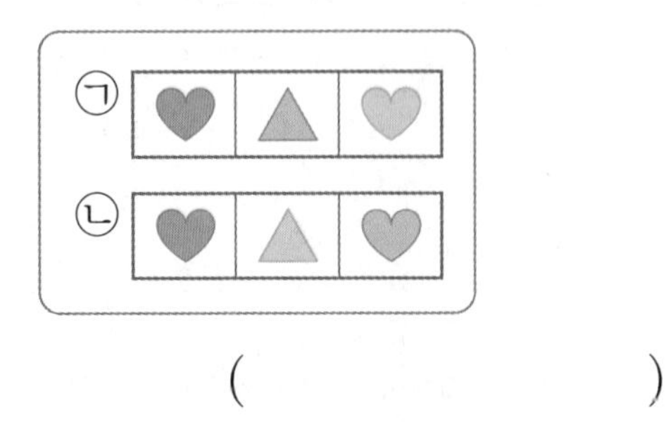

(　　　　　　　　　)

활용 2 빈 곳에 놓을 쌓기나무 수 구하기

쌓기나무를 어떤 규칙으로 놓았는지 확인하여 빈 곳에 놓을 쌓기나무의 수를 구합니다.

2-1 규칙에 따라 쌓기나무를 쌓을 때 빈 곳에 놓을 쌓기나무는 몇 개인가요?

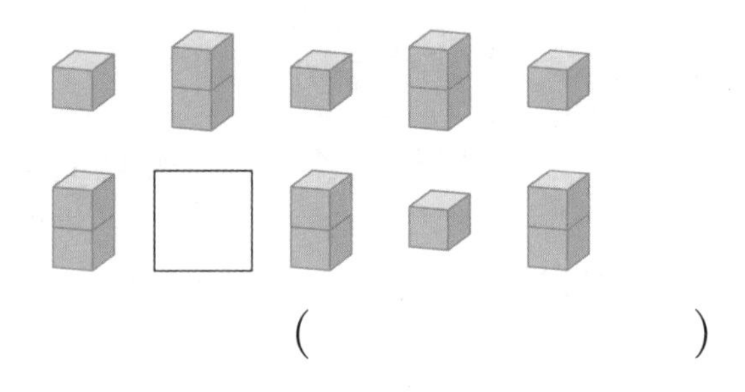

(　　　　　　　　　)

2-2 규칙에 따라 쌓기나무를 쌓을 때 빈 곳에 놓을 쌓기나무는 몇 개인가요?

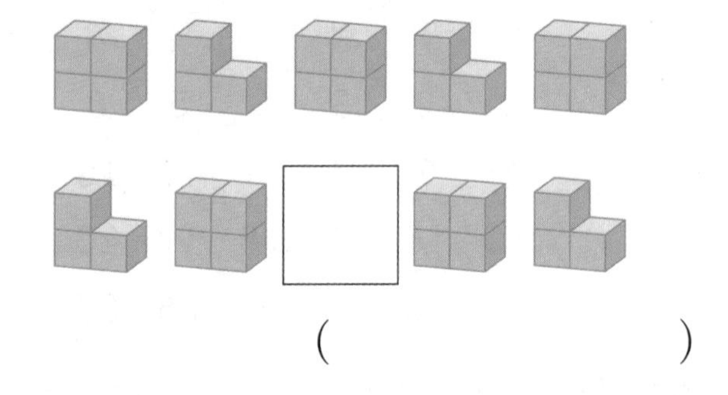

(　　　　　　　　　)

2-3 규칙에 따라 쌓기나무를 쌓을 때 빈 곳에 놓을 쌓기나무는 몇 개인가요?

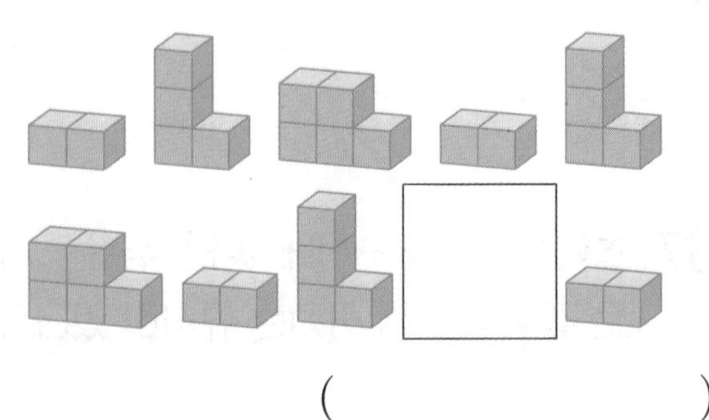

(　　　　　　　　　)

활용 3 덧셈표 완성하기

❶ 덧셈표의 규칙을 찾습니다.
❷ 덧셈표의 규칙에 따라 빈칸에 알맞은 수를 써넣습니다.

3-1 덧셈표의 빈칸에 알맞은 수를 써넣으세요.

+	6	7	
6	12	13	
		14	
8	14		16

3-2 덧셈표의 빈칸에 알맞은 수를 써넣으세요.

+	3	5		9
3	6	8		
5		10	12	
7	10			16
		14		18

3-3 덧셈표의 빈칸에 알맞은 수를 모두 더하면 얼마인가요?

+	4		8
4	8	10	12
6	10	12	
8		14	16

(　　　　　　　　)

활용 4 곱셈표에서 규칙을 찾아 빈칸 채우기

곱셈표에서 같은 줄에서 오른쪽으로 갈수록 또는 아래쪽으로 내려갈수록 일정한 수만큼 커지는 규칙을 이용하여 빈칸을 채웁니다.

4-1 곱셈표에서 규칙을 찾아 빈칸에 알맞은 수를 써넣으세요.

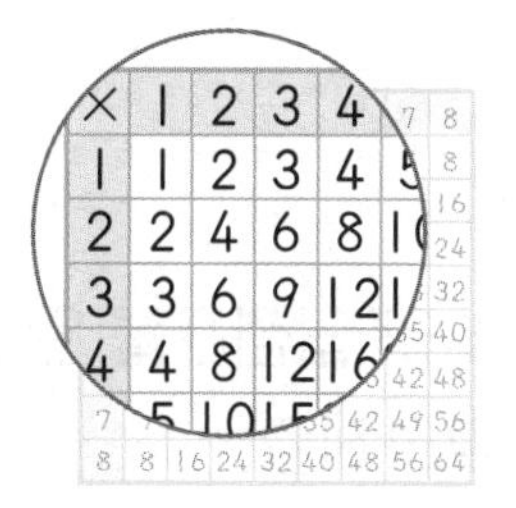

	14	21
	16	
9	18	

20			
	30	35	
30	36		48

4-2 곱셈표에서 규칙을 찾아 빈칸에 알맞은 수를 써넣으세요.

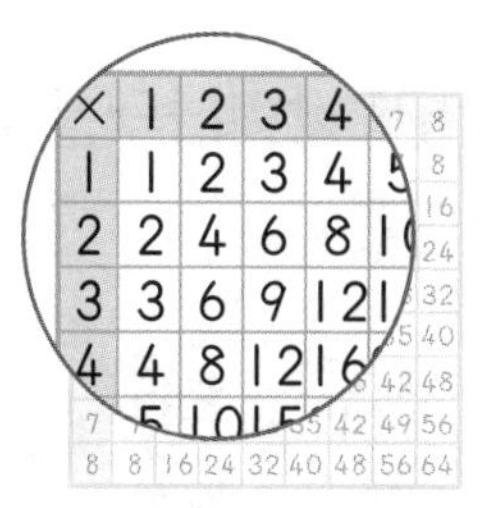

5	10	
6	12	
		21

6	8	10	
9	12	15	
12			

2단계 실력 유형 연습

1 전화기 숫자판입니다. 숫자판을 보고 규칙을 찾아 □ 안에 알맞은 수를 써넣으세요.

1	2	3
4	5	6
7	8	9

규칙 같은 줄에서 오른쪽으로 갈수록 □씩 커지고, 아래쪽으로 내려갈수록 □씩 커지는 규칙이 있습니다.

2 규칙을 찾아 곱셈표를 완성하고, ▬으로 칠해진 수는 몇씩 커지는지 구하세요.

×	5	6	7	8
5	25	30	35	40
6	30	36	42	
7	35	42		
8	40			

(　　　　　　　　)

3 규칙에 따라 쌓기나무를 쌓을 때 □ 안에 알맞은 모양을 찾아 기호를 쓰세요.

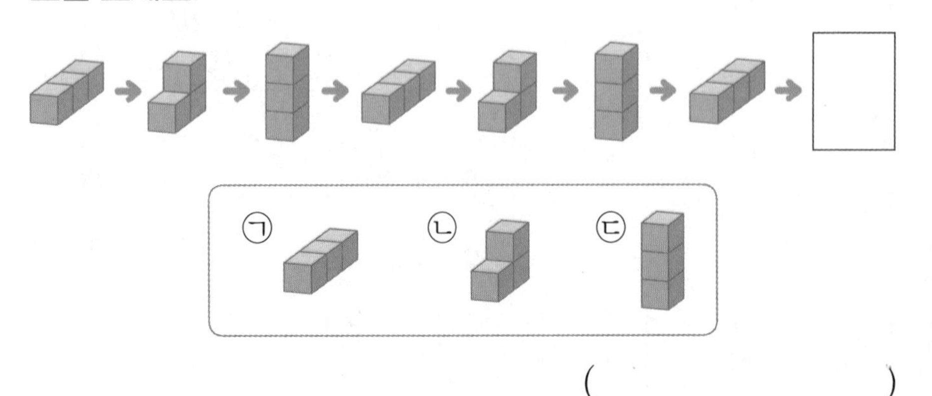

(　　　　　　　　)

S 솔루션

곱셈표는 색칠된 세로줄과 가로줄에 있는 수들의 곱을 쓰는 표예요.

반복되는 모양을 확인해요.

6 규칙 찾기

4 규칙에 따라 색칠하려고 합니다. 마지막에 색을 칠해야 하는 곳을 모두 찾아 기호를 쓰세요.

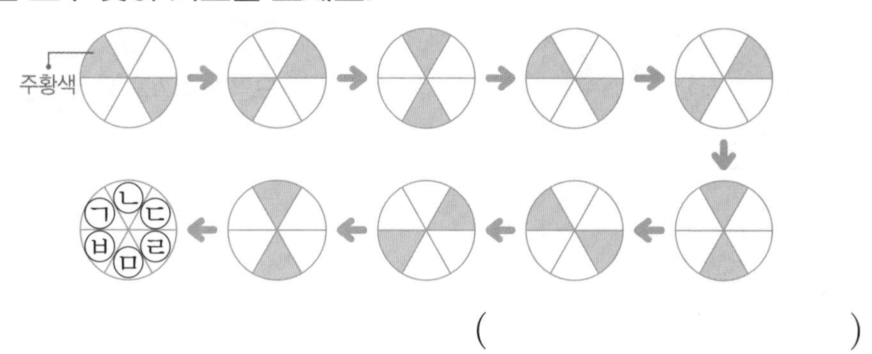

( )

S 솔루션

의사소통

5 덧셈표의 규칙을 잘못 말한 사람은 누구인가요?

+	2	4	6	8
2	4	6	8	10
4	6	8	10	12
6	8	10	12	14
8	10	12	14	16

- 다정: 빨간색 점선(----)을 따라 접었을 때 만나는 수들은 서로 같아.
- 혜나: 파란색 점선(----)에 놓인 수는 짝수, 홀수가 반복돼.

( )

둘씩 짝을 지을 때 남는 것이 없는 수를 짝수, 둘씩 짝을 지을 때 하나가 남는 수를 홀수라고 해요.

실생활 연결

6 사물함 번호에 있는 규칙을 찾아 빈 곳에 알맞은 수를 써넣으세요.

1	2	3	4	5	6
7	8	9	10		12
13	14		16	17	
19		21	22	23	24

사물함 번호가 같은 줄에서 오른쪽으로 가거나 아래쪽으로 내려갈수록 몇씩 커지는지 알아봐요.

2단계 실력 유형 연습

7 규칙이 있는 무늬입니다. 규칙을 찾아 빈칸에 알맞은 모양을 그리고, 색칠해 보세요.

빨간색 파란색 초록색

8 주황색 구슬과 연두색 구슬을 규칙적으로 실에 끼우고 있습니다. 규칙을 찾아 ㉠과 ㉡에 알맞은 구슬의 색을 쓰세요.

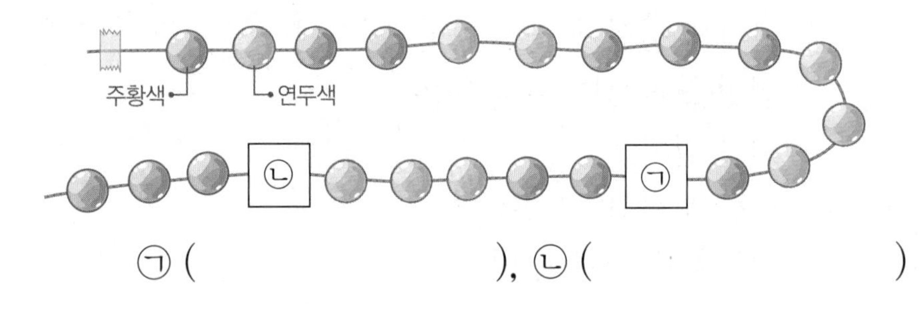

㉠ (   ), ㉡ (   )

9 3가지 색을 이용하여 규칙이 있는 무늬를 만들려고 합니다. 자신만의 규칙을 정한 뒤 색칠해 보세요.

S 솔루션

모양과 색깔을 모두 확인하여 규칙을 찾아요.

다양한 규칙을 생각해 보고 그중 한 가지 규칙을 정해 색칠해요.

10 연극 시작 시각을 시계로 나타낸 것입니다. 규칙을 찾아 4회 연극 시작 시각은 몇 시 몇 분인지 구하세요.

4:30	→	5:30	→	6:30	→	?	→	8:30
1회		2회		3회		4회		5회

( )

S 솔루션

각 시각 사이의 시간을 구하여 규칙을 찾아봐요.

11 곱셈표의 빈칸에 알맞은 수를 써넣으세요.

×	3	5	
	9		
5		25	35
	21		49

추론

12 포장지에 규칙적으로 모양이 그려져 있습니다. 포장지의 찢어진 부분으로 알맞은 것을 찾아 기호를 쓰세요.

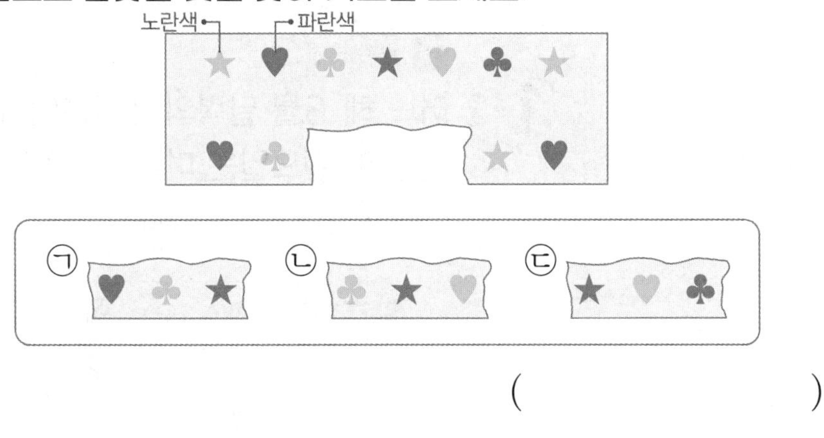

( )

13 규칙에 따라 오른쪽과 같이 쌓기나무를 쌓았습니다. 쌓기나무를 4층으로 쌓으려면 쌓기나무는 모두 몇 개 필요한가요?

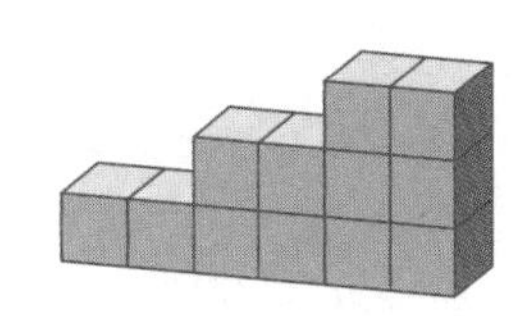

( )

아래로 내려갈수록 쌓기나무가 바로 위의 층보다 몇 개씩 늘어나는지 살펴봐요.

6 규칙 찾기

3단계 심화 유형 연습

심화 1

달력에서 규칙 찾기

먼저 같은 요일은 며칠마다 반복되는지 알아보자!

◆ 어느 해 6월 달력의 일부분입니다. 이달의 셋째 목요일은 며칠인가요?

6월

일	월	화	수	목	금	토
		1	2	3	4	5
6	7	8	9			

문제해결

1 목요일은 며칠마다 반복되는 규칙이 있나요?

(   )

2 이달의 둘째 목요일은 며칠인가요?

(   )

3 이달의 셋째 목요일은 며칠인가요?

(   )

쌍둥이

1-1 어느 해 12월 달력의 일부분입니다. 이달의 셋째 금요일은 며칠인가요?

12월

일	월	화	수	목	금	토
				1	2	3
4	5	6	7			

답 ____________________

변형

1-2 어느 해 3월 달력의 일부분입니다. 이달의 넷째 일요일은 며칠인가요?

3월

일	월	화	수	목	금	토
			1	2	3	4
5	6	7				

답 ____________________

심화 2

번호를 구하여 문제 해결하기

먼저 자리 번호의 규칙을 구하자!

◆ 어느 극장의 자리를 나타낸 그림입니다. 은혜는 라열 네 번째 자리에 앉으려고 합니다. 은혜가 앉을 자리의 번호는 몇 번인가요?

무대

	첫 번째	두 번째	세 번째	…					
가열	①	②	③	④	⑤	⑥			
나열	⑩	⑪	⑫						
다열	⑲								
⋮									

문제해결

1 규칙을 찾아 □ 안에 알맞은 수를 써넣으세요.

> 규칙 같은 줄에서 아래쪽으로 내려갈수록 자리의 번호가 □씩 커집니다.

2 다열 네 번째 자리의 번호는 몇 번인가요?

( )

3 은혜가 앉을 자리의 번호는 몇 번인가요?

( )

쌍둥이

2-1 정훈이네 반의 사물함 번호를 나타낸 그림입니다. 정훈이의 사물함은 넷째 줄 다섯 번째 칸입니다. 정훈이의 사물함 번호는 몇 번인가요?

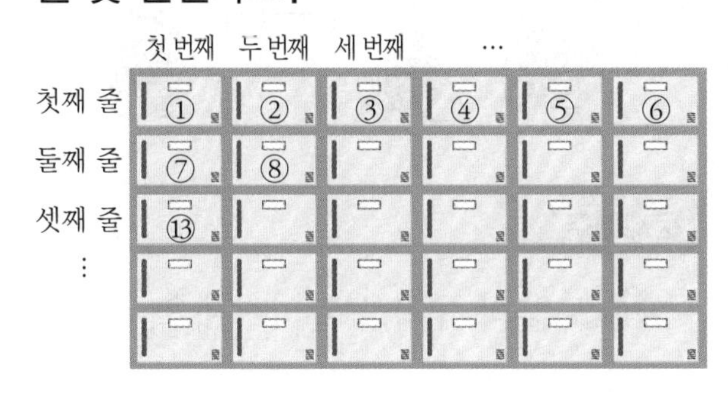

답

변형

2-2 위 2-1에서 세호의 사물함 번호는 30번이고, 유나의 사물함은 다섯째 줄 세 번째 칸입니다. 세호와 유나의 사물함 번호의 차는 얼마인가요?

답

6 규칙 찾기

심화 3

도형을 그린 규칙 알아보기

모양과 색으로 나누어 규칙을 알아보자!

◆ 규칙적으로 도형을 그린 것입니다. 규칙을 찾아 도형을 완성하고, 색칠해 보세요.

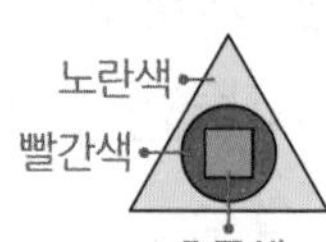

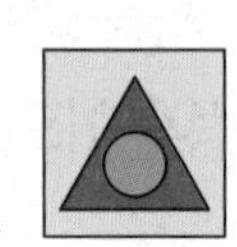  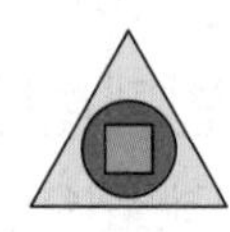 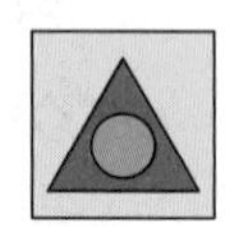

 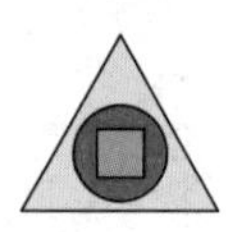   …

문제해결

1 모양의 규칙을 알아보세요.

> 바깥쪽: △, □, ○,
> 가운데: ○, □, □,
> 안쪽: □, □, □이 반복됩니다.

2 색의 규칙을 알아보세요.

> 바깥쪽: 노란색, 가운데: □색,
> 안쪽: □색이 색칠되어 있습니다.

3 규칙을 찾아 도형을 완성하고, 색칠해 보세요.

쌍둥이

3-1 규칙적으로 도형을 그린 것입니다. 규칙을 찾아 도형을 완성하고, 색칠해 보세요.

보라색 / 파란색 / 노란색

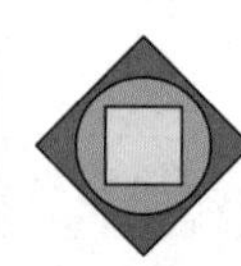 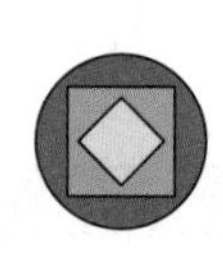 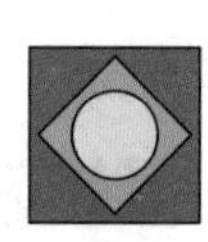 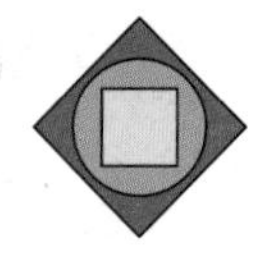

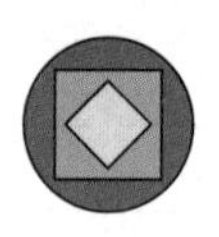 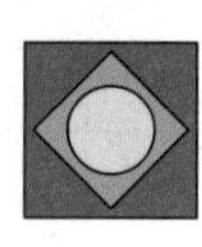 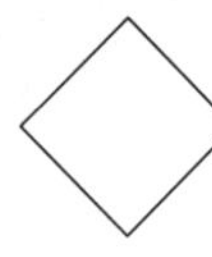 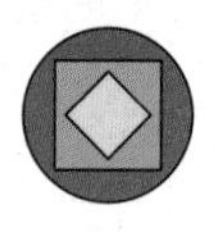 …

변형

3-2 규칙적으로 도형을 그린 것입니다. 규칙을 찾아 □ 안에 알맞은 도형을 그리고, 색칠해 보세요.

동영상

빨간색 / 노란색 / 파란색

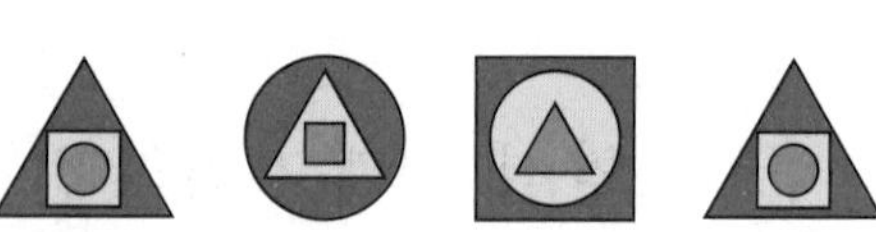 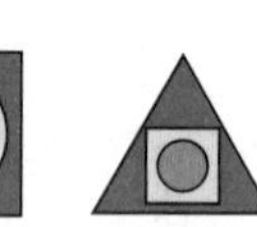  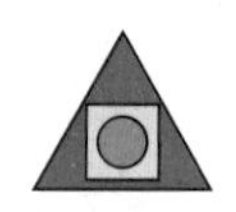

 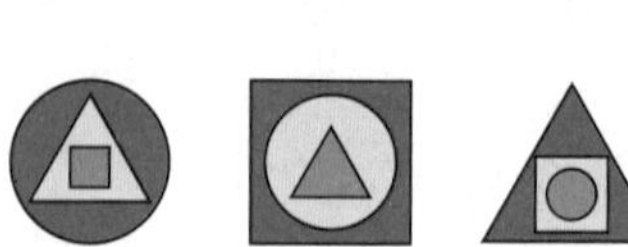 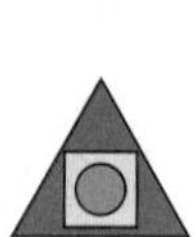  …

정답과 해설 34쪽

심화 4

규칙에 따라 시각 구하기

먼저 시계의 시각이 얼만큼씩 지나는지 알아보자!

◆ 공연 시작 시각을 시계로 나타낸 것입니다. 규칙을 찾아 5회 공연 시작 시각은 몇 시 몇 분인지 구하세요.

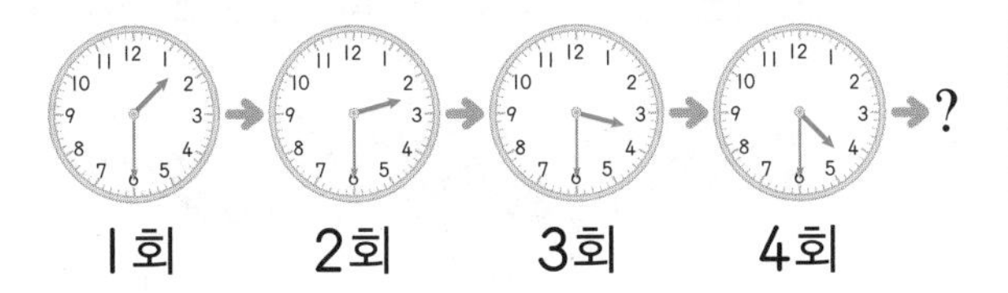

문제해결

1 공연은 몇 시간마다 시작하나요?

( )

2 5회 공연 시작 시각은 몇 시 몇 분인지 구하세요.

( )

쌍둥이

4-1 어느 버스 정류장의 버스의 출발 시각을 시계로 나타낸 것입니다. 규칙을 찾아 5번째 버스의 출발 시각은 몇 시 몇 분인지 구하세요.

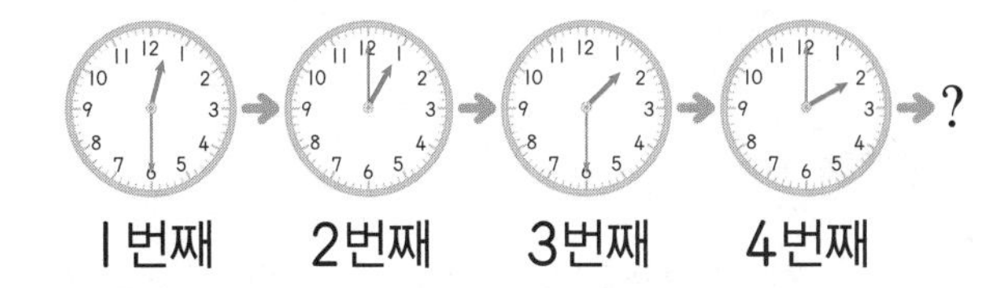

답 ______

변형

4-2 동영상 놀이동산을 도는 코끼리 열차는 일정한 시간 간격으로 출발합니다. 열차 출발 시각을 시계에 나타낸 것을 보고 3회 열차 출발 시각은 몇 시 몇 분인지 구하세요.

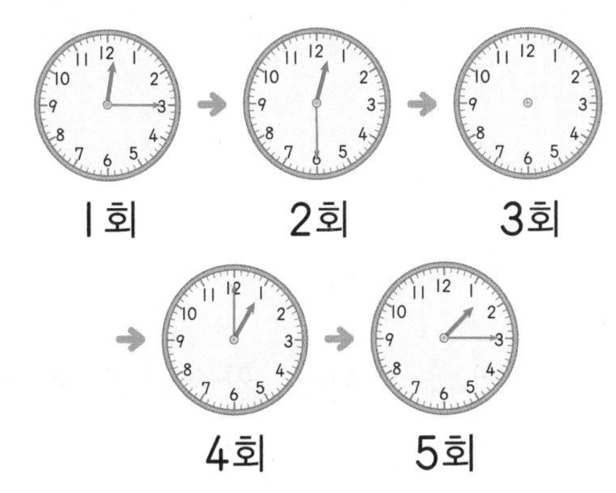

 ______

3단계 심화 유형 연습

심화 5

필요한 쌓기나무의 개수 구하기

늘어나는 쌓기나무 개수의 규칙을 찾아 필요한 쌓기나무의 개수를 구하자!

◆ 쌓기나무를 다음과 같이 규칙적으로 쌓았습니다. 규칙에 따라 여섯째 모양을 쌓으려면 쌓기나무가 몇 개 필요한가요?

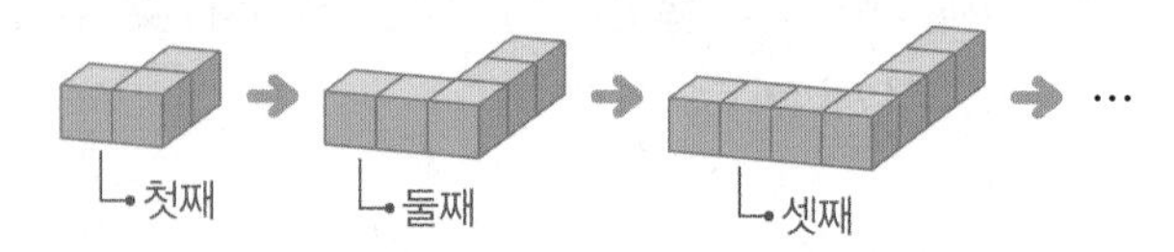

문제해결

1 각 쌓기나무의 개수를 세어 보세요.

첫째 (　　　　)

둘째 (　　　　)

셋째 (　　　　)

2 쌓기나무가 몇 개씩 늘어나는 규칙인가요?

(　　　　)

3 여섯째 모양을 쌓으려면 쌓기나무가 몇 개 필요한가요?

(　　　　)

쌍둥이

5-1 쌓기나무를 다음과 같이 규칙적으로 쌓았습니다. 규칙에 따라 일곱째 모양을 쌓으려면 쌓기나무가 몇 개 필요한가요?

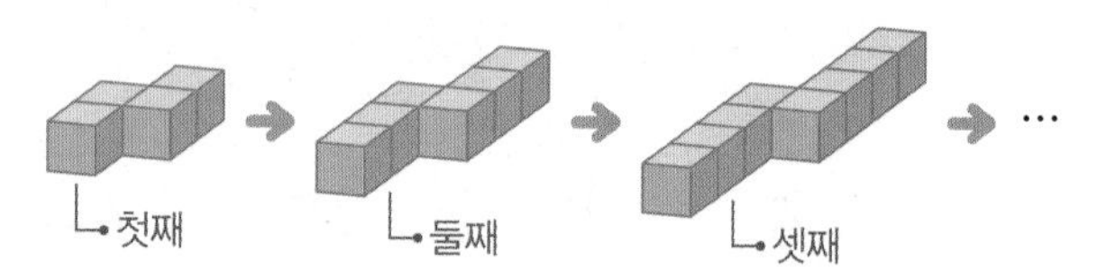

답 ______

변형

5-2 동영상 쌓기나무를 다음과 같이 규칙적으로 쌓았습니다. 규칙에 따라 여섯째 모양을 쌓으려면 쌓기나무가 몇 개 필요한가요?

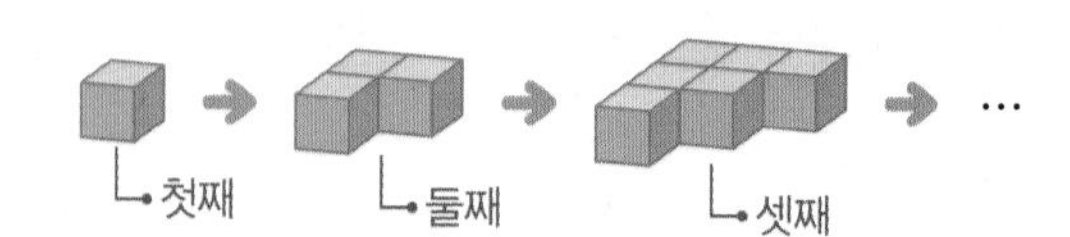

답 ______

정답과 해설 34쪽

심화 6

■번째에 놓일 수의 크기 비교하기

먼저 두 사람의 수가 각각 어떤 규칙으로 있는지 알아보고 수의 크기를 비교하자!

◆ 정하와 윤혜가 각각 규칙에 따라 수를 쓰고 있습니다. 13번째에 쓴 수는 누가 얼마나 더 큰지 차례로 쓰세요.

정하	3, 7, 5, 3, 7, 5, 3, 7, 5, ...
윤혜	9, 4, 9, 4, 9, 4, 9, 4, 9, ...

문제해결

1 정하가 쓴 수의 규칙을 쓰고, 13번째에 쓴 수를 구하세요.

규칙 3, □, □이/가 반복됩니다.

( )

2 윤혜가 쓴 수의 규칙을 쓰고, 13번째에 쓴 수를 구하세요.

규칙 9, □이/가 반복됩니다.

( )

3 13번째에 쓴 수는 누가 얼마나 더 큰지 차례로 쓰세요.

( ), ( )

쌍둥이

6-1 지수와 인우가 각각 규칙에 따라 수를 쓰고 있습니다. 15번째에 쓴 수는 누가 얼마나 더 큰지 차례로 쓰세요.

지수	2, 6, 2, 2, 6, 2, 2, 6, 2, ...
인우	5, 7, 1, 3, 5, 7, 1, 3, 5, ...

답 ____________, ____________

변형

6-2 경호와 미주가 각각 규칙에 따라 수를 쓰고 있습니다. 14번째에 쓴 수는 누가 얼마나 더 작은지 차례로 쓰세요.

경호	1, 2, 3, 4, 5, 6, 7, 8, 9, ...
미주	4, 8, 1, 1, 4, 8, 1, 1, 4, ...

답 ____________, ____________

3단계 심화 + 유형 완성

1 동영상 오른쪽 곱셈표에서 ㉠, ㉡, ㉢에 알맞은 수 중 가장 큰 수와 가장 작은 수의 차는 얼마인가요?

(　　　　　　　　)

×	4	5	6	7
4	16	20		
5			㉠	
6	㉡			
7		㉢		

추론

2 동영상 규칙에 따라 쌓기나무를 쌓았습니다. 빈칸에 들어갈 모양을 만드는 데 필요한 쌓기나무는 모두 몇 개인가요?

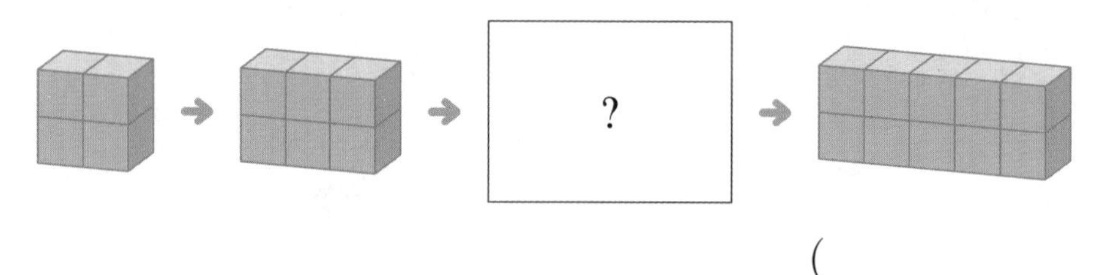

(　　　　　　　　)

3 동영상 규칙적으로 도형을 그린 것입니다. 규칙에 맞게 □ 안에 들어갈 모양에서 맨 바깥쪽과 맨 안쪽에 있는 도형의 이름을 차례로 쓰세요.

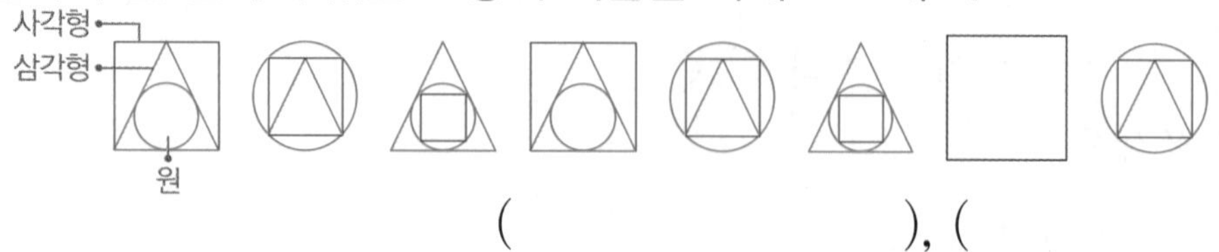

(　　　　　　　　), (　　　　　　　　)

4 신호등은 초록색, 노란색, 빨간색의 순서로 등이 켜집니다. 지금 초록색 등이 켜져 있다면 지금부터 17번째에 켜지는 신호등의 색은 무슨 색인가요?

동영상

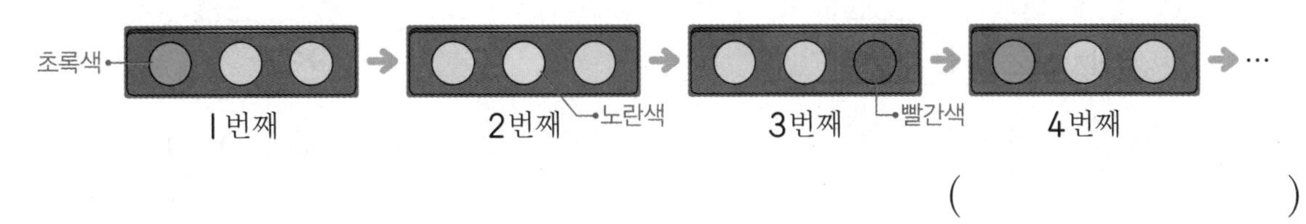

(　　　　　　　)

실생활 연결

5 어느 강당의 자리를 나타낸 그림입니다. 우재의 자리의 번호가 37번일 때 어느 열 몇 번째 자리인가요?

동영상

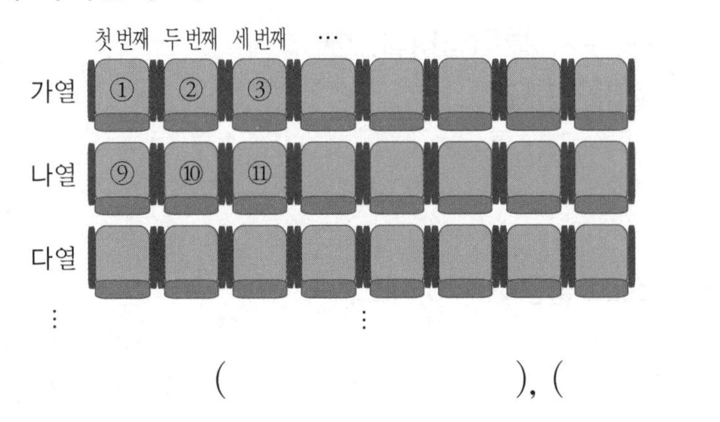

(　　　　　　　), (　　　　　　　)

6 규칙에 따라 구슬을 실에 끼우고 있습니다. 19번째에 끼우는 구슬은 무슨 색인가요?

동영상

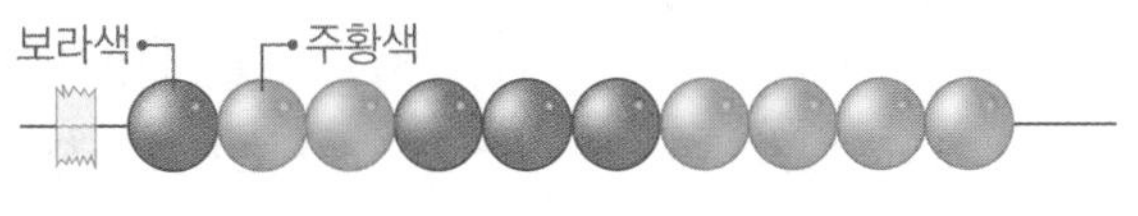

(　　　　　　　)

BOOK❷ 24~27쪽에서 경시대회 문제 도전!

Test 단원 실력 평가

맞힌 문제 수 개/14개

[1~2] 덧셈표를 보고 물음에 답하세요.

+	1	2	3	4
1	2	3	4	5
2	3	4		6
3	4		6	7
4		6	7	8

1 ▭으로 칠해진 수는 오른쪽으로 갈수록 몇씩 커지나요?

(　　　　　　)

2 빈칸에는 모두 같은 수가 들어갑니다. 빈칸에 알맞은 수는 얼마인가요?

(　　　　　　)

[3~4] 포장지의 무늬를 보고 물음에 답하세요.

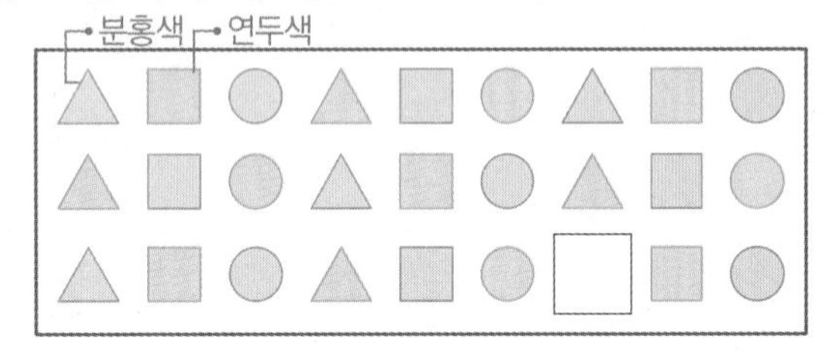

3 위 무늬의 규칙을 적은 것입니다. □ 안에 알맞은 모양과 말을 써넣으세요.

> 규칙 모양은 △, □, □이 반복되고, 색깔은 □색, □색이 반복됩니다.

4 규칙을 찾아 □ 안에 알맞은 모양을 그리고, 색칠해 보세요.

5 곱셈표에서 빈칸에 알맞은 수를 써넣으세요.

×	2	4	6
3	6	12	
5		20	30
7	14		42

6 규칙을 찾아 삼각형 안에 •을 알맞게 그려 보세요.

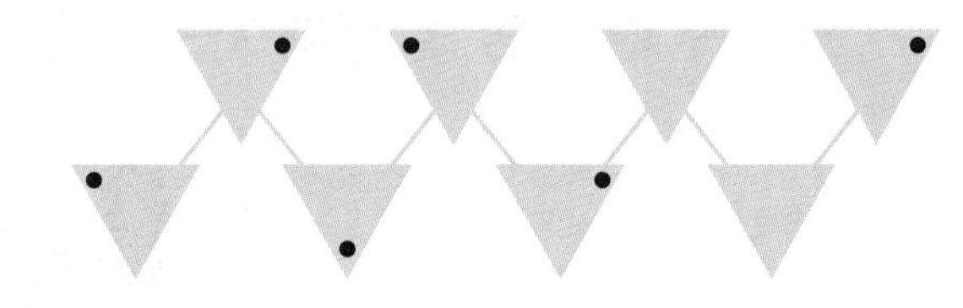

7 규칙적으로 단추를 실에 끼우고 있습니다. 규칙에 맞게 색칠해 보세요.

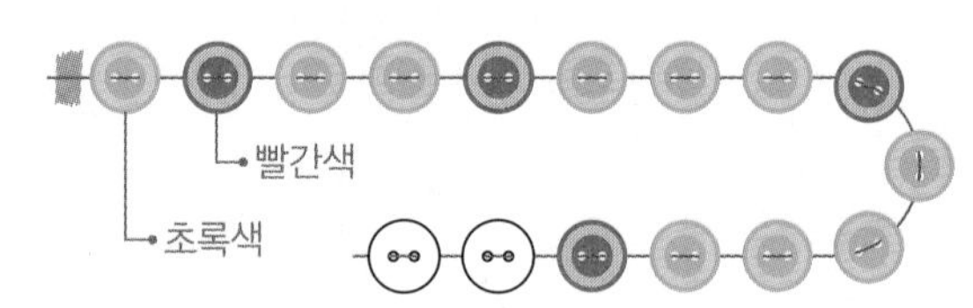

8 규칙에 따라 쌓기나무를 쌓았습니다. 다음에 이어질 모양에 쌓을 쌓기나무는 몇 개인가요?

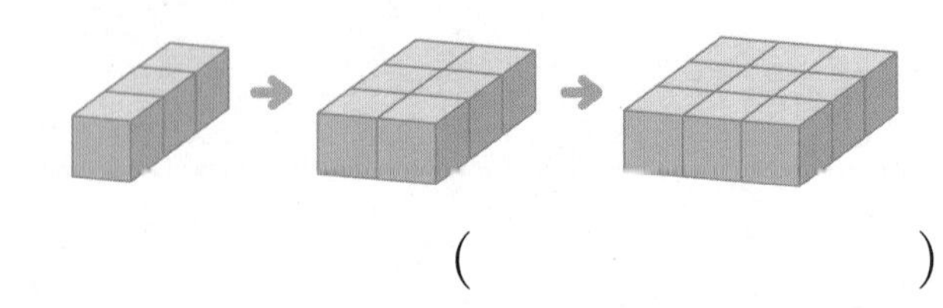

(　　　　　　)

[9~10] 어느 공연장의 자리를 나타낸 그림입니다. 물음에 답하세요.

무대

	첫 번째	두 번째	세 번째	…				
가열	①	②	③	④	⑤			
나열	⑨	⑩						
⋮								

9 주훈이는 다열 일곱 번째 자리에 앉으려고 합니다. 주훈이가 앉을 자리의 번호는 몇 번인가요?

( )

10 선호는 나열 여섯 번째 자리에 앉으려고 합니다. 수아의 자리의 번호는 27번일 때, 선호와 수아의 자리의 번호의 차는 얼마인가요?

( )

11 규칙에 따라 쌓기나무를 쌓았습니다. 쌓기나무를 4층으로 쌓으려면 쌓기나무는 모두 몇 개 필요한지 풀이 과정을 쓰고 답을 구하세요.

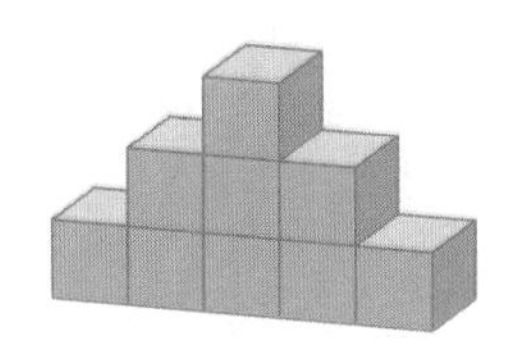

풀이

답

12 오른쪽 곱셈표에서 ㉠과 ㉡에 알맞은 수를 각각 구하세요.

×	1	2	㉠
6	6	12	18
㉡			15
4			

㉠ ( )

㉡ ( )

13 규칙적으로 도형을 그린 것입니다. 규칙에 맞게 □ 안에 알맞은 도형을 그리고, 색칠해 보세요.

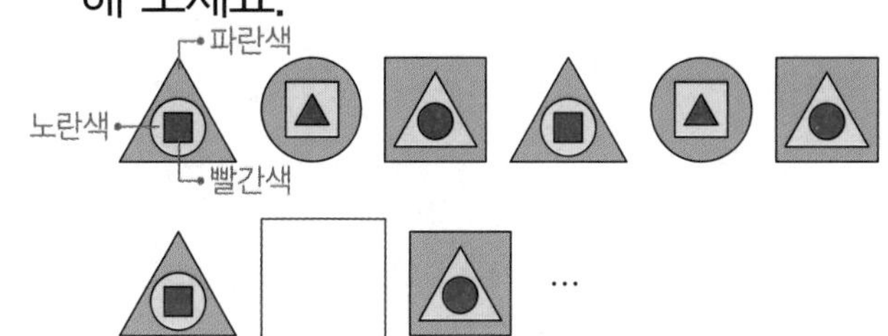

서술형

14 영화 시작 시각을 시계로 나타낸 것입니다. 규칙에 따라 5회 영화 시작 시각은 몇 시 몇 분인지 풀이 과정을 쓰고 답을 구하세요.

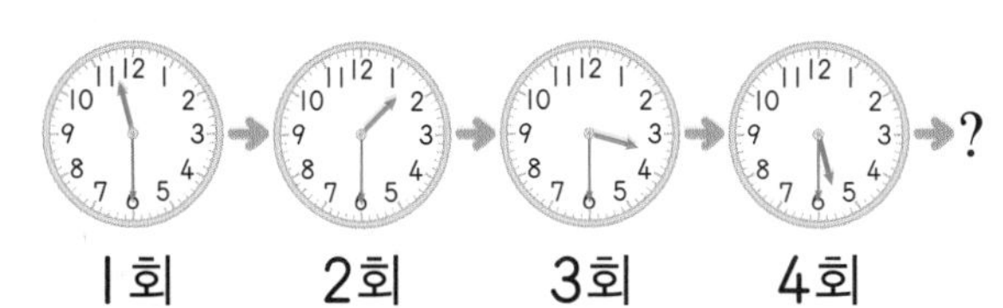

풀이

답

6 규칙 찾기

MEMO

기본기와 서술형을 한 번에, 확실하게
수학 자신감은 덤으로!

수학리더 시리즈 (초1 ~ 6 / 학기용)

[연산]
(*예비초~초6/총14단계)

[개념]

[기본]

[유형]

[기본 + 응용]

[응용 · 심화]

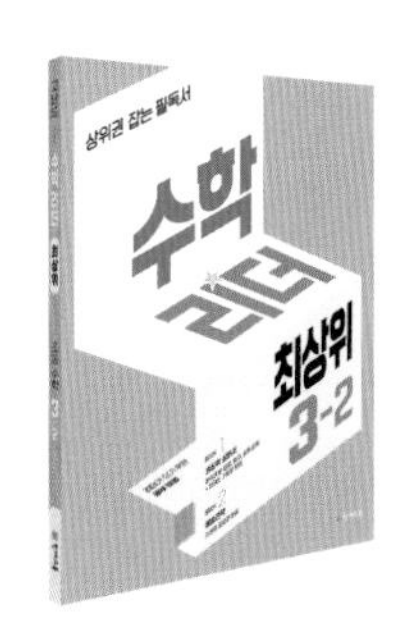

[최상위]
(*초3~6)

#차원이_다른_클라쓰 #강의전문교재 #초등교재

수학교재

●수학리더 시리즈
- 수학리더 [연산] 예비초~6학년/A·B단계
- 수학리더 [개념] 1~6학년/학기별
- 수학리더 [기본] 1~6학년/학기별
- 수학리더 [유형] 1~6학년/학기별
- 수학리더 [기본+응용] 1~6학년/학기별
- 수학리더 [응용·심화] 1~6학년/학기별
- 신간 수학리더 [최상위] 3~6학년/학기별

●독해가 힘이다 시리즈 *문제해결력
- 수학도 독해가 힘이다 1~6학년/학기별
- 신간 초등 문해력 독해가 힘이다 문장제 수학편 1~6학년/단계별

●수학의 힘 시리즈
- 신간 수학의 힘 1~2학년/학기별
- 수학의 힘 알파[실력] 3~6학년/학기별
- 수학의 힘 베타[유형] 3~6학년/학기별

●Go! 매쓰 시리즈
- Go! 매쓰(Start) *교과서 개념 1~6학년/학기별
- Go! 매쓰(Run A/B/C) *교과서+사고력 1~6학년/학기별
- Go! 매쓰(Jump) *유형 사고력 1~6학년/학기별

●계산박사 1~12단계

●수학 더 익힘 1~6학년/학기별

월간교재

●NEW 해법수학 1~6학년

●해법수학 단원평가 마스터 1~6학년/학기별

●월간 무듬생평가 1~6학년

전과목교재

●리더 시리즈
- 국어 1~6학년/학기별
- 사회 3~6학년/학기별
- 과학 3~6학년/학기별

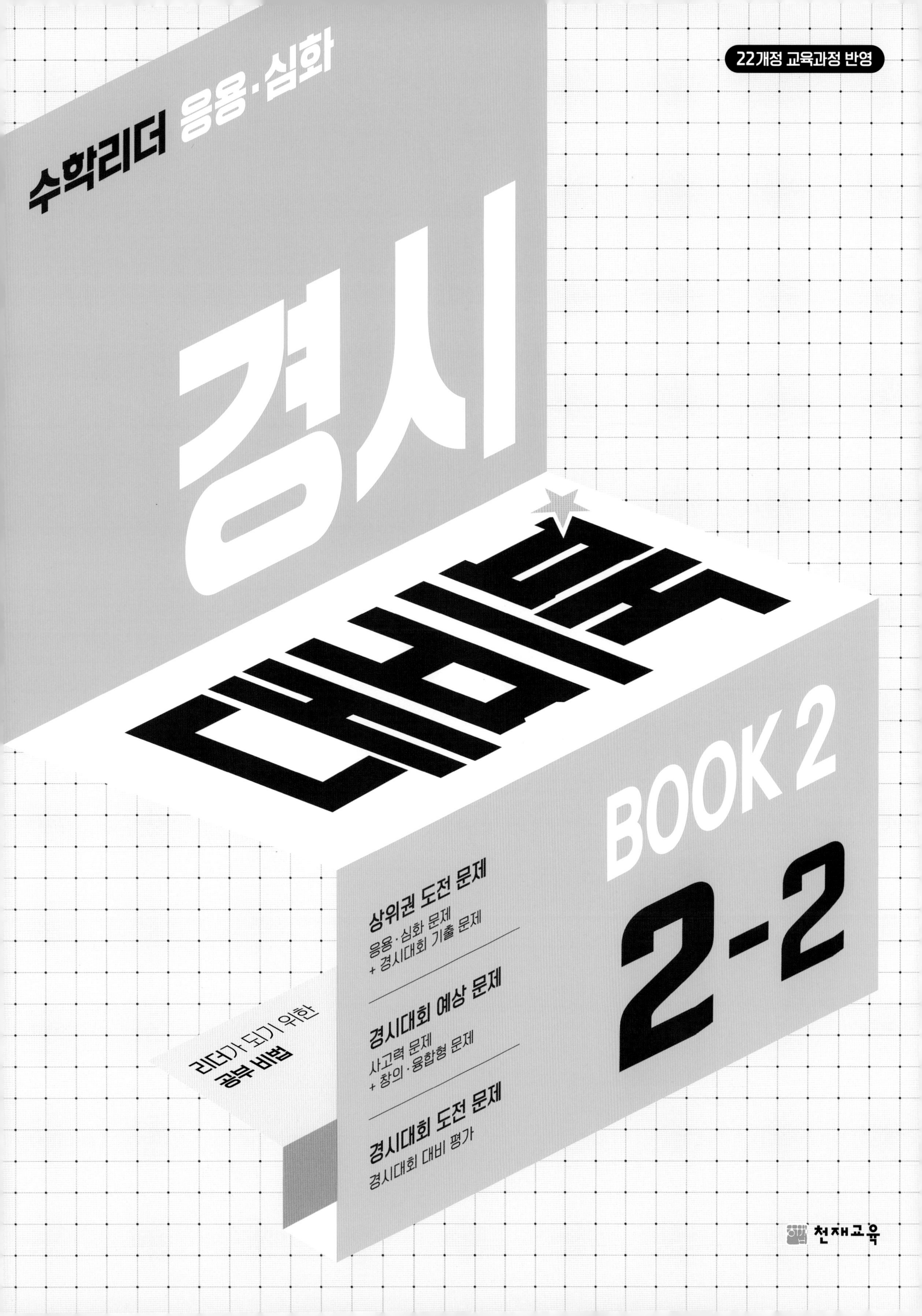
22개정 교육과정 반영
수학리더 응용·심화
경시 대비북
BOOK 2
2-2
상위권 도전 문제
응용·심화 문제
+ 경시대회 기출 문제
경시대회 예상 문제
사고력 문제
+ 창의·융합형 문제
경시대회 도전 문제
경시대회 대비 평가
리더가 되기 위한
공부 비법
천재교육

경시 대비북
포인트 3가지

- 다양한 응용·심화 유형을 풀며 상위권 도약
- 수학 경시대회에 출제된 다양한 문제 수록
- 각종 교내·외 경시대회 대비 가능

수학 리더 응용·심화 2-2

BOOK 2

경시 대비북 차례

1 단원 상위권 도전 문제

1 ㉠이 나타내는 수는 ㉡이 나타내는 수가 몇 개인 수인지 구하세요.

1 7 1 6
㉠ ㉡

답 ____________

수학 교과 역량_실생활 연결

2 다은, 지호, 도윤, 지유가 태어난 연도입니다. 나이가 가장 어린 사람의 이름을 쓰세요.

답 ____________

HME 기출 유형

3 민우는 1000원짜리 지폐 3장, 500원짜리 동전 1개, 10원짜리 동전 30개를 가지고 있습니다. 이 돈을 은행에 가서 100원짜리 동전으로 모두 바꾼다면 100원짜리 동전 몇 개로 바꿀 수 있나요?

답 ____________

▶ 정답과 해설 37쪽

수학 교과 역량_실생활 연결

4 하영이는 7000원을 남기지 않고 모두 사용하여 다음 중 음료 2잔을 주문하려고 합니다. 주문할 수 있는 방법은 모두 몇 가지인가요?

답 ________________

5 ㉠에서 출발하여 100씩 4번 뛰어 센 후, 1000씩 3번 뛰어 세었더니 6205가 되었습니다. ㉠에 알맞은 수를 구하세요.

답 ________________

HME 기출 유형

6 네 자리 수의 크기를 비교한 것입니다. ㉠과 ㉡에 들어갈 수 있는 숫자를 (㉠, ㉡)으로 나타내면 모두 몇 가지인가요? (단, ㉠과 ㉡이 같은 수여도 됩니다.)

답 ________________

1 단원 경시대회 예상 문제

1 5490에서 출발하여 100씩 뛰어 센 수가 적힌 수 카드가 바닥에 떨어졌습니다. 뒤집어진 수 카드에 적힌 수를 구하세요.

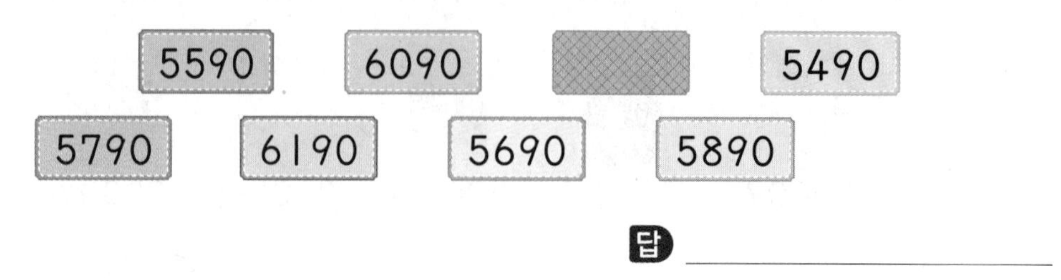

답 ______________

2 수학 교과 역량_실생활 연결

마늘 100통을 한 접이라고 합니다. 음식점에서 마늘 30접을 사서 망 주머니 한 개에 마늘을 300통씩 모두 담았습니다. 마늘을 담은 망 주머니는 모두 몇 개인가요?

답 ______________

3 □ 안에 알맞은 수를 구하세요.

> 6287은 1000이 4개, 100이 22개, 10이 □개, 1이 7개인 수입니다.

4 예서의 저금통에는 오늘까지 1000원짜리 지폐 3장, 100원짜리 동전 15개가 들어 있었습니다. 내일부터 매일 100원씩 저금한다면 저금통에 들어 있는 돈이 5200원이 되는 날은 오늘부터 며칠 후인가요?

5 4장의 수 카드를 한 번씩만 사용하여 3500보다 작은 네 자리 수를 만들려고 합니다. 만들 수 있는 수는 모두 몇 개인가요?

3 7 0 2

6 조건을 모두 만족하는 수 중에서 가장 큰 수와 두 번째로 작은 수를 각각 구하세요.

조건
- 네 자리 수입니다.
- 백의 자리 숫자는 600을 나타냅니다.
- 천의 자리 숫자와 일의 자리 숫자의 합은 7입니다.

답 가장 큰 수: ______________, 두 번째로 작은 수: ______________

2 단원 상위권 도전 문제

1 어떤 수에 4를 곱했더니 28이 되었습니다. 어떤 수를 구하세요.

답 ______________

수학 교과 역량_추론

2 보기와 같은 규칙으로 빈칸에 알맞은 수를 써넣으세요.

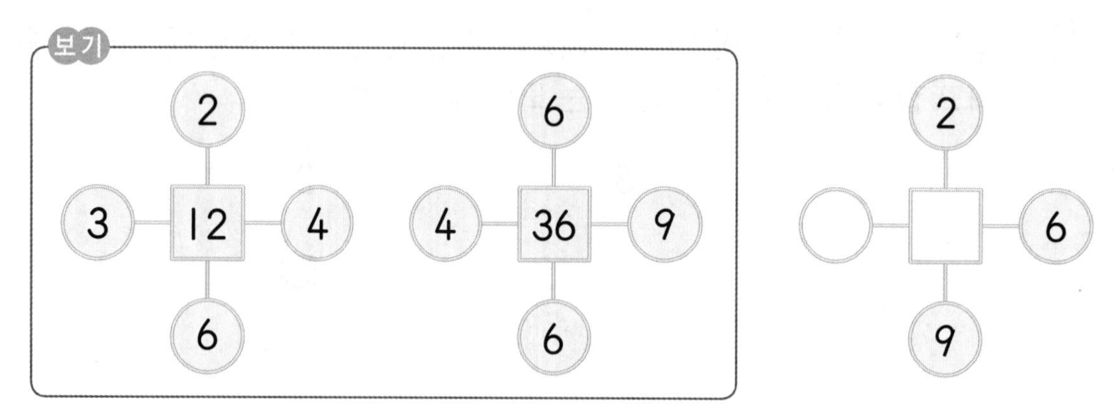

3 다음을 만족하는 어떤 수를 모두 구하세요.

- 어떤 수의 4배는 35보다 작습니다.
- 어떤 수의 3배는 20보다 큽니다.

답 ______________

2 곱셈구구

▶ 정답과 해설 38쪽

4 길이가 6 cm인 막대로 4번 잰 것과 길이가 같은 리본이 있습니다. 이 리본으로 오른쪽과 같은 사각형을 몇 개까지 만들 수 있나요?

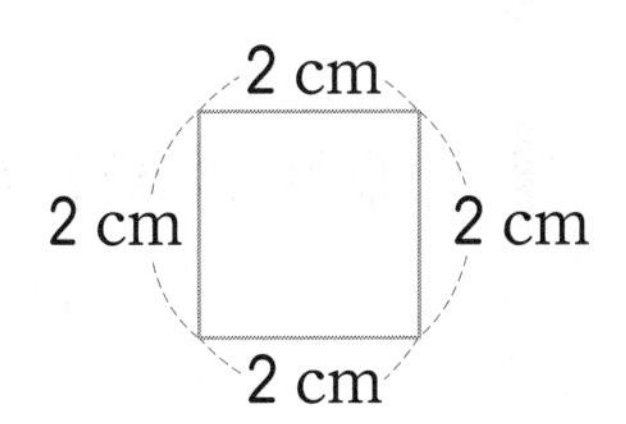

답 ____________

HME 기출 유형

5 □ 안에 알맞은 수를 구하세요.

7×7은 5×□보다 19만큼 더 큽니다.

답 ____________

HME 기출 유형

6 색종이가 45장보다 적은 수만큼 있습니다. 이 색종이를 5장씩 묶으면 2장이 모자라고, 6장씩 묶으면 4장이 모자랍니다. 또 9장씩 묶으면 2장이 남을 때 색종이는 몇 장인가요?

답 ____________

경시대회 예상 문제

1 ●는 한 자리 수로 모두 같은 수입니다. ●에 알맞은 수를 구하세요.

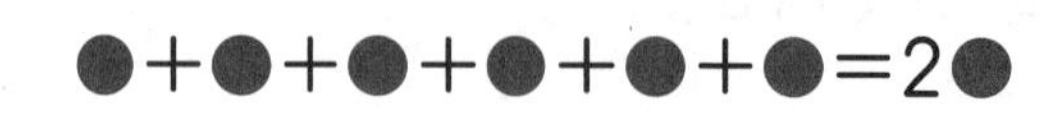

답 ______________

2 채령이네 모둠 3명이 동시에 가위바위보를 했습니다. 채령이만 바위를 내어 이겼다면 채령이네 모둠 3명이 펼친 손가락은 모두 몇 개인지 구하세요.

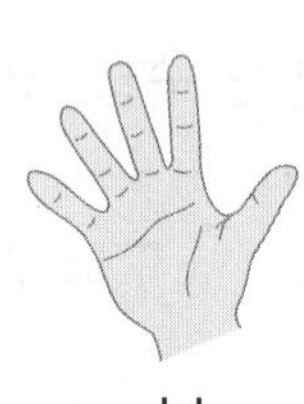

가위　　바위　　보

답 ______________

3 하랑이와 서원이가 과녁 맞히기 놀이를 하여 다음과 같이 맞혔습니다. 누구의 점수가 더 높은지 쓰세요.

하랑　　서원

답 ______________

▶ 정답과 해설 39쪽

4 4장의 수 카드 중에서 2장이 뒤집혀 있습니다. 이 중 2장을 골라 두 수의 곱을 구할 때 가장 작은 곱이 5였습니다. 둘째로 큰 곱을 구하세요.

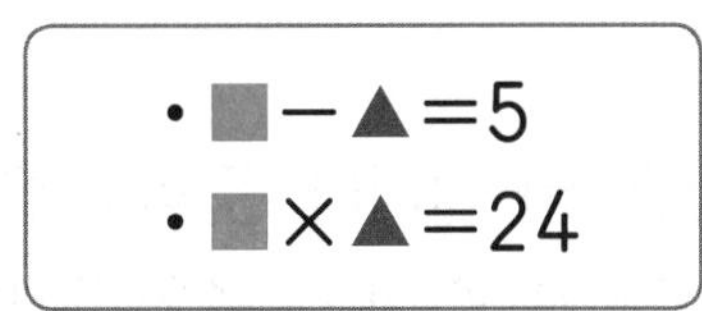

답 ______________

5 ■와 ▲는 0부터 9까지의 수 중 하나이고, 같은 모양은 같은 수를 나타냅니다. 다음을 만족하는 ■와 ▲에 알맞은 수를 각각 구하세요.

- ■ − ▲ = 5
- ■ × ▲ = 24

답 ■: ______________, ▲: ______________

수학 교과 역량_추론

6 보기와 같이 □ 안의 수는 양 끝의 ○ 안에 있는 두 수의 곱입니다. ○ 안에 알맞은 한 자리 수를 써넣으세요.

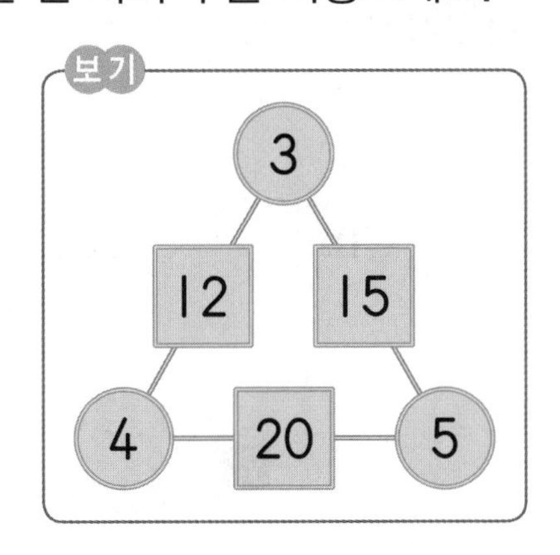

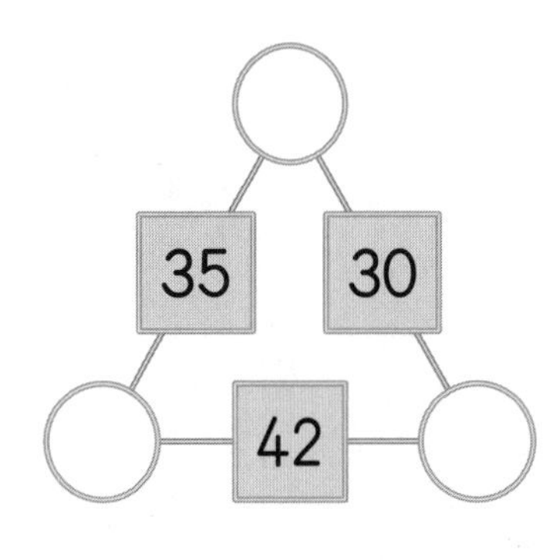

3 단원 상위권 도전 문제

수학 교과 역량_실생활 연결

1 청룡 열차를 타려면 키가 120 cm보다 커야 합니다. 서준이와 건우 중 청룡 열차를 탈 수 없는 사람의 이름을 쓰세요.

답 ____________

2 준휘의 4뼘은 약 50 cm입니다. 준휘의 뼘으로 침대 긴 쪽의 길이를 재었더니 16뼘이었습니다. 이 침대 긴 쪽의 길이는 약 몇 m인가요?

답 약 ____________

3 3장의 수 카드를 한 번씩만 사용하여 640 cm보다 긴 길이를 만들려고 합니다. 만들 수 있는 길이는 모두 몇 개인가요?

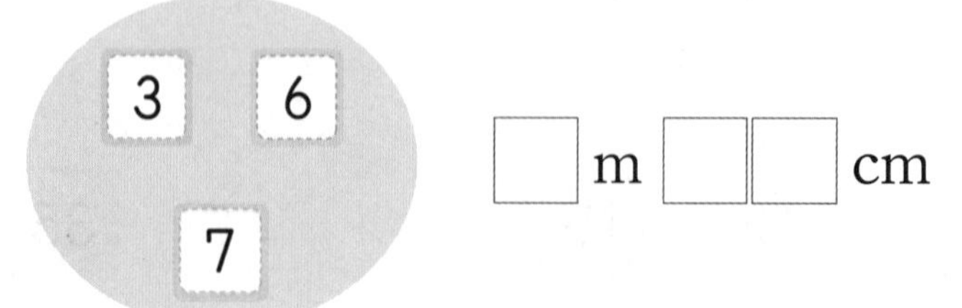

답 ____________

4 학교에서 공원까지 가려고 합니다. 편의점과 문구점 중 어느 곳을 거쳐 가는 것이 얼마나 더 가까운지 차례로 쓰세요.

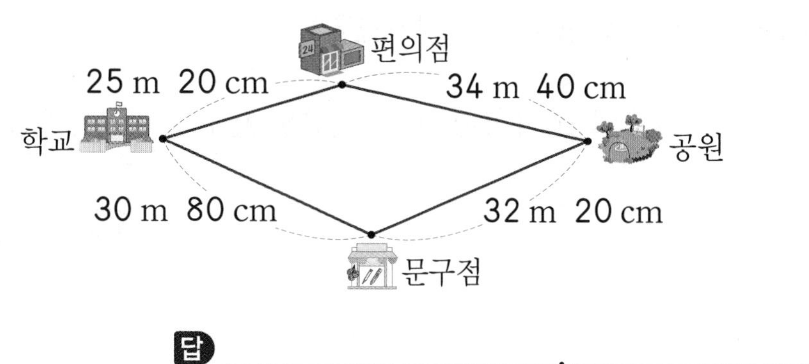

답 ______________, ______________

HME 기출 유형

5 길이가 1 m인 끈을 길이가 20 cm인 도막으로 똑같이 잘라야 할 것을 잘못하여 길이가 ■ cm인 도막으로 똑같이 잘랐더니 20 cm로 자를 때의 도막 수보다 1도막이 적었고 남은 끈이 없었습니다. ■에 알맞은 수를 구하세요.

답 ______________

HME 기출 유형

6 그림은 가로가 1 m, 세로가 25 cm인 사각형 3개를 겹치지 않도록 이어 붙여서 만든 도형입니다. 굵은 선의 길이의 합은 몇 m 몇 cm인가요?

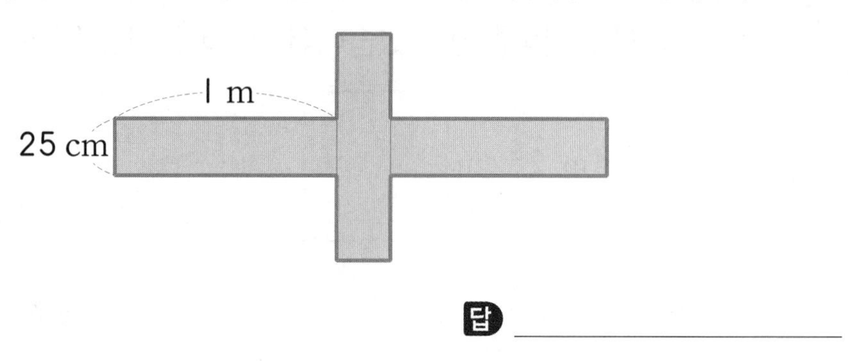

답 ______________

3 단원 경시대회 예상 문제

1 세 길이 중 두 길이를 골라 차를 구하려고 합니다. 두 길이의 차가 가장 길 때의 길이는 몇 m 몇 cm인가요?

3 m 15 cm	208 cm	5 m 20 cm

답 ____________

2 새봄이의 세 걸음은 약 1 m입니다. 수족관의 길이는 새봄이의 걸음으로 18걸음이고, 새봄이가 양팔을 벌린 길이로 5번입니다. 새봄이가 양팔을 벌린 길이는 약 몇 m 몇 cm인가요?

답 약 ____________

3 철사를 겹치지 않게 구부려 네 변의 길이가 모두 같은 사각형을 만들었다가 다시 펴서 삼각형을 만들었습니다. ㉠의 길이는 몇 m 몇 cm인가요?

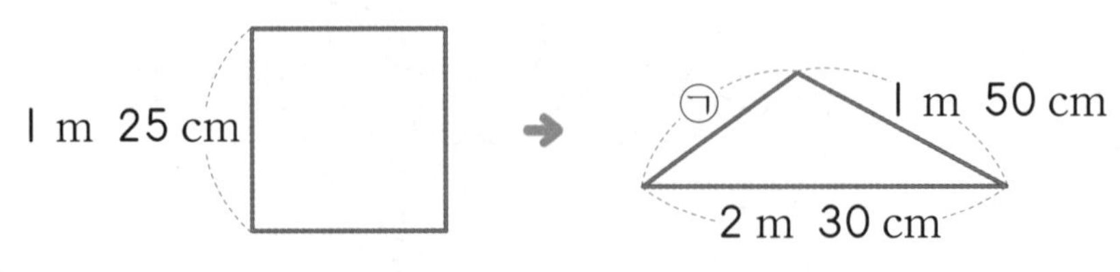

답 ____________

4 길이가 똑같은 색 테이프 3장을 25 cm씩 겹치도록 한 줄로 길게 이어 붙였습니다. 이어 붙인 색 테이프의 전체 길이가 15 m 10 cm일 때, 색 테이프 한 장의 길이는 몇 m 몇 cm인가요?

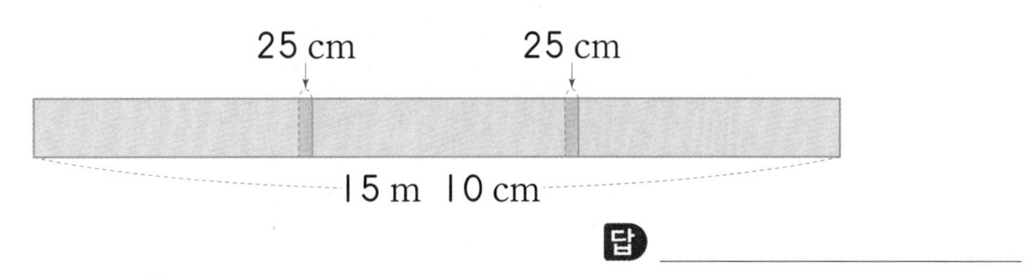

답 ____________________

5 오른쪽과 같이 상자를 묶는 데 사용한 리본의 길이는 모두 4 m 90 cm입니다. □ 안에 알맞은 수를 구하세요. (단, 매듭의 길이는 70 cm입니다.)

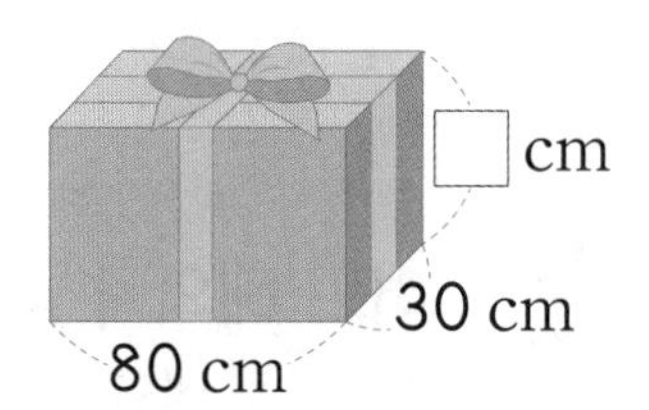

답 ____________________

6 길이가 각각 3 m, 4 m, 5 m인 막대가 1개씩 있습니다. 이 막대를 이용하여 잴 수 있는 길이는 모두 몇 가지인가요?

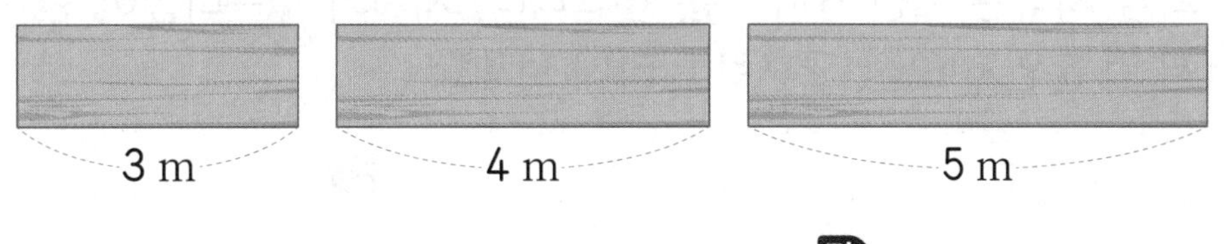

답 ____________________

4 단원 상위권 도전 문제

1 9시 45분부터 20분 전의 시각을 시계에 나타내려고 합니다. 긴바늘이 어떤 숫자를 가리키게 그려야 하는지 쓰세요.

답 

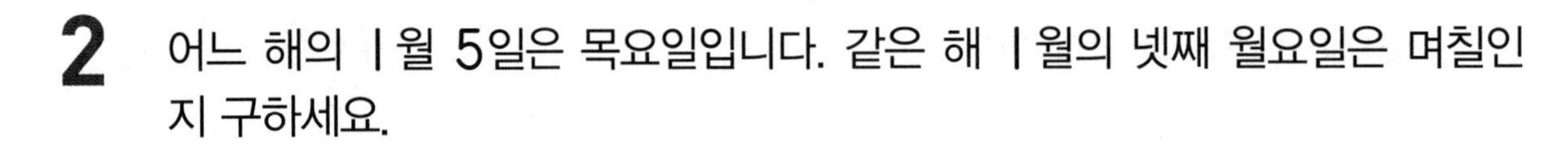

2 어느 해의 1월 5일은 목요일입니다. 같은 해 1월의 넷째 월요일은 며칠인지 구하세요.

답 

수학 교과 역량_추론

3 지금 시각은 오전 6시 5분 전입니다. 시계의 짧은바늘이 한 바퀴 돌면 몇 시 몇 분인지 오전, 오후로 나타내 보세요.

답 ______

▶ 정답과 해설 40쪽

HME 기출 유형

4 어느 해의 11월 달력의 일부분입니다. 같은 해 12월 1일은 무슨 요일인지 구하세요.

11월

일	월	화	수	목	금	토
				1	2	3
4	5	6	7			

 ____________

5 채원이는 다음 시각부터 시작하여 한 가지 게임을 30분씩 하여 모두 4가지 게임을 쉬지 않고 이어서 하였습니다. 게임을 하는 데 걸린 시간은 몇 시간인지 구하고, 끝난 시각을 시계에 나타내 보세요.

시작한 시각

끝난 시각

 ____________

HME 기출 유형

6 설명을 읽고 지우의 생일은 9월 며칠인지 구하세요.

- 정아의 생일은 9월 마지막 날입니다.
- 서윤이는 정아보다 일주일 먼저 태어났습니다.
- 지우는 서윤이보다 72시간 후에 태어났습니다.

 ____________

7 왼쪽 시계는 정확한 시계보다 35분이 늦습니다. 정확한 시각부터 2시간 후의 시각을 오른쪽 시계에 나타내 보세요.

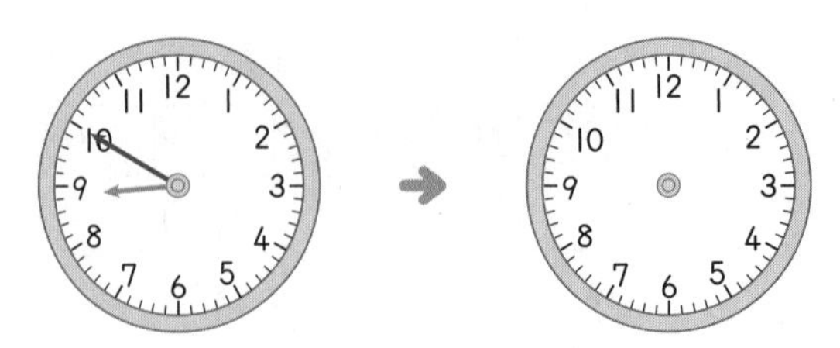

8 스케이트장에서 윤아, 지훈, 세아가 놀고 있습니다. 스케이트장에 온 지 윤아는 95분, 지훈이는 1시간 5분, 세아는 70분이 지났을 때 스케이트장에 먼저 온 순서대로 이름을 쓰세요.

HME 기출 유형

9 동물원의 코끼리 열차는 첫차가 오전 9시 40분에 출발하고 40분 간격으로 운행한다고 합니다. 오전에 코끼리 열차는 모두 몇 번 출발하나요?

수학 교과 역량_문제해결

10 새해맞이 특별 생방송이 시작한 시각과 끝난 시각을 거울에 비친 시계로 보았더니 다음과 같았습니다. 새해맞이 특별 생방송을 한 시간은 몇 시간 몇 분인지 구하세요.

시작한 시각

오후

끝난 시각

다음날 오전

답 ______________________

11 마술 공연 시간표입니다. 1부 공연이 5시에 시작되었다면 2부 공연이 끝난 시각은 몇 시 몇 분인지 구하세요.

마술 공연 시간표	
1부 공연 시간	50분
휴식 시간	20분
2부 공연 시간	60분

 ______________________

HME 기출 유형

12 어느 해의 4월 달력에서 월요일 날짜를 모두 더한 수를 ㉠, 목요일 날짜를 모두 더한 수를 ㉡이라 할 때, ㉠과 ㉡의 차가 17입니다. 같은 해 4월의 화요일 날짜는 며칠인지 모두 쓰세요.

 ______________________

4 단원 경시대회 예상 문제

1 오른쪽은 유민이 아버지가 마라톤 대회에 참가하여 출발한 시각입니다. 시계의 긴바늘이 4바퀴 돌았을 때 도착했다면 유민이 아버지가 도착한 시각은 몇 시 몇 분인지 구하세요.

답 ____________________

2 재희는 우리나라 시각으로 어제 오후 8시에 비행기를 타고 캐나다 밴쿠버 공항에서 출발하여 오늘 오전 6시에 인천 공항에 도착하였습니다. 재희가 탄 비행기가 밴쿠버 공항에서 인천 공항까지 오는 데 걸린 시간은 몇 시간인지 구하세요.

3 오른쪽 모래시계는 모래가 모두 떨어지는 데 50분이 걸립니다. 모래가 모두 떨어졌을 때만 모래시계를 뒤집을 때, 이 모래시계의 모래가 처음 떨어지기 시작할 때부터 2번 뒤집어 모래가 모두 떨어질 때까지 걸리는 시간은 몇 시간 몇 분인지 구하세요. (단, 모래가 모두 떨어지면 쉬지 않고 바로 뒤집습니다.)

▶ 정답과 해설 41쪽

4 하루는 낮과 밤으로 이루어져 있습니다. 어느 날 낮의 길이가 밤의 길이보다 4시간 더 짧았다면 그날 밤의 길이는 몇 시간인지 구하세요.

답 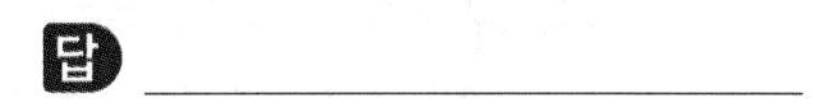

5 10월 달력의 일부분이 찢어져 보이지 않습니다. 진아가 매주 월요일과 목요일에 댄스 학원을 갈 때 10월 한 달 동안 댄스 학원을 가는 날은 모두 며칠인가요? (단, 10월 3일 개천절과 10월 9일 한글날에는 댄스 학원이 쉽니다.)

10월

일	월	화	수	목	금	토
			1	2	3	4
				9	10	11

답

수학 교과 역량_실생활 연결

6 희민이 어머니는 오전 10시에 출발하는 기차를 타려고 합니다. 집에서 기차역까지 가는 데 1시간 10분이 걸립니다. 기차가 출발하기 15분 전까지 기차역에 도착하려면 늦어도 몇 시 몇 분에 집에서 출발해야 하는지 구하세요.

답 

5 단원 상위권 도전 문제

1 동물원에서 보고 싶은 동물을 조사하여 나타낸 표를 보고 그래프로 나타내려고 합니다. 그래프의 가로에 동물을 나타내고 세로에 학생 수를 나타낼 때, 세로에 적어도 몇 명까지 나타낼 수 있어야 하나요?

동물원에서 보고 싶은 동물별 학생 수

동물	코끼리	팬더	기린	호랑이	합계
학생 수(명)	7	9	4		30

답 ____________

수학 교과 역량_문제해결

2 해수네 반 학생들이 체육대회 때 가장 재밌었던 종목을 한 가지씩 조사하여 그래프로 나타냈습니다. 체육대회 기념으로 해수네 반 학생들에게 공책을 한 명 당 2권씩 나누어 주었습니다. 나누어 준 공책은 모두 몇 권인가요?

가장 재밌었던 종목별 학생 수

공굴리기	×	×	×	×		
이어달리기	×	×	×			
박 터트리기	×	×	×	×	×	×
단체 줄넘기	×	×	×	×	×	
줄다리기	×	×				
종목 / 학생 수(명)	1	2	3	4	5	6

 ____________

▶ 정답과 해설 42쪽

HME 기출 유형

3 은서네 반 학생들이 기르고 싶은 반려동물을 조사하여 표로 나타냈습니다. 토끼와 햄스터를 기르고 싶은 학생 수가 같을 때 토끼를 기르고 싶은 학생은 몇 명인가요?

기르고 싶은 반려동물별 학생 수

반려동물	강아지	토끼	고양이	햄스터	합계
학생 수(명)	10		5		29

답 ____________

HME 기출 유형

4 오른쪽 과녁에 성수가 화살을 10번 쏘아 맞힌 결과를 조사하여 표로 나타냈습니다. 성수가 얻은 점수는 몇 점인가요? (단, 화살이 과녁을 빗나가거나 경계선을 맞힌 경우는 없습니다.)

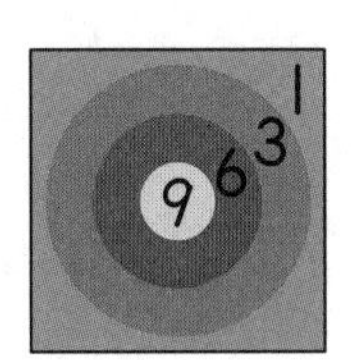

점수별 맞힌 횟수

점수	1점	3점	6점	9점	합계
맞힌 횟수(번)	4	1		3	10

답 ____________

5 세호네 반 모둠별 학생 수를 조사하여 그래프로 나타냈습니다. 지우네 반의 남학생 수는 세호네 반의 남학생 수와 같고, 지우네 반의 여학생 수는 세호네 반의 여학생 수보다 5명이 더 많습니다. 지우네 반 학생은 모두 몇 명인가요?

세호네 반 모둠별 학생 수

5			/			
4	/		/			○
3	/	○	/	○	/	○
2	/	○	/	○	/	○
1	/	○	/	○	/	○
학생 수(명) / 모둠	1		2		3	

/: 남학생
○: 여학생

답 ____________

5 단원 경시대회 예상 문제

1 지원이네 반의 학급 시간표를 보고 표로 나타냈습니다. ㉠에 알맞은 과목과 ㉡에 알맞은 수를 각각 쓰세요.

학급 시간표

교시 \ 요일	월	화	수	목	금
1	국어	수학	수학	겨울	겨울
2	수학	국어	국어	국어	수학
3	안전	안전	겨울	㉠	국어
4	겨울	창체	창체	안전	안전

과목별 수업 횟수

과목	국어	수학	창체	안전	겨울	합계
횟수(회)	5	5	2	㉡	4	20

답 ㉠: __________, ㉡: __________

수학 교과 역량_추론

2 찬희, 우혁, 수진, 지연이가 일주일 동안 일기를 쓰지 않은 날수를 조사하여 그래프로 나타냈습니다. 일기를 쓴 날수가 가장 많은 사람은 누구이고, 며칠인지 차례로 쓰세요.

학생별 일기를 쓰지 않은 날수

4		×		
3	×	×		
2	×	×	×	
1	×	×	×	×
날수(일) / 이름	찬희	우혁	수진	지연

답 __________, __________

수학 교과 역량_문제해결

3 예지네 모둠과 대휘네 모둠 학생들이 수학 시험에서 맞힌 문제 수를 그래프로 나타냈습니다. 대휘네 모둠이 예지네 모둠보다 문제를 2개 더 많이 맞혔다면 설아는 몇 개를 맞혔나요?

예지네 모둠 학생별 맞힌 문제 수

이나	/	/	/	/	/
성호	/	/	/		
예지	/	/			
이름 / 맞힌 문제 수(개)	1	2	3	4	5

대휘네 모둠 학생별 맞힌 문제 수

재환	/	/	/	/	
설아					
대휘	/	/	/		
이름 / 맞힌 문제 수(개)	1	2	3	4	5

답 ______________

4 주은이네 모둠 학생들이 좋아하는 운동을 조사하여 표로 나타냈습니다. 조사할 때 각자 좋아하는 운동을 두 가지씩 골랐다면 주은이네 모둠 학생은 몇 명인가요?

좋아하는 운동별 학생 수

운동	축구	스키	수영	야구	합계
학생 수(명)	4	2	3	7	

답 ______________

5 혜린이네 학교 2학년 학생 40명이 좋아하는 우유의 맛을 조사하여 표로 나타냈습니다. 딸기 맛 우유를 좋아하는 여학생은 딸기 맛 우유를 좋아하는 남학생보다 몇 명 더 많은가요?

좋아하는 우유의 맛별 학생 수

맛	초코	바나나	딸기	합계
남학생 수(명)	9	6		22
여학생 수(명)	3	7		

답 

6 단원 상위권 도전 문제

1 모형을 이용하여 규칙 만들기 놀이를 하고 있습니다. 은수가 다음에 올 모양을 만드는 데 필요한 모형은 몇 개인가요?

답 ______________

수학 교과 역량_실생활 연결

2 색 테이프에 규칙적으로 모양이 그려져 있습니다. 색 테이프의 찢어진 부분으로 알맞은 것을 찾아 기호를 쓰세요.

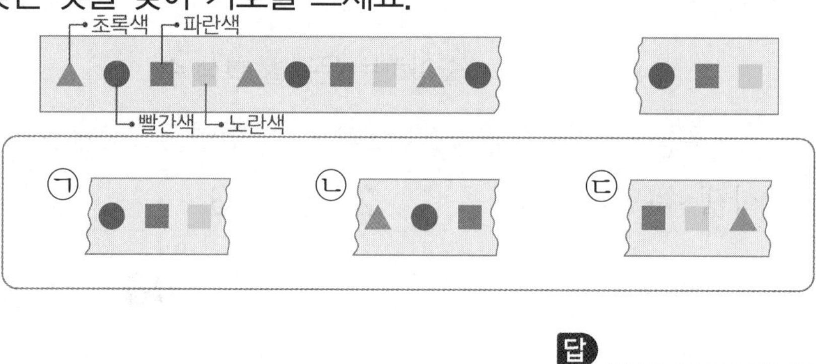

답 ______________

HME 기출 유형

3 그림과 같이 달력의 일부분이 찢어져 보이지 않습니다. 이달의 토요일의 날짜를 모두 더하면 얼마인가요?

일	월	화	수	목	금	토
	1	2	3	4	5	6
7	8	9	10	11		

답 ______________

▶ 정답과 해설 43쪽

4 곱셈표에서 초록색 점선(----)을 따라 접었을 때 ㉠, ㉡, ㉢과 만나는 수 중 가장 큰 수와 가장 작은 수의 합을 구하세요.

×	3	5	8	9
3	9	15	㉠	27
5				㉡
8	24	40		
9	㉢			

답 ____________________

HME 기출 유형

5 규칙에 따라 도형이 놓여 있습니다. ㉠, ㉡, ㉢에 알맞은 도형의 변의 수를 더하면 모두 얼마인가요?

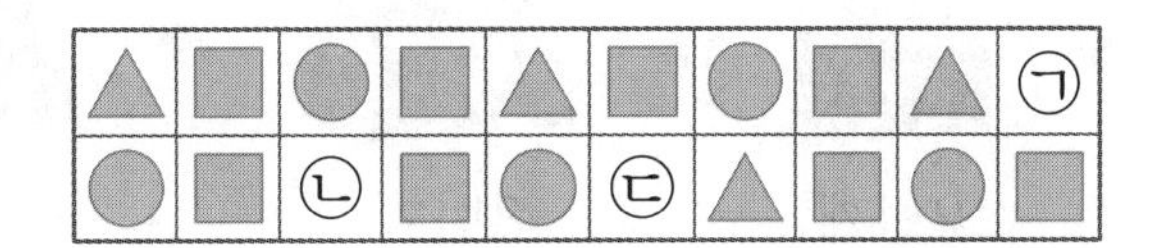

답 ____________________

6 규칙에 따라 수를 늘어놓은 것입니다. □ 안에 알맞은 수를 구하세요.

1, 3, 4, 7, 11, 18, □, 47, ...

1 덧셈표의 일부분입니다. ㉠+㉡+㉢을 구하세요.

	8	10	12	
8	10	㉠	14	
10	12	14	㉡	
		16	18	㉢

답 ____________

2 규칙에 따라 쌓기나무를 쌓았습니다. 쌓기나무 28개를 모두 쌓아 만든 모양은 몇 번째인가요?

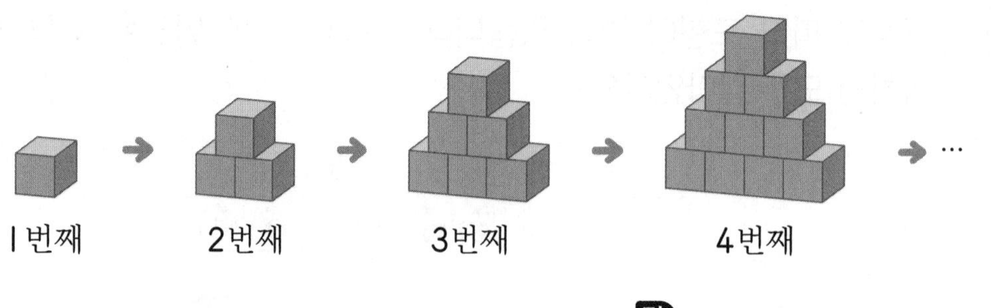

답 ____________

수학 교과 역량_실생활 연결

3 어느 기차역의 기차의 출발 시각을 시계로 나타낸 것입니다. 규칙에 따라 7번째 기차의 출발 시각은 몇 시 몇 분인가요?

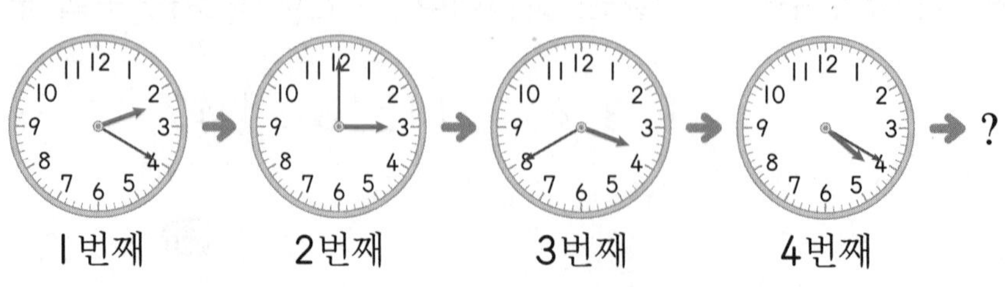

답 ____________

수학 교과 역량_추론

4 서하는 1부터 50까지의 수가 적힌 수 카드를 한 장씩 가지고 있습니다. 다음과 같은 규칙에 따라 수 카드를 뽑아서 차례로 바닥에 놓으려고 합니다. 바닥에 놓고 남은 수 카드는 몇 장인가요?

4, 8, 12, 16, 20, …

답 ______________

5 오른쪽과 같이 규칙에 따라 바둑돌을 늘어놓고 있습니다. 한 줄에 바둑돌이 9개씩 놓일 때 무슨 색 바둑돌이 몇 개 더 많은지 차례로 쓰세요.

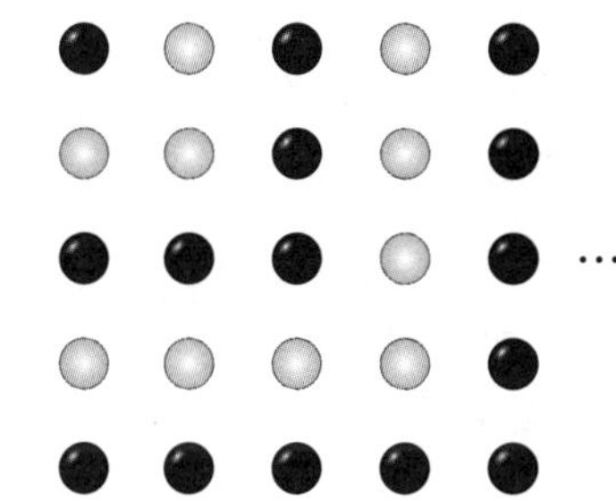

답 ______________, ______________

6 윤우는 바열 네 번째 자리에 앉으려고 합니다. 윤우가 앉을 자리의 번호는 몇 번인가요?

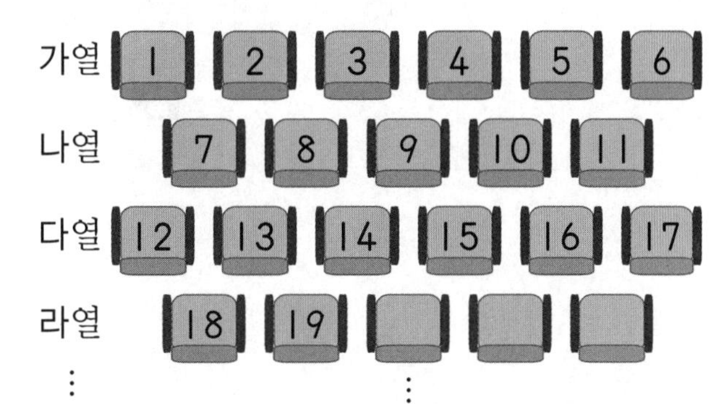

답 ______________

1 규칙에 따라 □ 안에 들어갈 두 도형의 꼭짓점의 수의 합을 구하세요.

 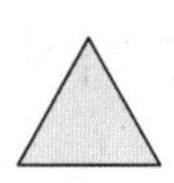

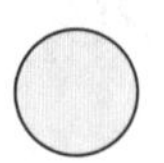 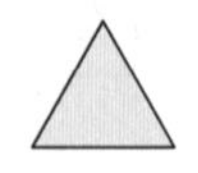  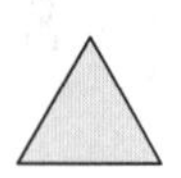 

 ____________

2 선재가 공부를 끝내면서 거울에 비친 시계를 보았더니 다음과 같았습니다. 공부를 시작한 시각이 3시 10분 전이라면 선재가 공부를 한 시간은 몇 시간 몇 분인가요?

 ____________

▶ 정답과 해설 44쪽

3 정연이가 학교에서 출발하여 서점에 들렀다가 집으로 곧장 갔습니다. 정연이가 움직인 거리는 모두 몇 m 몇 cm인가요?

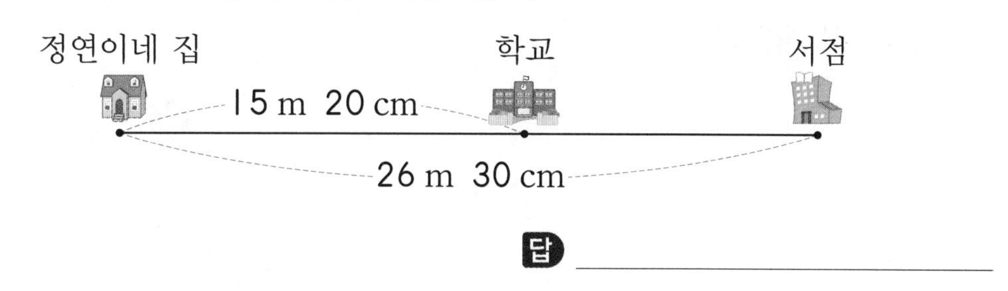

답

4 4576과 4700 사이에 있는 네 자리 수 중에서 일의 자리 숫자가 8인 수는 모두 몇 개인가요?

답 

5 4장의 수 카드를 한 번씩 모두 사용하여 2장씩 짝 지어 더한 수를 각각 ★과 ♥라고 할 때 ★×♥가 될 수 있는 가장 작은 값은 얼마인가요?

2 3 4 5

답 

6 쿠키가 9개씩 들어 있는 상자가 여러 개 있습니다. 각 상자에서 쿠키를 4개씩 꺼내서 세어 보니 모두 28개였습니다. 처음 상자에 들어 있던 쿠키는 모두 몇 개인가요?

7 윤서네 모둠 학생들이 수학 문제를 10개씩 풀고 틀린 문제 수를 조사하여 표로 나타냈습니다. 수학 문제 1개의 점수가 5점씩이라면 25점보다 높은 점수를 받은 학생은 모두 몇 명인가요?

학생별 틀린 문제 수

이름	윤서	기호	세정	영민	합계
틀린 문제 수(개)		8	4	6	20

답

8 규칙에 따라 공깃돌을 놓고 있습니다. 18번째에 놓는 공깃돌은 무슨 색인가요?

▶ 정답과 해설 44쪽

9 1부터 6까지의 수가 적혀 있는 주사위가 다음과 같이 4개 놓여 있습니다. 이 주사위의 마주 보는 부분에 적힌 수의 합은 7입니다. 이때 바닥에 닿는 부분에 적혀 있는 수들을 한 번씩만 사용하여 5000보다 작은 네 자리 수를 만들려고 합니다. 만들 수 있는 수는 모두 몇 개인가요?

답 ______________

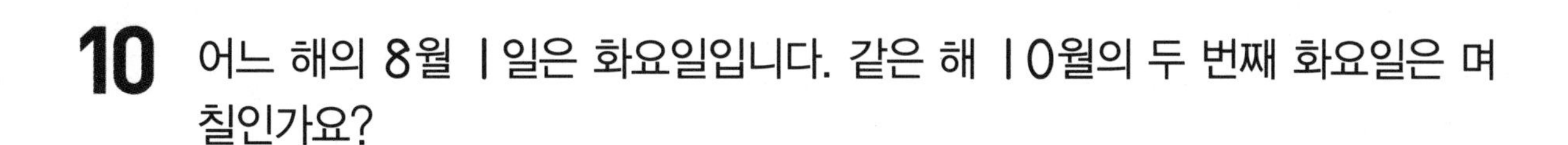

10 어느 해의 8월 1일은 화요일입니다. 같은 해 10월의 두 번째 화요일은 며칠인가요?

답 ______________

MEMO

꼭 알아야 할
사자성어

先 見 之 明

先	見	之	明
먼저	볼	갈	밝을
선	견	지	명

어떤 일이 일어나기 전, 미리 아는 지혜를
'선견지명'이라고 해요.
일기예보를 보고 미리 우산을 챙겨놓는다거나,
늦잠 잘 때를 대비해서 전날 밤 가방을 미리 챙겨놓는 것도
넓은 의미로 '선견지명'이라 할 수 있어요.

교재 내용 문의 ·························· 교재 홈페이지 ▸ 초등 ▸ 교재상담
교재 내용 외 문의 ·························· 교재 홈페이지 ▸ 고객센터 ▸ 1:1문의
발간 후 발견되는 오류 ·························· 교재 홈페이지 ▸ 초등 ▸ 학습지원 ▸ 학습자료실

※ 주의
책 모서리에 다칠 수 있으니 주의하시기 바랍니다.
부주의로 인한 사고의 경우 책임지지 않습니다.
8세 미만의 어린이는 부모님의 관리가 필요합니다.
※ KC 마크는 이 제품이 공통안전기준에 적합하였음을 의미합니다.

시험 대비교재

● **올백 전과목 단원평가**	1~6학년/학기별 (1학기는 2~6학년)
● **HME 수학 학력평가**	1~6학년/상·하반기용
● **HME 국어 학력평가**	1~6학년

논술·한자교재

● **YES 논술**	1~6학년/총 24권
● **천재 NEW 한자능력검정시험 자격증 한번에 따기**	8~5급(총 7권)/4급~3급(총 2권)

영어교재

● **READ ME**	
– Yellow 1~3	2~4학년(총 3권)
– Red 1~3	4~6학년(총 3권)
● **Listening Pop**	Level 1~3
● **Grammar, ZAP!**	
– 입문	1, 2단계
– 기본	1~4단계
– 심화	1~4단계
● **Grammar Tab**	총 2권
● **Let's Go to the English World!**	
– Conversation	1~5단계, 단계별 3권
– Phonics	총 4권

예비중 대비교재

● **천재 신입생 시리즈**	수학/영어
● **천재 반편성 배치고사 기출 & 모의고사**	

배움으로 행복한 내일을 꿈꾸는

천재교육 커뮤니티 안내

교재 안내부터 구매까지 한 번에!

천재교육 홈페이지

자사가 발행하는 참고서, 교과서에 대한 소개는 물론
도서 구매도 할 수 있습니다. 회원에게 지급되는 별을 모아
다양한 상품 응모에도 도전해 보세요!

다양한 교육 꿀팁에 깜짝 이벤트는 덤!

천재교육 인스타그램

천재교육의 새롭고 중요한 소식을 가장 먼저 접하고 싶다면?
천재교육 인스타그램 팔로우가 필수!
깜짝 이벤트도 수시로 진행되니 놓치지 마세요!

수업이 편리해지는

천재교육 ACA 사이트

오직 선생님만을 위한, 천재교육 모든 교재에 대한 정보가 담긴
아카 사이트에서는 다양한 수업자료 및 부가 자료는 물론
시험 출제에 필요한 문제도 다운로드하실 수 있습니다.

https://aca.chunjae.co.kr

천재교육을 사랑하는 샘들의 모임

천사샘

학원 강사, 공부방 선생님이시라면 누구나 가입할 수 있는 천사샘!
교재 개발 및 평가를 통해 교재 검토진으로 참여할 수 있는 기회는 물론
다양한 교사용 교재 증정 이벤트가 선생님을 기다립니다.

아이와 함께 성장하는 학부모들의 모임공간

튠맘 학습연구소

튠맘 학습연구소는 초·중등 학부모를 대상으로 다양한 이벤트와 함께
교재 리뷰 및 학습 정보를 제공하는 네이버 카페입니다.
초등학생, 중학생 자녀를 둔 학부모님이라면 튠맘 학습연구소로 오세요!

book.chunjae.co.kr

22개정 교육과정 반영

수학리더 응용·심화

해법 전략

BOOK 3

2-2

BOOK 1
심화북
실력·응용 문제
+ 문제 해결력 완성

BOOK 2
경시 대비북
상위권 도전 문제
+ 경시대회 예상 문제

리더가 되기 위한
공부 비법

천재교육

해법전략 포인트 3가지

- 혼자서도 이해할 수 있는 친절한 문제 풀이
- 참고, 주의, 중요, 전략 등 자세한 풀이 제시
- 다른 풀이를 제시하여 다양한 방법으로 문제 풀이 가능

Book 1 심화북 정답과 해설

1 네 자리 수

8~13쪽 1단계 기본 유형 연습

1 (1) 100 (2) 200
2 (1) 997, 1000 (2) 960, 980, 1000
3 ㉢
4 400
5 1000장
6 예

/ 400원

7 10원
8 5000
9 3000, 삼천
10 (선 잇기)
11 (위에서부터) 9000, 구천 / 6000, 육천
12 다은
13 6상자
14 7000통

15 3524
16 5, 4, 1, 6
17 8305
18 ㉡
19 2654, 이천육백오십사
20 구천오백, 삼천팔백오십
21 5800원
22 백, 900
23

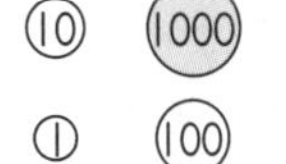

24 500, 40, 5
25 ( )(○)( )
26 ④
27 4000, 90
28 7052

29 4582, 5582, 6582
30 3592, 3602, 3612
31 1
32 (위에서부터) 4650, 4450, 4350, 4250
33 (왼쪽에서부터) 6010, 6110, 6310
34 1000, 100
35 9421
36 3960, 4960, 5960
37 (위에서부터) 1, 4 / 5, 3, 8, 2 / 5382
38 (1) > (2) <
39 ( )(○)
40 4738, 6015에 ○표
41 8326에 ○표, 8130에 △표
42 서영
43 민애

4 1000은 600보다 400만큼 더 큰 수입니다.
따라서 ㉠에 알맞은 수는 400입니다.

참고
950보다 50만큼 더 큰 수는 1000입니다.

7 100원짜리 동전이 9개, 10원짜리 동전이 9개이면 990원입니다.
1000은 990보다 10만큼 더 큰 수이므로 1000원을 내려면 10원이 더 필요합니다.

12 다은: 10이 40개인 수는 400입니다.
시후: 사천을 숫자로 쓰면 4000입니다.
하린: 1000이 4개인 수는 4000입니다.

13 6000은 1000이 6개인 수입니다.
따라서 클립은 모두 6상자가 됩니다.

14 100이 70개이면 7000입니다.
따라서 마늘 70묶음은 모두 7000통입니다.

18 ㉠ 4058 ➔ 사천오십팔
㉢ 7116 ➔ 칠천백십육

주의
네 자리 수를 읽을 때 숫자가 0인 자리는 읽지 않고, 숫자가 1인 자리는 자릿값만 읽습니다.

21 1000원짜리 지폐 5장, 100원짜리 동전 8개는 5800원이므로 낸 돈은 모두 5800원입니다.

23 3333
└➔ 천의 자리 숫자, 3000
➔ 1000을 3개 색칠합니다.

24 6545는 1000이 6개, 100이 5개, 10이 4개, 1이 5개인 수입니다.
➔ $6545=6000+500+40+5$

28

천	백	십	일
7	0	5	2

➔ 7052

33 5810에서 출발하여 100씩 뛰어 셉니다.
➔ 5810−5910−6010−6110−6210−6310

35 1번 2번 3번 4번
9417－9418－9419－9420－9421

36 한 달에 1000원씩 계속 저금하므로 2960에서 출발하여 1000씩 뛰어 셉니다.
➔ 9월 10월 11월 12월
2960원－3960원－4960원－5960원

40 3864＜4723＜4732＜4738＜6015
따라서 4732보다 큰 수는 4738, 6015입니다.

41 천의 자리 숫자가 모두 같으므로 백의 자리 숫자를 비교하면 8326이 가장 큽니다.
8130과 8139의 천, 백, 십의 자리 숫자가 각각 같으므로 일의 자리 숫자를 비교하면 8130이 가장 작습니다.

42 9650＞8538이므로 저금한 금액이 더 많은 사람은 서영입니다.
(9＞8)

43 전략
색 테이프의 길이가 더 짧은 사람을 구해야 하므로 길이를 나타내는 수가 더 작은 쪽을 찾아봅니다.

1726＜1802이므로 민애의 색 테이프의 길이가 더 짧습니다.
(7＜8)

14~15쪽 1단계 기본 유형 완성

1-1 6306, 육천삼백육
1-2 2620, 이천육백이십 1-3 2500원
2-1 ㉡ 2-2 ㉠ 2-3 ㉡, ㉠, ㉢
3-1 (위에서부터) 5056, 4056, 3056, 2056, 1056
3-2 (위에서부터) 3314, 3214, 3114, 3014, 2914, 2814
3-3 10 / 6338, 6268
4-1 2479 4-2 5009 4-3 9개

1-1 1000이 4개 → 4000
100이 23개 → 2300
1이 6개 → 6
6306(육천삼백육)

1-2 1000이 2개 → 2000
100이 1개 → 100
10이 52개 → 520
2620(이천육백이십)

1-3 1000이 1개 → 1000
100이 15개 → 1500
2500
따라서 멜론 맛 우유의 가격은 2500원입니다.

2-1 숫자 5가 나타내는 수를 각각 알아봅니다.
㉠ 9254 → 50 ㉡ 7065 → 5 ㉢ 5027 → 5000
➔ 5＜50＜5000
(㉡ ㉠ ㉢)

2-2 숫자 3이 나타내는 수를 각각 알아봅니다.
㉠ 3176 → 3000 ㉡ 8235 → 30 ㉢ 5390 → 300
➔ 3000＞300＞30
(㉠ ㉢ ㉡)

2-3 밑줄 친 숫자 4가 나타내는 수를 각각 알아봅니다.
㉠ 1642 → 40 ㉡ 4897 → 4000 ㉢ 6234 → 4
➔ 4000＞40＞4
(㉡ ㉠ ㉢)

3-1 천의 자리 숫자가 1씩 작아지도록 뛰어 셉니다.

3-2 백의 자리 숫자가 1씩 작아지도록 뛰어 셉니다.

3-3 십의 자리 숫자가 1씩 작아지므로 10씩 거꾸로 뛰어 센 것입니다.
➔ 6338(㉠)－6328－6318－6308－6298－6288－6278－6268(㉡)

4-1 일의 자리 숫자를 □라 하면 천의 자리 숫자가 2, 백의 자리 숫자가 4, 십의 자리 숫자가 7인 네 자리 수는 247□입니다.
➔ □＝9일 때 가장 큰 수가 되므로 가장 큰 수는 2479입니다.

참고
네 자리 수의 천의 자리에는 1부터 9까지의 숫자가 올 수 있고, 백, 십, 일의 자리에는 0부터 9까지의 숫자가 올 수 있습니다.

4-2 십의 자리 숫자를 □라 하면 천의 자리 숫자가 5, 백의 자리 숫자가 0, 일의 자리 숫자가 9인 네 자리 수는 50□9입니다.
➔ □=0일 때 가장 작은 수가 되므로 가장 작은 수는 5009입니다.

4-3 천의 자리 숫자를 □라 하면 백의 자리 숫자가 6, 십의 자리 숫자가 8, 일의 자리 숫자가 5인 네 자리 수는 □685입니다.
➔ □ 안에는 1부터 9까지의 수가 들어갈 수 있으므로 모두 9개입니다.

16~19쪽 2단계 실력 유형 연습

1 7, 1 **2** 2개
3 ㉠, ㉢ **4** ( )(○)( )
5 예 (1000) (1000) (1000) (1000)
(100) (100) (100) (100) (100) (100) (100) (100) (100) (100)
6 6289에 ○표, 8206에 △표
7 ㉠ **8** 300원

9 윤후 **10** 7, 8, 9에 ○표
11 6000장 **12** 5개
13 예 방법 1 크레파스 1통과 필통 1개를 살 수 있습니다.
방법 2 공책 3권과 형광펜 1통을 살 수 있습니다.
14 4745 **15** 6540, 4056

4 • 천의 자리 숫자는 2이므로 2000을 나타냅니다.
• 백의 자리 숫자는 7입니다.
6은 십의 자리 숫자입니다.
• 일의 자리 숫자는 1입니다.

5 (1000) 3개와 (100) 20개, (1000) 2개와 (100) 30개, (1000) 1개와 (100) 40개로 5000을 나타낼 수도 있습니다.

7 ㉠ 1000이 3개, 100이 2개, 10이 5개, 1이 7개인 수: 3257
㉡ 삼천이백사십팔: 3248
➔ ㉠ 3257>㉡ 3248

8 저금통에 들어 있는 돈은 100원짜리 동전이 6개, 10원짜리 동전이 10개이므로 모두 700원입니다.
1000은 700보다 300만큼 더 큰 수이므로 1000원이 되려면 300원이 더 있어야 합니다.

9 1283<1296<1304이므로 윤후가 번호표를 가장 먼저 뽑았습니다.

10 백의 자리 숫자를 비교하면 3>2이므로 □ 안에는 6보다 큰 숫자가 들어갈 수 있습니다.
따라서 □ 안에는 7, 8, 9가 들어갈 수 있습니다.

11 100장씩 10톳이면 1000장이므로 한 상자에 들어 있는 김은 1000장입니다.
따라서 1000장씩 6상자이면 모두 6000장입니다.
다른 풀이
김이 10톳씩 6상자이면 60톳입니다.
100장씩 10톳이면 1000장이므로 100장씩 60톳이면 6000장입니다. 따라서 6상자에 들어 있는 김은 모두 6000장입니다.

12 2586보다 크고 2592보다 작은 네 자리 수는 2587, 2588, 2589, 2590, 2591로 모두 5개입니다.

13 예 크레파스 1통은 1000원짜리 지폐 4장이 필요하고 필통 1개는 1000원짜리 지폐 2장이 필요하므로 6000원으로 살 수 있습니다.
예 공책 3권은 1000원짜리 지폐 3장이 필요하고 형광펜 1통은 1000원짜리 지폐 3장이 필요하므로 6000원으로 살 수 있습니다.
다른 답
① 공책 6권 ② 필통 3개 ③ 형광펜 2통
④ 공책 4권과 필통 1개 ⑤ 공책 2권과 필통 2개
⑥ 공책 2권과 크레파스 1통
⑦ 공책 1권, 필통 1개, 형광펜 1통

14 4795라고 구한 답이 맞았으므로 4795에서 출발하여 10씩 거꾸로 5번 뛰어 셉니다.
➔ 4795−4785−4775−4765−4755−4745
└➔ 얼룩이 묻어 보이지 않는 수

15 • 가장 큰 수: 6>5>4>0이므로 큰 수부터 순서대로 쓰면 6540입니다.
• 가장 작은 수: 0<4<5<6인데 0은 천의 자리에 올 수 없으므로 4056입니다.

20~25쪽 3단계 심화 유형 연습

심화 1 ① 예

② 2200원

1-1 1700원 1-2 3400원

심화 2 ① (위에서부터) 1700, 130

② 5830장

2-1 9590개 2-2 7315개

심화 3 ① 0, 1, 2, 3, 4, 5에 ○표

② 6개

3-1 3개 3-2 4개

심화 4 ① 1000, 5

② (위에서부터) 6019, 5019, 4019, 3019, 2019 / 2019

③ 2319

4-1 7285 4-2 4360

심화 5 ① 6 ② 8, 5, 4, 1 ③ 8564

5-1 9374 5-2 2803

심화 6 ① 3 ② 3, 7 ③ 10개

6-1 9개 6-2 9210

심화 1 ① 과자의 가격은 1400원이므로 낸 돈에서 1000원짜리 지폐 1장과 100원짜리 동전 4개를 묶습니다.

② 위 ①에서 묶고 남은 돈은 1000원짜리 지폐 2장과 100원짜리 동전 2개이므로 음료수의 가격은 2200원입니다.

1-1 ① 초콜릿 맛 우유의 가격은 1200원이므로 낸 돈에서 1000원짜리 지폐 1장과 100원짜리 동전 2개를 묶습니다.

예

② 묶고 남은 돈은 1000원짜리 지폐 1장과 100원짜리 동전 7개이므로 딸기 맛 우유의 가격은 1700원입니다.

1-2 ① 2000은 1000이 2개인 수이고, 수첩을 2권 샀으므로 낸 돈에서 1000원짜리 지폐를 2장씩 두 번 묶습니다.

예

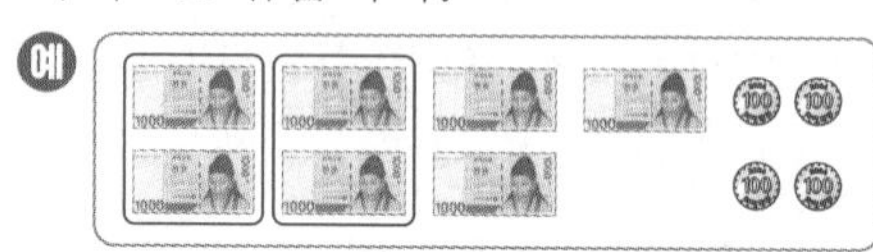

② 묶고 남은 돈은 1000원짜리 지폐 3장과 100원짜리 동전 4개이므로 필통 1개의 가격은 3400원입니다.

심화 2 ① • 100장씩 10묶음은 1000장이므로 100장씩 17묶음은 1700장입니다.

• 10장씩 10묶음은 100장이므로 10장씩 13묶음은 130장입니다.

2-1 전략

상자별로 탁구공이 몇 개인지 구한 후 모두 몇 개인지 구합니다.

① 1000개씩 8상자 → 8000개

100개씩 14상자 → 1400개

10개씩 19상자 → 190개

② 탁구공은 모두 9590개입니다.

2-2 ① 1000개씩 5상자 → 5000개

100개씩 23상자 → 2300개

낱개 15개 → 15개

② 옷걸이는 모두 7315개입니다.

심화 3 ① 천, 백의 자리 숫자가 각각 같고, 일의 자리 숫자를 비교하면 $1<3$이므로 □ 안에는 5와 같거나 5보다 작은 숫자가 들어갈 수 있습니다.

② □ 안에 들어갈 수 있는 숫자는 0, 1, 2, 3, 4, 5로 모두 6개입니다.

3-1 ① 천, 백의 자리 숫자가 각각 같고, 일의 자리 숫자를 비교하면 $4<6$이므로 □ 안에는 7과 같거나 7보다 큰 숫자가 들어갈 수 있습니다.

② □ 안에 들어갈 수 있는 숫자는 7, 8, 9로 모두 3개입니다.

3-2 전략

주어진 조건을 이용하여 □를 사용한 네 자리 수로 나타낸 다음 >, <를 사용하여 나타내어 □ 안에 들어갈 수 있는 숫자를 구합니다.

1 백의 자리 숫자를 □라 하면 천의 자리 숫자가 6, 십의 자리 숫자가 9, 일의 자리 숫자가 7인 네 자리 수는 6□97입니다.
2 6□97 < 6480에서 천의 자리 숫자가 같고 십의 자리 숫자를 비교하면 9 > 8이므로 □ 안에는 4보다 작은 숫자가 들어갈 수 있습니다.
→ 0, 1, 2, 3
3 6097, 6197, 6297, 6397로 모두 4개입니다.

심화 4 2 7019에서 출발하여 1000씩 거꾸로 5번 뛰어 세면
7019－6019－5019－4019－3019－2019이므로 어떤 수는 2019입니다.
3 2019에서 출발하여 100씩 3번 뛰어 세면
2019－2119－2219－2319입니다.

4-1 1 어떤 수를 구하려면 5315에서 출발하여 10씩 거꾸로 3번 뛰어 세어야 합니다.
2 5315－5305－5295－5285이므로 어떤 수는 5285입니다.
3 5285에서 출발하여 1000씩 2번 뛰어 세면
5285－6285－7285입니다.

4-2 전략
잘못 뛰어 센 것을 이용하여 먼저 어떤 수를 구합니다.

1 어떤 수를 구하려면 8320에서 출발하여 1000씩 거꾸로 4번 뛰어 세어야 합니다.
2 8320－7320－6320－5320－4320이므로 어떤 수는 4320입니다.
3 바르게 뛰어 세기:
4320에서 출발하여 10씩 4번 뛰어 세면
4320－4330－4340－4350－4360입니다.

심화 5 1 십의 자리 숫자가 6이면 60을 나타냅니다.
2 6을 뺀 나머지 수 4, 1, 5, 8의 수의 크기를 비교합니다.
3 십의 자리에 6을 먼저 쓰고 나머지 수 8, 5, 4, 1 중 큰 수부터 순서대로 3개의 수를 천, 백, 일의 자리에 써서 네 자리 수를 만듭니다.
→ 8564

5-1 1 백의 자리 숫자가 3이면 300을 나타냅니다.
2 3을 뺀 나머지 수의 크기 비교하기:
9 > 7 > 4 > 2
3 백의 자리에 3을 먼저 쓰고 나머지 수 9, 7, 4, 2 중 큰 수부터 순서대로 3개의 수를 천, 십, 일의 자리에 써서 네 자리 수를 만듭니다.
→ 9374

5-2 1 8을 뺀 나머지 수의 크기 비교하기:
0 < 2 < 3 < 9
2 0은 천의 자리에 올 수 없으므로 가장 작은 수를 만들 때 천의 자리에 2를 씁니다.
3 가장 작은 네 자리 수 만들기:
천의 자리에 2를, 백의 자리에 8을 쓴 후 나머지 수 0, 3, 9 중 0과 3을 십, 일의 자리에 순서대로 써서 네 자리 수를 만듭니다. → 2803

심화 6 1 3000보다 크고 4000보다 작으므로 천의 자리 숫자는 3입니다.
2 천의 자리 숫자는 3이고, 백의 자리 숫자는 7이므로 네 자리 수 37□□로 나타냅니다.
3 네 자리 수 37□□ 중에서 십의 자리 숫자와 일의 자리 숫자가 같은 수는 3700, 3711, ..., 3788, 3799이므로 모두 10개입니다.

6-1 1 5000보다 크고 6000보다 작으므로 천의 자리 숫자는 5입니다.
2 천의 자리 숫자는 5이고, 일의 자리 숫자는 2이므로 네 자리 수 5□□2로 나타냅니다.
3 네 자리 수 5□□2 중에서 백의 자리 숫자가 십의 자리 숫자보다 1만큼 더 큰 수는 5102, 5212, ..., 5982이므로 모두 9개입니다.

6-2 1 9000보다 크므로 천의 자리 숫자는 9입니다.
2 천의 자리 숫자가 9이므로 백, 십, 일의 자리 숫자의 합은 12－9＝3입니다.
3 합이 3인 서로 다른 세 수는 0, 1, 2이므로 백의 자리 숫자는 2, 십의 자리 숫자는 1, 일의 자리 숫자는 0입니다.
→ 조건을 모두 만족하는 네 자리 수는 9210입니다.

참고
세 번째 조건에서 백, 십, 일의 자리 숫자 중 백의 자리 숫자가 가장 크고, 일의 자리의 숫자가 가장 작습니다.

26~27쪽 3단계 심화 유형 완성

1 4, 1, 2, 3 | 2 80봉지
3 4병 | 4 5304
5 희윤, 준서 | 6 5가지

1 1988, 1919, 1945, 1950의 크기를 비교하면 1919 < 1945 < 1950 < 1988입니다.
연도의 수가 작을수록 먼저 일어난 일이므로 작은 수부터 차례로 1, 2, 3, 4를 써넣습니다.

2 1000은 10이 100개인 수이므로 호두 1000개를 한 봉지에 10개씩 담으면 모두 100봉지에 담게 됩니다.
→ 100은 20보다 80만큼 더 큰 수이므로 앞으로 80봉지를 더 담아야 합니다.

3 1000원짜리 지폐 5장, 100원짜리 동전 4개이므로 윤수가 가지고 있는 돈은 5400원입니다.
→ 주스 1병의 값은 1200원이고
1병 2병 3병 4병 5병
1200원—2400원—3600원—4800원—6000원
이므로 주스를 4병까지 살 수 있습니다.

주의
가지고 있는 돈이 5400원이므로 주스의 값이 5400원을 넘지 않게 사야 합니다. 주스 5병의 값은 6000원이므로 5400원을 넘습니다. 따라서 4병까지 살 수 있습니다.

4 500씩 2번 뛰어 세는 것은 1000씩 1번 뛰어 세는 것과 같으므로
500씩 8번 뛰어 세는 것은 1000씩 4번 뛰어 세는 것과 같습니다.
어떤 수를 구하려면 9304에서 출발하여 1000씩 거꾸로 4번 뛰어 세어야 합니다.
9304—8304—7304—6304—5304이므로 어떤 수는 5304입니다.

5 천의 자리 숫자를 비교하면 9 > 8이므로 희윤, 승아가 준서, 주현이보다 더 많이 걸었습니다.
• 천의 자리 숫자가 9인 9□94와 902□ 중 9□94의 □ 안에 0을 넣고, 902□의 □ 안에 9를 넣어도 9094 > 9029이므로 9□94가 가장 큽니다.
• 천의 자리 숫자가 8인 8□00과 89□6 중 8□00의 □ 안에 9를 넣고, 89□6의 □ 안에 0을 넣어도 8900 < 8906이므로 8□00이 가장 작습니다.
따라서 어제 걸은 걸음 수가 가장 많은 사람은 희윤이고, 가장 적은 사람은 준서입니다.

6 500원짜리 동전이 2개이면 1000원, 100원짜리 동전이 10개이면 1000원이므로 1000원짜리 지폐를 5장, 4장, 3장 사용하는 경우로 나누어 5000원을 내는 방법을 생각해 봅니다.

	방법 1	방법 2	방법 3	방법 4	방법 5
1000원짜리 지폐	5장	4장	4장	4장	3장
500원짜리 동전	•	2개	1개	•	2개
100원짜리 동전	•	•	5개	10개	10개

→ 5000원을 내는 방법은 5가지입니다.

참고
500원짜리와 100원짜리 동전은 모두 2000원이므로 1000원짜리 지폐를 2장 또는 1장을 사용하거나 사용하지 않고 5000원을 내는 방법은 없습니다.

28~29쪽 Test 단원 실력 평가

1 4000, 사천 | 2 9032
3 > | 4 ③, ④
5 (선 잇기) | 6 (위에서부터) 3924, 4124, 4224
7 7000원 | 8 행복 마을
9 5000개 | 10 0, 1, 2, 3
11 7510
12 예 ❶ 천 원짜리 지폐 4장은 4000원, 백 원짜리 동전 6개는 600원, 십 원짜리 동전 28개는 280원입니다.
❷ 저금통에 들어 있는 돈은 모두 4880원입니다.
답 4880원
13 10개
14 예 ❶ 십의 자리 숫자가 4이면 40을 나타냅니다.
❷ 4를 뺀 나머지 수의 크기 비교하기: 7 > 6 > 5 > 0
❸ 십의 자리에 4를 먼저 쓰고 나머지 수 7, 6, 5, 0 중 큰 수부터 순서대로 3개의 수를 천, 백, 일의 자리에 써서 네 자리 수를 만듭니다.
→ 7645
답 7645

5 • 400보다 600만큼 더 큰 수는 1000입니다.
• 500보다 500만큼 더 큰 수는 1000입니다.

6 백의 자리 숫자가 1 커졌으므로 100씩 뛰어 센 것입니다.
➡ 3724−3824−3924−4024−4124−4224

7 1000이 7개이면 7000입니다.
➡ 나은이의 지갑에 있는 돈은 모두 7000원입니다.

8 1950>1915>1708이므로 가장 많은 사람이 사는 마을은 행복 마을입니다.

9 100이 50개이면 5000입니다.
따라서 50상자에는 귤이 모두 5000개 들어 있습니다.

10 천, 백의 자리 숫자가 각각 같고 일의 자리 숫자를 비교하면 9>7이므로 □ 안에는 4보다 작은 숫자가 들어갈 수 있습니다.
따라서 □ 안에 들어갈 수 있는 숫자는 0, 1, 2, 3입니다.

11 어떤 수를 구하려면 7540에서 출발하여 10씩 거꾸로 3번 뛰어 세어야 합니다.
7540−7530−7520−7510이므로 어떤 수는 7510입니다.

12 평가 기준
❶ 천 원짜리 지폐, 백 원짜리 동전, 십 원짜리 동전이 각각 얼마인지 구함.
❷ 저금통에 들어 있는 돈은 모두 얼마인지 구함.

13 • 6000보다 크고 7000보다 작으므로 천의 자리 숫자는 6입니다.
• 십의 자리 숫자가 8이면 80을 나타냅니다.
• 천의 자리 숫자가 6, 십의 자리 숫자가 8, 일의 자리 숫자가 5이므로 네 자리 수는 6□85입니다.
➡ □ 안에는 0부터 9까지의 숫자가 들어갈 수 있으므로 조건을 모두 만족하는 네 자리 수는 10개입니다.

14 평가 기준
❶ 십의 자리 숫자를 구함.
❷ 4를 뺀 나머지 수의 크기를 비교함.
❸ 조건에 맞는 네 자리 수를 만듦.

2 곱셈구구

34~40쪽 1단계 기본 유형 연습

1 6, 12
2 (1) 10 (2) 3, 15
3 4 / 2
4
5 >
6 5×4=20 / 20개
7 6짝
8 3, 9
9 현서
10 3, 18 / 6, 18
11 (왼쪽에서부터) 27, 3
12 (0, 5, 10, 15, 20) / 12, 12
13 24, 54, 48
14 3×7=21 / 21개

15
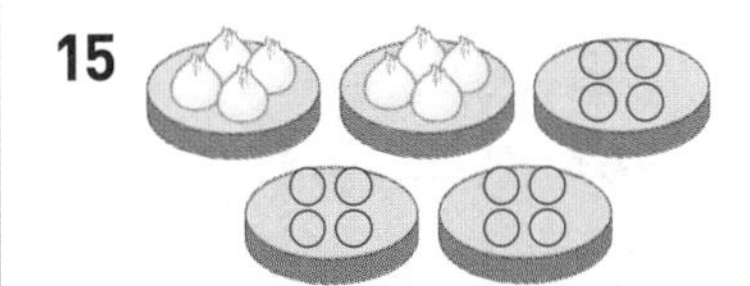

16 5 / 8, 8, 8, 8, 8 / 40
17 4×4=16
18 6, 24 / 3, 24
19
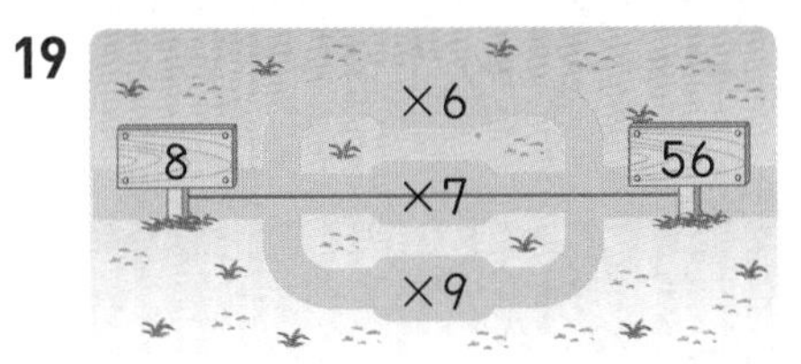

20 현주
21 8×8=64 / 64명
22 5, 35
23 9×5=45
24 (위에서부터) 3 / 28 / 35 / 6 / 7 / 56 / 9, 63
25 ㉡
26 >
27 72장
28 ㉢

29 (1) 2 / 5, 5 (2) 0 / 6, 0
30 0
31
32 6, 6
33 0, 0
34 1×3=3 / 3점
35 0×3=0 / 0점

36

×	0	1	2	3	4	5	6	7	8	9
0	0	0	0	0	0	0	0	0	0	0
1	0	1	2	3	4	5	6	7	8	9
2	0	2	4	6	8	10	12	14	16	18
3	0	3	6	9	12	15	18	21	24	27
4	0	4	8	12	16	20	24	28	32	36
5	0	5	10	15	20	25	30	35	40	45
6	0	6	12	18	24	30	36	42	48	54
7	0	7	14	21	28	35	42	49	56	63
8	0	8	16	24	32	40	48	56	64	72
9	0	9	18	27	36	45	54	63	72	81

37 4 / 0, 5 / 7
38 같습니다에 ○표
39 9×5
40 4×9, 6×6, 9×4

41

×	1	2	3	4	5	6	7	8	9
6	6	12	18	24	30	36	42	48	54
7	7	14	21	28	35	42	49	56	63
9	9	18	27	36	45	54	63	72	81

42 2 / 8, 16
43 12개
44 6, 18 / 18
45 5, 9, 45
46 $2\times7=14$ / 14권
47 3 / 5 / 41

5 $5\times9=45$ ➔ $45>40$

6 (전체 달걀 수)=(한 줄에 있는 달걀 수)×(줄 수)
$=5\times4=20$(개)

7 (전체 신발 짝의 수)
=(신발 한 켤레의 짝의 수)×(켤레 수)
$=2\times3=6$(짝)

9 현서: 6×4에 6을 더해서 구할 수 있습니다.

10 • 초콜릿이 한 상자에 6개씩 3상자
➔ 6개씩 3묶음 ➔ $6\times3=18$
• 초콜릿이 3개씩 포장된 것이 6개
➔ 3개씩 6묶음 ➔ $3\times6=18$

11 3×9는 3×8에 3을 더합니다.

참고
3단 곱셈구구에서 곱하는 수가 1 커지면 그 곱은 3만큼 커집니다.

19 $8\times6=48$, $8\times7=56$, $8\times9=72$

25 ㉡ $9\times6=54$

26 $7\times8=56$, $9\times4=36$ ➔ $56>36$

28 ㉠ $7+7+7+7+7+7=7\times6=42$
㉡ 7×5에 7을 더하면 $7\times6=42$입니다.
㉢ 7×5와 7×2를 더하면 $7\times7=49$가 됩니다.

29 (1) 1과 어떤 수의 곱은 항상 어떤 수 자신이 됩니다.
➔ $1\times2=2$, $1\times5=5$
(2) 0과 어떤 수의 곱은 항상 0이 됩니다.
➔ $0\times4=0$, $0\times6=0$

34 수현이는 1점짜리를 3번 맞혔습니다.
➔ $1\times3=3$(점)

35 동우는 0점짜리를 3번 맞혔습니다.
➔ $0\times3=0$(점)

36 세로줄과 가로줄의 수가 만나는 칸에 두 수의 곱을 씁니다.

38 $2\times3=6$과 $3\times2=6$, $2\times4=8$과 $4\times2=8$, $2\times5=10$과 $5\times2=10$, ...과 같이 점선(----)을 따라 접었을 때 만나는 수는 같습니다.

39 점선을 따라 접었을 때 만나는 곱셈구구의 곱이 같으므로 곱하는 두 수의 순서를 서로 바꾸어도 곱이 같습니다. ➔ $5\times9=9\times5$

40 $4\times9=36$, $6\times6=36$, $9\times4=36$

45 떡이 한 상자에 5개씩 9상자이므로 떡은 모두 $5\times9=45$(개)입니다.

46

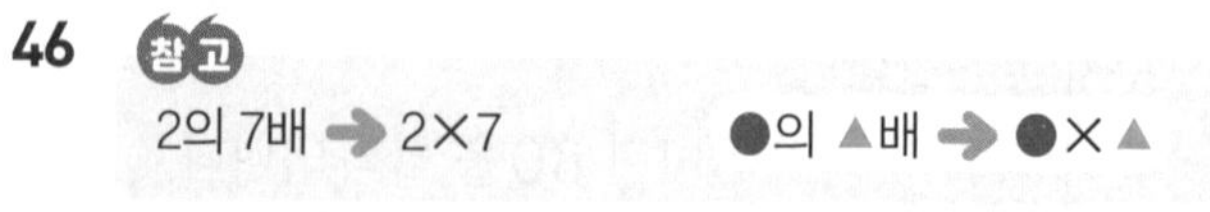
참고
2의 7배 ➔ 2×7 ●의 ▲배 ➔ ●×▲

47

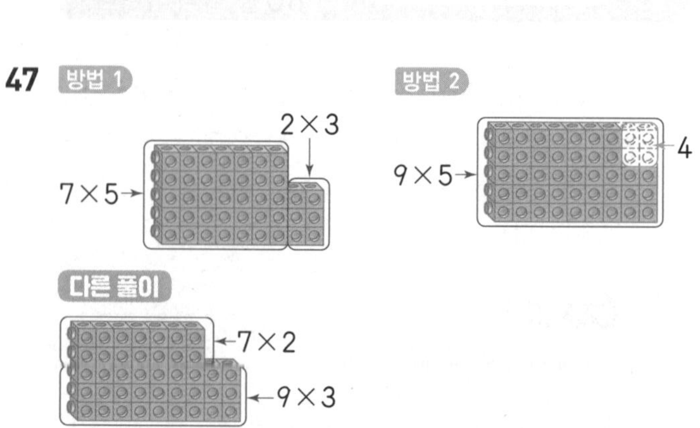

$7\times2=14$와 $9\times3=27$을 더하면 41입니다.

41~42쪽 1단계 기본 유형 완성

1-1 3, 12	**1**-2 3, 24	**1**-3 3, 25
2-1 54	**2**-2 12	**2**-3 6, 9, 54
3-1 8	**3**-2 7	**3**-3 9
4-1 4, 28	**4**-2 3, 18	**4**-3 9, 27

1-1 3×3=9에 3을 더하면 9+3=12입니다.

1-2 4×2=8을 3번 더하면 8+8+8=24입니다.

1-3 5×2=10과 5×3=15를 더하면 10+15=25입니다.

2-1 ㉠=6, ㉡=9 ➔ ㉠×㉡=6×9=54

2-2 ♥=2, ★=6 ➔ ♥×★=2×6=12

2-3 곱하는 두 수의 순서를 서로 바꾸어도 곱은 같습니다.
➔ 9×6=6×9=54

참고
곱셈구구의 곱이 생각나지 않거나 구하기 어려운 경우 곱하는 두 수의 순서를 바꾸어 계산할 수 있습니다.

3-1 3단 곱셈구구에서 곱이 24인 경우는 3×8=24이므로 □ 안에 알맞은 수는 8입니다.

3-2 8단 곱셈구구에서 곱이 56인 경우는 8×7=56이므로 □ 안에 알맞은 수는 7입니다.

3-3 • 5단 곱셈구구에서 곱이 15인 경우는 5×3=15이므로 ㉠=3입니다.
• 6단 곱셈구구에서 곱이 36인 경우는 6×6=36이므로 ㉡=6입니다.
➔ ㉠+㉡=3+6=9

4-1 7단 곱셈구구를 이용하여 세 수가 모두 들어가는 곱셈식을 완성합니다.
7×2=14(×), 7×4=28(◯), 7×8=56(×)

4-2 6단 곱셈구구를 이용하여 세 수가 모두 들어가는 곱셈식을 완성합니다.
6×8=48(×), 6×1=6(×), 6×3=18(◯)

4-3 3단 곱셈구구를 이용하여 고른 세 수가 모두 들어가는 곱셈식을 완성합니다.
3×9=27(◯), 3×2=6(×),
3×4=12(×), 3×7=21(×)

43~47쪽 2단계 실력 유형 연습

1 8, 24 / 4, 24

2 예 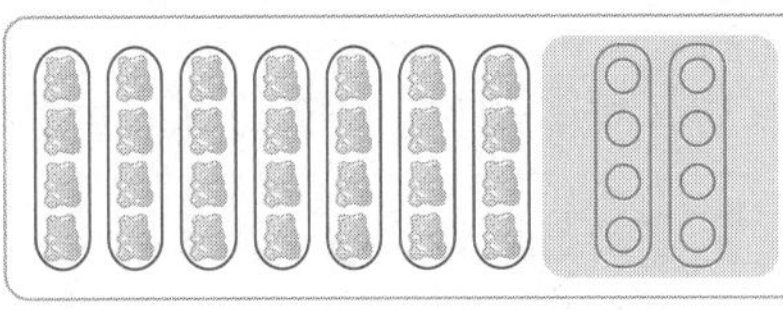 / 2, 8

3 48 / 48

4 6, 54　　**5** 건우

6

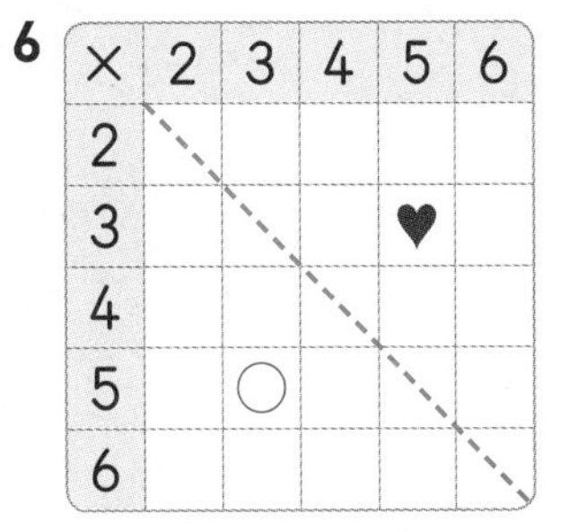

7 7×8=56 / 56 cm

8

72, 18, ×8, ×2, 9, ×7, ×5, 63, 45

9

10

×	0	3	4	6	7	8
3	0	9	12	18	21	24
4	0	12	16	24	28	32
6	0	18	24	36	42	48
7	0	21	28	42	49	56
8	0	24	32	48	56	64

11 3×8, 6×4, 8×3

12 79　　**13** ㉡

14 0×3=0, 2×1=2, 3×0=0 / 4점

15 예 9씩 4묶음이므로 9×4=36(개)입니다. /
예 9×2를 2번 더합니다. 9×2=18이므로 18+18=36(개)입니다.

16 29　　**17** 32자루

18 27컵　　**19** 키위

1 3개씩 묶으면 8묶음입니다. ➔ $3\times8=24$

6개씩 묶으면 4묶음입니다. ➔ $6\times4=24$

2 4×9는 4×7보다 4씩 2묶음이 더 많습니다.
➔ 4씩 2묶음은 $4\times2=8$이므로 4×9는 4×7보다 8만큼 더 큽니다.

3 8씩 6묶음은 6씩 8묶음과 같습니다.
➔ $8\times6=6\times8=48$

4 $2\times3=6$, $6\times9=54$

5 건우: (어떤 수)$\times0=0$
지안: $1\times$(어떤 수)=(어떤 수)

6 ♥$=3\times5$입니다.
곱하는 두 수의 순서를 서로 바꾸어도 곱은 같으므로 $3\times5=5\times3$입니다.
➔ 곱셈구구 5×3의 위치를 찾아 ○표 합니다.

7 (머리핀 8개의 길이)
=(머리핀 한 개의 길이)$\times8$
$=7\times8=56$ (cm)

8 $9\times8=72$, $9\times7=63$, $9\times5=45$

9 $4\times1=4$, $4\times2=8$, $4\times3=12$,
$4\times4=16$, $4\times5=20$, $4\times6=24$,
$4\times7=28$, $4\times8=32$, $4\times9=36$
➔ 4, 8, 12, 16, 20, 24, 28, 32, 36을 차례대로 잇습니다.

11 4×6은 24입니다. 곱이 24인 곱셈구구는 3×8, 6×4, 8×3입니다.

참고
곱하는 두 수의 순서를 서로 바꾸어도 곱이 같습니다.

12 $6\times5=30$ ➔ ㉠$=30$
$7\times7=49$ ➔ ㉡$=49$
따라서 ㉠과 ㉡에 알맞은 수의 합은 $30+49=79$입니다.

13 ㉠ $9\times6=54$ ㉢ $9\times7=63$ ㉣ $9\times9=81$
따라서 9단 곱셈구구의 값이 아닌 것은 ㉡입니다.

14 0을 3번 꺼냈으므로 $0\times3=0$(점),
1을 2번 꺼냈으므로 $1\times2=2$(점),
2를 1번 꺼냈으므로 $2\times1=2$(점),
3을 0번 꺼냈으므로 $3\times0=0$(점)입니다.
따라서 얻은 점수는 모두 $0+2+2+0=4$(점)입니다.

참고
(■가 적힌 공을 ▲번 꺼냈을 때의 점수)=(■×▲)점

주의
0이 적힌 공은 아무리 많이 꺼내어도 점수를 얻을 수 없습니다.

15 '9×3에 9를 더합니다.' 등 여러 가지 방법으로 설명할 수 있습니다.

평가 기준
공깃돌의 수를 구하는 방법을 바르게 썼으면 정답으로 합니다.

16 • $4\times2=2\times4$ → ■$=4$
• $6\times3=3\times6$ → ▲$=6$
➔ ■×▲$=4\times6=24$이므로 24보다 5만큼 더 큰 수는 $24+5=29$입니다.

17 (6상자에 들어 있는 크레파스의 수)
$=6\times6=36$(자루)
➔ (부러지지 않은 크레파스의 수)
$=36-4=32$(자루)

18 (두 사람이 매일 아침에 마시는 물의 양)
$=1+2=3$(컵)
(두 사람이 9일 동안 아침에 마시는 물의 양)
$=3\times9=27$(컵)

다른 풀이
(은우가 9일 동안 아침에 마시는 물의 양)
$=1\times9=9$(컵)
(서준이가 9일 동안 아침에 마시는 물의 양)
$=2\times9=18$(컵)
➔ (두 사람이 9일 동안 아침에 마시는 물의 양)
$=9+18=27$(컵)

19 (키위의 수)$=5\times4=20$(개)
(배의 수)$=8\times2=16$(개)
➔ $20>16$이므로 키위가 배보다 더 많습니다.

48~53쪽 3단계 심화 유형 연습

심화 1 ① 7 ② 커야에 ○표 ③ 8, 9
1-1 1, 2, 3　　1-2 4
심화 2 ① 8, 3, 2, 1 ② 8, 3 ③ 24
2-1 54　　2-2 10

심화 3 ① 24개 ② 4, 24 ③ 6줄
3-1 9줄　　3-2 6줄
심화 4 ① 5점 ② 0점 ③ 5점
4-1 3점　　4-2 8명

심화 5 ① 7, 14, 21, 28, 35, 42, 49, 56, 63 ② 7, 14, 21, 28 ③ 28 ④ 28
5-1 30　　5-2 63
심화 6 ① 5 ② 6 ③ 42
6-1 56　　6-2 72

심화 1 ① $3\times7=21$이므로 ■는 7입니다.
③ ■에 들어갈 수 있는 수는 7보다 큰 수인 8, 9입니다.

1-1 ① $4\times\square=16$일 때 $4\times4=16$이므로 □는 4입니다.
② $4\times\square<16$이므로 □ 안에 들어갈 수 있는 수는 4보다 작아야 합니다.
③ □ 안에 들어갈 수 있는 수는 4보다 작은 수인 1, 2, 3입니다.

1-2 ① $\square\times6=30$일 때 $5\times6=30$이므로 □는 5입니다.
② $\square\times6<30$이므로 □ 안에 들어갈 수 있는 수는 5보다 작아야 합니다.
③ □ 안에 들어갈 수 있는 수는 5보다 작은 수인 1, 2, 3, 4이고, 이 중 가장 큰 수는 4입니다.

심화 2 ② 곱하는 두 수가 클수록 곱이 크므로 가장 큰 수 8과 둘째로 큰 수 3을 골라야 합니다.
③ $8\times3=24$

2-1 ① $9>6>5>4$
② 곱하는 두 수가 클수록 곱이 크므로 가장 큰 수 9와 둘째로 큰 수 6을 골라야 합니다.
③ $9\times6=54$

2-2 ① $2<5<7<8<9$
② 곱하는 두 수가 작을수록 곱이 작으므로 가장 작은 수 2와 둘째로 작은 수 5를 골라야 합니다.
③ $2\times5=10$

심화 3 ① $8\times3=24$(개)
② 귤은 모두 24개이고, 귤이 한 줄에 4개씩 ■줄이므로 $4\times$■$=24$입니다.
③ $4\times$■$=24$에서 $4\times6=24$이므로 한 줄에 4개씩 놓으면 6줄이 됩니다.

3-1 ① 수박은 모두 $6\times3=18$(개)입니다.
② 수박을 한 줄에 2개씩 다시 놓았을 때의 줄 수를 □라고 하면 $2\times\square=18$입니다.
③ $2\times9=18$이므로 한 줄에 2개씩 놓으면 9줄이 됩니다.

3-2 ① 처음에 있던 딸기는 $8\times4=32$(개)이고 4개를 더 가져 왔으므로 딸기는 모두 $32+4=36$(개)입니다.
② 딸기를 한 줄에 6개씩 다시 놓았을 때의 줄 수를 □라고 하면 $6\times\square=36$입니다.
③ $6\times6=36$이므로 한 줄에 6개씩 놓으면 6줄이 됩니다.

심화 4 ① [1]을 5번 뽑으면 $1\times5=5$(점)입니다.
② [0]을 4번 뽑으면 $0\times4=0$(점)입니다.
③ $5+0=5$(점)

4-1 ① ⓪을 7번 꺼내면 $0\times7=0$(점)입니다.
② ①을 3번 꺼내면 $1\times3=3$(점)입니다.
③ (경환이가 얻은 점수)$=0+3=3$(점)

4-2 ① 1등: 3점씩 3명 → $3\times3=9$(점)
② 나머지 학생은 모두 0점이므로 (2등이 얻은 점수)$=17-9=8$(점)입니다.
③ $1\times8=8$이므로 2등은 8명입니다.

심화 5 ① 7단 곱셈구구의 수는 7, 14, 21, 28, 35, 42, 49, 56, 63입니다.
② 위 ①에서 구한 수 중에서 $5\times6=30$보다 작은 수는 7, 14, 21, 28입니다.
③ 7, 14, 21, 28 중에서 4단 곱셈구구의 수는 28입니다.

5-1 ❶ 5단 곱셈구구의 수는 5, 10, 15, 20, 25, 30, 35, 40, 45입니다.
❷ 위 ❶에서 구한 수 중에서 7×5=35보다 작은 수는 5, 10, 15, 20, 25, 30입니다.
❸ 5, 10, 15, 20, 25, 30 중에서 6단 곱셈구구의 수는 30입니다.
❹ 조건을 모두 만족하는 수는 30입니다.

5-2 ❶ 9단 곱셈구구의 수는 9, 18, 27, 36, 45, 54, 63, 72, 81입니다.
❷ 위 ❶에서 구한 수 중에서 홀수는 9, 27, 45, 63, 81입니다.
❸ 8×6=48, 8×9=72이고 9, 27, 45, 63, 81 중에서 48보다 크고 72보다 작은 수는 63입니다.
❹ 조건을 모두 만족하는 수는 63입니다.

심화 6 ❶ ㉠×4=20에서 5×4=20이므로 ㉠=5입니다.
❷ ㉠×㉡=30에서 ㉠이 5이므로 5×㉡=30입니다. ➔ 5×6=30이므로 ㉡=6입니다.
❸ ★에 알맞은 수는 7×㉡입니다.
➔ ㉡이 6이므로 ★=7×6=42입니다.

6-1

×	2	㉠	6	8
1	2	4		
4			24	32
㉡		28		★

❶ 1×㉠=4에서 1×4=4이므로 ㉠=4입니다.
❷ ㉡×㉠=28에서 ㉠이 4이므로 ㉡×4=28입니다. ➔ 7×4=28이므로 ㉡=7입니다.
❸ ★에 알맞은 수는 ㉡×8입니다.
➔ ㉡이 7이므로 ★=7×8=56입니다.

6-2

×	1	2	3	4
㉢		6	㉠	12
㉣		㉡	12	

❶ ㉢×2=6에서 3×2=6이므로 ㉢=3입니다.
➔ ㉢×3=㉠에서 3×3=㉠, ㉠=9입니다.
❷ ㉣×3=12에서 4×3=12이므로 ㉣=4입니다.
➔ ㉣×2=㉡에서 ㉣이 4이므로 4×2=㉡, ㉡=8입니다.
❸ ㉠과 ㉡에 알맞은 수의 곱은 9×8=72입니다.

54~55쪽 3단계 심화 유형 완성

1 54개	2 36	3 4번
4 48	5 7	6 40

1 개미의 다리 수: 6×5=30(개)
거미의 다리 수: 8×3=24(개)
➔ 30+24=54(개)

2 5×□=20에서 5×4=20, 7×□=28에서 7×4=28이므로 □=4입니다.
➔ 이 상자에 9를 넣으면 9×4=36이 나옵니다.

3 2점짜리 3번: 2×3=6(점)
0점짜리 4번: 0×4=0(점)
1점짜리를 맞혀서 얻은 점수는 10−6−0=4(점)입니다.
➔ 1×4=4이므로 1점짜리를 4번 맞혔습니다.

4 9>6>5>3>2
가장 큰 곱: 가장 큰 수 9와 둘째로 큰 수 6의 곱이므로 9×6=54입니다.
가장 작은 곱: 가장 작은 수 2와 둘째로 작은 수 3의 곱이므로 2×3=6입니다.
➔ 54−6=48

5 • 3×1=3, 3×2=6, 3×3=9, 3×4=12, 3×5=15, 3×6=18, 3×7=21, ...이므로 3×□>20의 □ 안에 들어갈 수 있는 수는 7, 8, 9입니다.
• 5×1=5, 5×2=10, 5×3=15, 5×4=20, 5×5=25, 5×6=30, 5×7=35, 5×8=40, 5×9=45이므로 5×□<40의 □ 안에 들어갈 수 있는 수는 1, 2, 3, 4, 5, 6, 7입니다.
➔ □ 안에 공통으로 들어갈 수 있는 수는 7입니다.

6 2(시작)
→ 2는 6(=3×2)보다 작으므로 4를 곱합니다.
→ 2×4=8
→ 8은 6보다 큽니다.
→ 8은 16(=4×4)보다 작으므로 5를 곱합니다.
→ 8×5=40
→ 40은 16보다 큽니다.
→ 40(끝)

56~57쪽 Test 단원 실력 평가

1 14

2 (선 잇기)

3

1	2	③	4	5
⑥	7	8	⑨	10
11	⑫	13	14	⑮
16	17	⑱	19	20
㉑	22	23	㉔	25

4 $8\times3=24$ / 24개

5 36

6

×	1	2	4	5	6
2	2	4	8	10	12
3	3	6	12	15	18
4	4	8	16	20	24
5	5	10	20	25	30
6	6	12	24	30	36

7 4×5, 5×4

8 9

9 ㉠

10 5줄

11 5개

12 예 ❶ (한나 나이의 5배)$=9\times5=45$(살)
❷ (어머니의 나이)$=45-3=42$(살)
따라서 어머니의 나이는 42살입니다.
답 42살

13 12

14 40

15 예 ❶ 5점짜리 2개는 $5\times2=10$(점), 3점짜리 4개는 $3\times4=12$(점), 1점짜리 3개는 $1\times3=3$(점)이므로 $10+12+3=25$(점)입니다.
❷ 따라서 마지막 화살은 $28-25=3$(점)짜리 과녁을 맞혔습니다.
답 3점

1 $7\times2=14$

2 $2\times6=12$, $5\times4=20$

3 $3\times1=$③, $3\times2=$⑥, $3\times3=$⑨, $3\times4=$⑫, $3\times5=$⑮, $3\times6=$⑱, $3\times7=$㉑, $3\times8=$㉔, …
$6\times1=$6(△), $6\times2=$12(△), $6\times3=$18(△), $6\times4=$24(△), …

5 9 cm씩 4개이므로 $9\times4=36$ (cm)입니다.

6 세로줄과 가로줄의 수가 만나는 칸에 두 수의 곱을 써넣습니다.

참고
■단 곱셈구구에서는 곱이 ■씩 커집니다.

7 $4\times5=20$, $5\times4=20$

8 2단 곱셈구구에서 $2\times9=18$입니다.
따라서 □ 안에 알맞은 수는 9입니다.

9 ㉠ $1\times6=6$ ㉡ $7\times0=0$
➜ $6>0$이므로 곱이 더 큰 것은 ㉠입니다.

참고
1×(어떤 수)=(어떤 수), (어떤 수)×0=0

10 5개씩 4줄은 5×4이고, 곱하는 두 수의 순서를 서로 바꾸어도 곱은 같으므로 $5\times4=4\times5$입니다.
따라서 구슬을 한 줄에 4개씩 놓으면 5줄이 됩니다.

11 $8\times6=48$이므로 □ 안에 들어갈 수 있는 수는 6보다 작은 수인 1, 2, 3, 4, 5입니다.
따라서 □ 안에 들어갈 수 있는 수는 모두 5개입니다.

12 평가 기준
❶ 한나 나이의 5배를 구함.
❷ 어머니의 나이를 구함.

13 곱하는 두 수가 작을수록 곱이 작습니다.
$3<4<6<7$이므로 가장 작은 수 3과 둘째로 작은 수 4를 골라야 합니다.
➜ 가장 작은 곱은 $3\times4=12$입니다.

14 8단 곱셈구구의 수는 8, 16, 24, 32, 40, 48, 56, 64, 72입니다.
이 중에서 $7\times6=42$보다 작은 수는 8, 16, 24, 32, 40입니다.
8, 16, 24, 32, 40 중에서 5단 곱셈구구의 수는 40입니다.
따라서 조건을 모두 만족하는 수는 40입니다.

15 평가 기준
❶ 5점짜리, 3점짜리, 1점짜리를 맞혀 얻은 점수를 구함.
❷ 마지막 화살이 맞힌 과녁의 점수를 구함.

참고
(얻은 점수)=(맞힌 과녁판의 점수)×(맞힌 화살의 개수)

3 길이 재기

62~66쪽 1단계 기본 유형 연습

1 나영
2 (1) 1 m 64 cm (2) 6 m 8 cm
3 (선 잇기)
4 4 m
5 1 m 25 cm
6 (1) cm (2) m (3) cm
7 서아
8 ( ) (○)
9 102 cm
10 1 m 5 cm
11 110 cm
12 1 m 40 cm
13 150 / 1, 50
14 예 탁자의 한끝을 줄자의 눈금 0에 맞추지 않았기 때문입니다.

15 13, 59
16 3 m 70 cm
17 2 m 77 cm
18 >
19 3 m 50 cm + 1 m 60 cm = 5 m 10 cm
20 4 m 30 cm
21 8 m 90 cm
22 2, 44
23 1, 70
24 31 cm
25 1 m 25 cm
26 1 m 25 cm
27 5 cm
28 ㉡
29 3 m 25 cm

30 예 4 m
31 예 5 m
32 ㉡, ㉢
33 예 우산, 지팡이
34 (선 잇기)
35 예 2, 4, 2, 8
36 예 8, 8

2 (1) 164 cm=100 cm+64 cm=1 m 64 cm
(2) 608 cm=600 cm+8 cm=6 m 8 cm

4 400 cm=4 m

7 304 cm=300 cm+4 cm=3 m 4 cm
➔ 3 m 40 cm>3 m 4 cm이므로 서아가 말한 길이가 더 깁니다.

12 눈금이 140이므로 식탁 긴 쪽의 길이는 140 cm입니다.
140 cm=100 cm+40 cm=1 m 40 cm

13 눈금이 150이므로 전체 길이는 150 cm입니다.
150 cm=100 cm+50 cm=1 m 50 cm

14 줄자의 눈금이 5부터 시작했기 때문에 160 cm(=1 m 60 cm)가 아닙니다.

평가 기준
탁자 긴 쪽의 길이를 잘못 잰 이유를 바르게 썼으면 정답으로 합니다.

18 1 m 46 cm+3 m 52 cm=4 m 98 cm
➔ 5 m ⓧ> 4 m 98 cm

참고
m는 m끼리, cm는 cm끼리 더합니다.

20 (끈 2개의 길이의 합)
=2 m 15 cm+2 m 15 cm=4 m 30 cm

21 5 m 50 cm+3 m 40 cm=8 m 90 cm

24 5 m 36 cm−5 m 5 cm=31 cm

참고
m는 m끼리, cm는 cm끼리 뺍니다.

25 (두 나무의 높이의 차)
=2 m 57 cm−1 m 32 cm=1 m 25 cm

26 ㉠=3 m 65 cm−2 m 40 cm
=1 m 25 cm

27 두 사람의 키의 차는 큰 사람의 키에서 작은 사람의 키를 빼서 구합니다.
1 m 20 cm>1 m 15 cm이므로
1 m 20 cm−1 m 15 cm=5 cm입니다.
따라서 두 사람의 키의 차는 5 cm입니다.

28 ㉡ 5 m 10 cm−2 m 40 cm=2 m 70 cm
➔ ㉠ 2 m 50 cm < ㉡ 2 m 70 cm

29 (남은 끈의 길이)
=4 m 50 cm−1 m 25 cm=3 m 25 cm

30 칠판 긴 쪽의 길이는 약 1 m의 4배이기 때문에 약 4 m입니다.

31 약 1 m의 5배 정도이므로 줄의 길이는 약 5 m입니다.

35 교실 한쪽 끝에서 사물함까지, 사물함에서 교실 다른 쪽 끝까지는 책상 길이의 2배 정도이므로 각각 약 2 m씩입니다.

67~68쪽 1단계 기본 유형 완성

1-1 ㉢ 1-2 ㉢
1-3 ㉣, ㉠, ㉢, ㉡
2-1 1, 2에 ○표 2-2 8, 9에 ○표
2-3 6, 7, 8, 9
3-1 6 m 20 cm 3-2 3 m 80 cm
3-3 1 m 30 cm
4-1 5 m 4-2 8 m
4-3 14 m

1-3 ㉡ 402 cm=4 m 2 cm
㉣ 430 cm=4 m 30 cm
➔ 430 cm(㉣)>4 m 26 cm(㉠)>4 m 5 cm(㉢)>402 cm(㉡)

2-2 6 m 74 cm=674 cm
674 cm<6□1 cm이므로 □ 안에는 7보다 큰 수가 들어가야 합니다. ➔ 8, 9

2-3 8 m 56 cm=856 cm
8□4 cm>856 cm이므로 □ 안에는 5보다 큰 수가 들어가야 합니다. ➔ 6, 7, 8, 9

3-1
$$\begin{array}{r} \overset{1}{3}\text{ m }70\text{ cm} \\ +\,2\text{ m }50\text{ cm} \\ \hline 6\text{ m }20\text{ cm} \end{array}$$

3-2
$$\begin{array}{r} \overset{4}{\cancel{5}}\text{ m }\overset{100}{30}\text{ cm} \\ -\,1\text{ m }50\text{ cm} \\ \hline 3\text{ m }80\text{ cm} \end{array}$$

3-3 180 cm=1 m 80 cm
➔
$$\begin{array}{r} \overset{2}{\cancel{3}}\text{ m }\overset{100}{10}\text{ cm} \\ -\,1\text{ m }80\text{ cm} \\ \hline 1\text{ m }30\text{ cm} \end{array}$$

4-1 10걸음은 두 걸음씩 5번입니다.
➔ 책장의 길이는 약 1 m의 5배이므로 약 5 m입니다.

4-2 24걸음은 세 걸음씩 8번입니다.
➔ 거실 긴 쪽의 길이는 약 1 m의 8배이므로 약 8 m입니다.

4-3 35걸음은 다섯 걸음씩 7번입니다.
➔ 도서실 짧은 쪽의 길이는 약 2 m의 7배이므로 약 14 m입니다.

69~71쪽 2단계 실력 유형 연습

1 서준
2
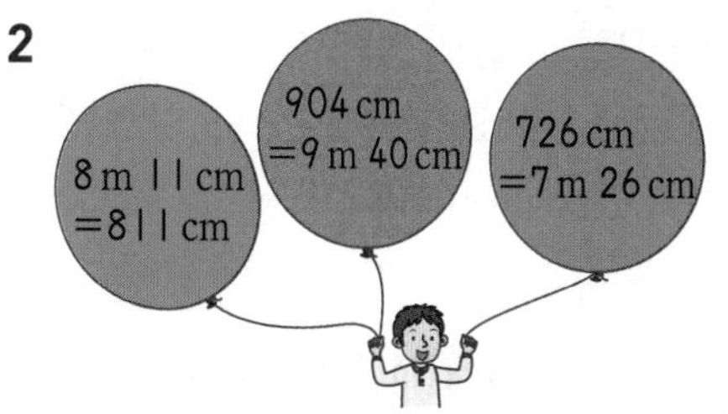

3 관우, 2 m 32 cm

4 8, 52 / 2, 58
5 6
6 (1) 예 옷장의 높이는 약 2 m입니다.
(2) 예 우리 반 게시판 긴 쪽의 길이는 약 5 m입니다.
7 1 m 20 cm 8 3 m 40 cm
9 트럭, 소방차

3 3 m 28 cm<5 m 60 cm이므로
관우가 5 m 60 cm−3 m 28 cm=2 m 32 cm 더 멀리 던졌습니다.

5 강민이의 두 걸음이 약 1 m이고, 3 m는 1 m의 3배이므로 커튼 긴 쪽의 길이는 강민이의 걸음으로 약 2×3=6(걸음)입니다.

6 평가 기준
주어진 길이를 사용하여 알맞은 문장을 만들었으면 정답으로 합니다.

7 (모든 변의 길이의 합)
=40 cm+40 cm+40 cm=120 cm
➔ 120 cm=1 m 20 cm

8 160 cm=100 cm+60 cm
=1 m+60 cm=1 m 60 cm
➔ (처음에 가지고 있던 철사의 길이)
=1 m 60 cm+1 m 80 cm
=3 m 40 cm

참고
cm끼리의 합이 100이거나 100보다 클 때에는 100 cm를 1 m로 받아올림하여 계산합니다.

9 트럭: 250 cm=2 m 50 cm ➔ 2 m 10 cm보다 높으므로 들어갈 수 없습니다.
소방차: 330 cm=3 m 30 cm ➔ 2 m 10 cm보다 높으므로 들어갈 수 없습니다.
버스: 1 m 90 cm ➔ 2 m 10 cm보다 낮으므로 들어갈 수 있습니다.

72~77쪽 3단계 심화 유형 연습

심화 1 1 2 m 51 cm 2 6 m 93 cm
1-1 15 m 67 cm 1-2 6 m 83 cm
심화 2 1 m, cm 2 42 3 2
2-1 33, 5 2-2 125

심화 3 1 35 m 84 cm 2 35 m 87 cm 3 학교
3-1 극장 3-2 15 m 30 cm
심화 4 1 15 cm, 20 cm 2 예림
4-1 승아 4-2 소연

심화 5 1 6 m 69 cm 2 36 cm 3 6 m 33 cm
5-1 9 m 11 cm 5-2 20 cm
심화 6 1 4 m 80 cm 2 3 m 30 cm 3 1 m 50 cm
6-1 1 m 25 cm 6-2 나

심화 1 2 2 m 38 cm+2 m 51 cm+2 m 4 cm
=4 m 89 cm+2 m 4 cm
=6 m 93 cm

1-1 1 507 cm=5 m 7 cm
2 (삼각형의 세 변의 길이의 합)
=5 m 29 cm+5 m 31 cm+5 m 7 cm
=10 m 60 cm+5 m 7 cm
=15 m 67 cm

1-2 1 140 cm=1 m 40 cm, 200 cm=2 m
2 (사각형의 네 변의 길이의 합)
=2 m 16 cm+1 m 27 cm+2 m +1 m 40 cm
=3 m 43 cm+2 m+1 m 40 cm
=5 m 43 cm+1 m 40 cm
=6 m 83 cm

심화 2 2 cm끼리의 계산: ㉠+25=67
➔ 67−25=㉠, ㉠=42
3 m끼리의 계산: 3+㉡=5
➔ 5−3=㉡, ㉡=2

2-1 1 길이의 차는 cm끼리 뺀 후, m끼리 뺍니다.
2 cm끼리의 계산: 58−㉠=25
➔ 58−25=㉠, ㉠=33
3 m끼리의 계산: ㉡−2=3
➔ 2+3=㉡, ㉡=5

2-2 1 562 cm=5 m 62 cm
2 □ cm를 ㉠ m ㉡ cm라고 하면
37+㉡=62에서 62−37=㉡, ㉡=25이고,
4+㉠=5에서 5−4=㉠, ㉠=1입니다.
3 □ cm=1 m 25 cm이고
1 m 25 cm=125 cm이므로 □=125입니다.

심화 3 1 (공원~학교~수영장)
=25 m 60 cm+10 m 24 cm
=35 m 84 cm
2 (공원~백화점~수영장)
=20 m 75 cm+15 m 12 cm
=35 m 87 cm
3 35 m 84 cm<35 m 87 cm이므로 학교를 거쳐 가는 것이 더 가깝습니다.

3-1 1 (집~놀이터~미술관)
=26 m 60 cm+18 m 20 cm
=44 m 80 cm
2 (집~극장~미술관)
=23 m 27 cm+20 m 45 cm
=43 m 72 cm
3 44 m 80 cm>43 m 72 cm이므로 극장을 거쳐 가는 것이 더 가깝습니다.

3-2 1 (학교~병원~도서관)
=27 m 34 cm+50 m 26 cm
=77 m 60 cm
2 77 m 60 cm>62 m 30 cm이므로 병원을 거쳐 가는 거리는 바로 가는 거리보다
77 m 60 cm−62 m 30 cm=15 m 30 cm
더 멉니다.

심화 4 ❶ 예림: 215 cm=2 m 15 cm
➔ 2 m 15 cm−2 m=15 cm
찬욱: 2 m 20 cm−2 m=20 cm
❷ 15 cm<20 cm이므로 2 m에 더 가깝게 어림하여 자른 사람은 예림입니다.

참고
2 m에 더 가깝게 어림한 사람은 어림한 길이와 2 m의 차가 더 작은 사람입니다.

4-1 ❶ 두 사람이 자른 끈의 길이와 4 m와의 차를 각각 구합니다.
승아: 4 m−3 m 80 cm=20 cm
서진: 425 cm=4 m 25 cm
➔ 4 m 25 cm−4 m=25 cm
❷ 20 cm<25 cm이므로 4 m에 더 가깝게 어림하여 자른 사람은 승아입니다.

4-2 ❶ 세 사람이 자른 끈의 길이와 3 m의 차를 각각 구합니다.
영규: 320 cm=3 m 20 cm
➔ 3 m 20 cm−3 m=20 cm
소연: 3 m 10 cm−3 m=10 cm
희진: 3 m−2 m 70 cm=30 cm
❷ 10 cm<20 cm<30 cm이므로 3 m에 가장 가깝게 어림하여 자른 사람은 소연입니다.

심화 5 ❶ 2 m 23 cm+2 m 23 cm+2 m 23 cm
=4 m 46 cm+2 m 23 cm
=6 m 69 cm
❷ 겹친 부분은 2군데이므로 겹쳐진 부분의 길이의 합은 18 cm+18 cm=36 cm입니다.

참고
(겹친 부분의 수)=(이어 붙인 색 테이프의 수)−1

❸ (이어 붙인 색 테이프의 전체 길이)
=6 m 69 cm−36 cm=6 m 33 cm

5-1 ❶ (색 테이프 3장의 길이의 합)
=3 m 15 cm+3 m 15 cm+3 m 15 cm
=6 m 30 cm+3 m 15 cm
=9 m 45 cm
❷ (겹친 부분의 길이의 합)=17 cm+17 cm
=34 cm
❸ (이어 붙인 색 테이프의 전체 길이)
=9 m 45 cm−34 cm=9 m 11 cm

5-2 ❶ (색 테이프 3장의 길이의 합)
=2 m 40 cm+2 m 40 cm+2 m 40 cm
=4 m 80 cm+2 m 40 cm
=7 m 20 cm
❷ (겹친 부분의 길이의 합)
=7 m 20 cm−6 m 80 cm
=40 cm
❸ 겹친 부분이 2군데이고
20 cm+20 cm=40 cm이므로 20 cm씩 겹치게 이어 붙였습니다.

심화 6 ❶ (우산으로 4번 잰 길이)
=1 m 15 cm+1 m 15 cm
+1 m 15 cm+1 m 15 cm
=4 m 60 cm
➔ (공부방 긴 쪽의 길이)
=4 m 60 cm+20 cm
=4 m 80 cm
❷ (우산으로 3번 잰 길이)
=1 m 15 cm+1 m 15 cm+1 m 15 cm
=3 m 45 cm
➔ (공부방 짧은 쪽의 길이)
=3 m 45 cm−15 cm=3 m 30 cm
❸ 4 m 80 cm−3 m 30 cm=1 m 50 cm

6-1 ❶ (1 m 20 cm로 3번 잰 길이)=3 m 60 cm
(화장실 긴 쪽의 길이)
=3 m 60 cm+25 cm=3 m 85 cm
❷ (1 m 20 cm로 2번 잰 길이)=2 m 40 cm
(화장실 짧은 쪽의 길이)
=2 m 40 cm+20 cm=2 m 60 cm
❸ (화장실 긴 쪽과 짧은 쪽의 길이의 차)
=3 m 85 cm−2 m 60 cm
=1 m 25 cm

6-2 ❶ (1 m 10 cm의 3배)=3 m 30 cm
(가의 높이)=3 m 30 cm−20 cm
=3 m 10 cm
❷ (1 m 25 cm의 2배)=2 m 50 cm
(나의 높이)=2 m 50 cm+70 cm
=3 m 20 cm
❸ 3 m 10 cm<3 m 20 cm이므로 더 높은 나무는 나입니다.

78~79쪽 3단계 심화 유형 완성

1 72 m
2 7, 6, 5 / 2, 3, 4 / 5, 31
3 민재, 서아, 유찬
4 3 m
5 60 cm
6 6 m 90 cm

1 나무 수가 10그루이므로 나무 사이의 간격 수는 9군데입니다.
➔ 8 m인 간격이 9군데이므로 도로의 길이는 $8\times9=72$ (m)입니다.

참고
(나무 사이의 간격 수)=(나무의 수)−1

2 가장 긴 길이는 m 단위부터 큰 수를 놓아야 합니다. → 7 m 65 cm
가장 짧은 길이는 m 단위부터 작은 수를 놓아야 합니다. → 2 m 34 cm
➔ 7 m 65 cm−2 m 34 cm=5 m 31 cm

3 서아가 잰 신발장의 길이는 약 1 m의 4배 정도이므로 약 4 m, 민재가 잰 사물함의 길이는 $7\times5=35$이므로 35뼘은 7뼘씩 5번 ➔ 약 1 m의 5배로 약 5 m, 유찬이가 잰 시소의 길이는 $2\times3=6$이므로 6걸음은 2걸음씩 3번 ➔ 약 1 m의 3배로 약 3 m입니다.
➔ 5 m>4 m>3 m
민재 서아 유찬

4 20 cm+20 cm+20 cm+20 cm+20 cm (5번)
=100 cm=1 m
이므로 20 cm씩 5번이 1 m입니다.
➔ $5\times3=15$이므로 주방 싱크대의 길이는 약 3 m입니다.

5 짧은 막대의 길이를 □ cm라고 하면 긴 막대의 길이는 (□+20) cm입니다.
자른 두 막대의 길이의 합은 처음 막대의 길이인 1 m(=100 cm)이므로
□+□+20=100입니다.
□+□=80에서 40+40=80이므로 □=40입니다.
➔ 짧은 막대의 길이가 40 cm이므로 긴 막대의 길이는 40 cm+20 cm=60 cm입니다.

6

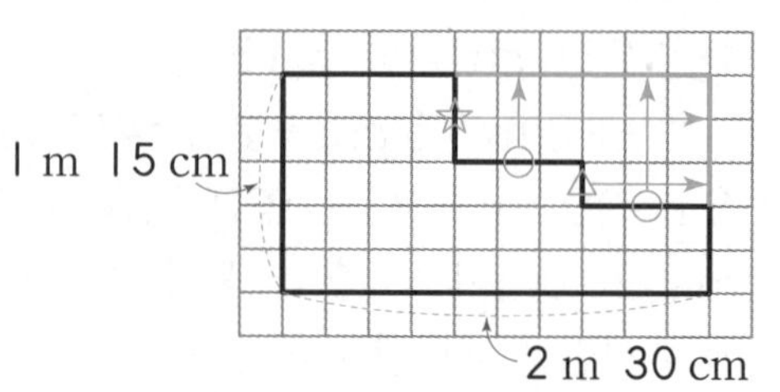

그림과 같이 변을 옮기면 굵은 선의 길이는 2 m 30 cm인 길이 2개와 1 m 15 cm인 길이 2개의 합과 같습니다.
➔ 2 m 30 cm+2 m 30 cm+1 m 15 cm +1 m 15 cm=6 m 90 cm

80~81쪽 Test 단원 실력 평가

1 (선분 그림)
2 ㉡
3 1 m 60 cm
4 7 m 35 cm
5 3 m 70 cm
6 (1) 100 m (2) 10 m
7 5 m
8 10개
9 6 m
10 5개
11 예 ❶ 나: 220 cm=2 m 20 cm
❷ 3 m 25 cm>2 m 85 cm>2 m 20 cm 이므로 가장 긴 막대의 길이는 3 m 25 cm, 가장 짧은 막대의 길이는 2 m 20 cm입니다.
❸ 3 m 25 cm−2 m 20 cm=1 m 5 cm
답 1 m 5 cm
12 640
13 준혁
14 예 ❶ (리본 3개의 길이의 합)
=2 m 16 cm+2 m 16 cm +2 m 16 cm
=6 m 48 cm
❷ (겹친 부분의 길이의 합)
=15 cm+15 cm=30 cm
❸ (이어 붙인 리본의 전체 길이)
=6 m 48 cm−30 cm=6 m 18 cm
답 6 m 18 cm

1 • 305 cm=300 cm+5 cm
=3 m+5 cm=3 m 5 cm
• 350 cm=300 cm+50 cm
=3 m+50 cm=3 m 50 cm

5
$$\begin{array}{r} \overset{5}{\cancel{6}}\ \text{m}\ \overset{100}{20}\ \text{cm} \\ -\ 2\ \text{m}\ 50\ \text{cm} \\ \hline 3\ \text{m}\ 70\ \text{cm} \end{array}$$

7 1 m가 5번이므로 약 5 m입니다.

8 10 cm가 10개이면 100 cm=1 m입니다. 따라서 10 cm인 빨대 10개를 겹치지 않게 이어 붙이면 1 m를 만들 수 있습니다.

9 42뼘은 7뼘씩 6번입니다.
➔ 화장실 긴 쪽의 길이는 약 1 m의 6배이므로 약 6 m입니다.

10 4 m 58 cm=458 cm
458 cm>4□2 cm이므로 □ 안에는 5와 같거나 5보다 작은 수가 들어가야 합니다.
따라서 □ 안에 들어갈 수 있는 수는 1, 2, 3, 4, 5이므로 모두 5개입니다.

11 평가 기준
❶ 220 cm를 몇 m 몇 cm로 나타냄.
❷ 가장 긴 막대와 가장 짧은 막대의 길이를 각각 찾음.
❸ 가장 긴 막대와 가장 짧은 막대의 길이의 차를 구함.

12 380 cm=3 m 80 cm
□ cm를 ㉠ m ㉡ cm라고 하면
㉠ m ㉡ cm−2 m 60 cm=3 m 80 cm입니다.
㉡−60=80은 계산할 수 없으므로
1 m(=100 cm)를 받아내림하여 계산합니다.
• 100+㉡−60=80에서
40+㉡=80, 80−40=㉡, ㉡=40입니다.
• ㉠−1−2=3에서
㉠−3=3, 3+3=㉠, ㉠=6입니다.
➔ 6 m 40 cm=640 cm

13 지아: 515 cm=5 m 15 cm
→ 5 m 15 cm−5 m=15 cm
준혁: 5 m 5 cm−5 m=5 cm
세은: 5 m−4 m 90 cm=10 cm
➔ 가진 끈의 길이와 5 m의 차가 가장 작은 사람은 준혁이므로 5 m에 가장 가까운 길이의 끈을 가진 사람은 준혁입니다.

14 평가 기준
❶ 리본 3개의 길이의 합을 구함.
❷ 겹친 부분의 길이의 합을 구함.
❸ 이어 붙인 리본의 전체 길이를 구함.

4 시각과 시간

86~92쪽 1단계 기본 유형 연습

1
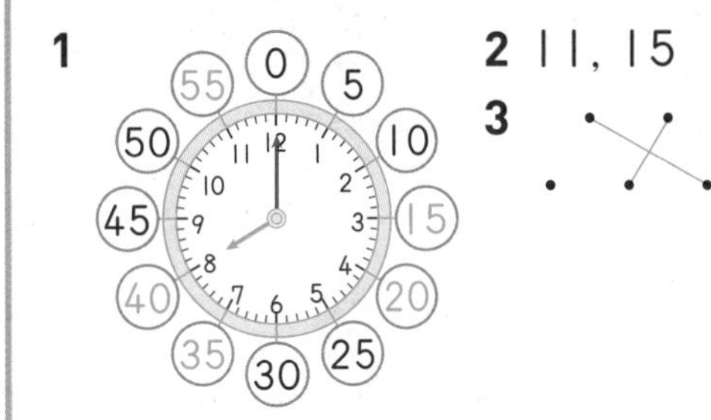

2 11, 15

3

4

5 6시 50분

6 8시 25분 / 10시 20분

7
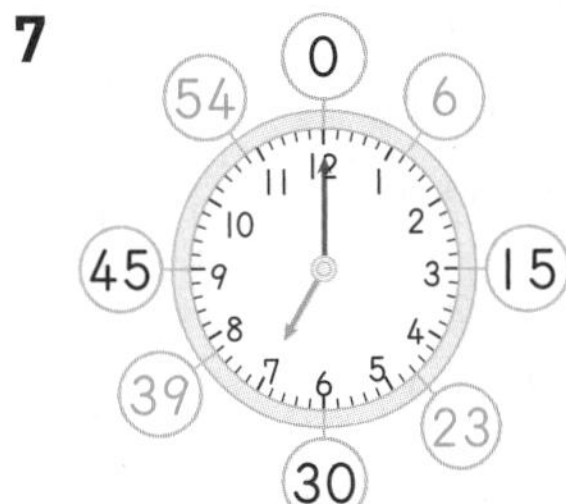

8 10, 17

9 현주

10 4시 29분

11 8시 52분

12 시작한 시각 끝낸 시각

13 (1) 8, 55 / 9, 5 (2) 3, 50 / 4, 10

14 (1) 10 (2) 5

15

16

17 2, 5

18

19 1, 60

20 120

21 시각에 ○표 / 시간에 ○표

22 40분 50분 3시 10분 20분 30분 40분 50분 4시 10분 20분 / 1

23 ㉢

24 9시 30분

25 20분

26 (1) 90 (2) 1, 50

27 6시 10분 20분 30분 40분 50분 7시 / 40분

28 160분　　29 50분

30 2시간 20분

31 3시 10분 20분 30분 40분 50분 4시 10분 20분 30분 40분 / 70 / 1, 10

32 (1) 24 (2) 29 (3) 1, 8

33 (1) 오후 (2) 오전 (3) 오후

34 7시간　　35 오후

36 5시간　　37 오후에 ○표 / 1

38 (1) 7 (2) 12　　39 5번

40 수요일　　41 19일

42 (위에서부터) 31, 30, 31, 30 / 31, 31, 30, 31, 30, 31

43

12월

일요일	월요일	화요일	수요일	목요일	금요일	토요일
			1	2	3	4
5	6	7	8	9	10	11
12	13	14	15	16	17	18
19	20	21	22	23	24	25
26	27	28	29	30	31	

44 12월 17일　　45 1년 8개월

4 3시 40분이므로 긴바늘이 8을 가리키도록 그립니다.

5 짧은바늘: 6과 7 사이 ➔ 6시 □분
긴바늘: 10 ➔ 50분
따라서 시계가 나타내는 시각은 6시 50분입니다.

6 도착한 시각: 짧은바늘이 10과 11 사이를 가리키고, 긴바늘이 4를 가리키므로 10시 20분입니다.

9 예은: 2시 37분, 현주: 2시 42분

11 짧은바늘: 8과 9 사이 ➔ 8시 □분
긴바늘: 10에서 작은 눈금으로 2칸 더 간 곳 ➔ 52분
따라서 시계가 나타내는 시각은 8시 52분입니다.

15 10시 5분 전은 9시 55분입니다.
➔ 긴바늘이 11을 가리키도록 그립니다.

17 1시 55분은 2시가 되기 5분 전이므로 2시 5분 전이라고도 합니다.

18 7시 10분 전은 6시 50분입니다.
➔ 긴바늘이 10을 가리키도록 그립니다.

20 2시간=60분+60분=120분

21 버스를 탄 때는 '시각'으로 나타냅니다.
가는 데 걸린 시간은 버스를 탄 시각과 내린 시각 사이이므로 '시간'으로 나타냅니다.

23 ㉢ 킥보드를 탄 시간은 60분=1시간입니다.

24 8시 10분 20분 30분 40분 50분 9시 10분 20분 30분 40분 50분 10시
➔ 숙제를 끝낸 시각은 9시 30분입니다.

25 1시간=60분 동안 하기로 했고 지금까지 40분 동안 했으므로 20분 동안 더 해야 합니다.

27 시간 띠 한 칸의 시간은 10분입니다.
6시 10분부터 6시 50분까지의 시간은 4칸이므로 40분입니다.

28 2시간 40분=60분+60분+40분=160분

30 9시 30분 $\xrightarrow{\text{2시간 후}}$ 11시 30분 $\xrightarrow{\text{20분 후}}$ 11시 50분
➔ 걸린 시간은 2시간 20분입니다.

31 만화 영화가 시작된 시각은 3시 10분이고, 끝난 시각은 4시 20분입니다.
방송된 시간은 시간 띠에서 10분씩 7칸이므로 70분=1시간 10분입니다.

32 (2) 1일 5시간=24시간+5시간=29시간
(3) 32시간=24시간+8시간=1일 8시간

34 시간 띠 한 칸의 시간은 1시간입니다.
오전 8시부터 낮 12시까지는 4칸이고,
낮 12시부터 오후 3시까지는 3칸입니다.
➔ 체험 학습을 한 시간은 4+3=7(칸)이므로 7시간입니다.

36 오전 9시 $\xrightarrow{\text{3시간 후}}$ 낮 12시 $\xrightarrow{\text{2시간 후}}$ 오후 2시
➔ 3+2=5(시간)

37 오전 11시 $\xrightarrow{\text{1시간 후}}$ 낮 12시 $\xrightarrow{\text{1시간 후}}$ 오후 1시
➜ 친구와 헤어진 시각은 오후 1시입니다.

주의
낮 12시를 넘었을 때 다시 오후 1시부터 시각 읽기를 해야 하므로 오후 13시라고 답하지 않도록 합니다.

41 4월 12일은 월요일이고 일주일 후는 그 다음 월요일인 4월 19일입니다.

44 금요일은 3일, 10일, 17일, 24일, 31일이므로 셋째 금요일은 17일입니다.
➜ 학예회를 하는 날은 12월 17일입니다.

45 20개월=12개월+8개월=1년 8개월

93~94쪽 1단계 기본+유형 완성

1-1 5 / 오전에 ○표 / 11, 36
1-2 6 / 오후에 ○표 / 3
1-3 3 / 오전에 ○표 / 2
2-1 
2-2 
3-1 일요일 **3**-2 월요일 **3**-3 화요일
4-1 3월 31일 **4**-2 8월 1일

1-1 긴바늘이 한 바퀴 돌면 1시간이 지난 것입니다.
따라서 5일 오전 11시 36분입니다.

1-2 짧은바늘이 한 바퀴 돌면 12시간이 지난 것입니다.
따라서 6일 오후 3시입니다.

1-3 긴바늘이 3바퀴 돌면 3시간이 지난 것입니다.
2일 오후 11시 $\xrightarrow{\text{1시간 후}}$ 2일 밤 12시
$\xrightarrow{\text{2시간 후}}$ 3일 오전 2시

2-1 왼쪽 시계가 나타내는 시각은 4시 55분입니다.
정확한 시각은 4시 55분에서 20분 후입니다.
4시 55분 $\xrightarrow{\text{5분 후}}$ 5시 $\xrightarrow{\text{15분 후}}$ 5시 15분

2-2 왼쪽 시계가 나타내는 시각은 3시 10분입니다.
정확한 시각은 3시 10분에서 25분 전입니다.
3시 10분 $\xrightarrow{\text{10분 전}}$ 3시 $\xrightarrow{\text{15분 전}}$ 2시 45분

3-1 20일은 20−7=13(일), 13−7=6(일)과 요일이 같으므로 일요일입니다.

3-2 23일은 23−7=16(일), 16−7=9(일)과 요일이 같으므로 월요일입니다.

3-3 5월은 31일까지 있습니다.
31일은 31−7=24(일), 24−7=17(일), 17−7=10(일)과 요일이 같으므로 화요일입니다.

4-1 은우의 생일은 4월 7일 수요일이고 일주일 전은 그 전 수요일인 3월 마지막 날입니다. 3월은 31일까지 있으므로 승호의 생일은 3월 31일입니다.

4-2 방학식을 하는 날은 7월 25일 금요일이고 일주일 후는 그 다음 금요일입니다. 7월은 31일까지 있으므로 가족 여행을 떠나는 날은 8월 첫째 날로 8월 1일입니다.

참고
7월 25일부터 일주일 후는 25+7=32(일)인데, 7월은 31일까지 있으므로 8월 1일입니다.

95~99쪽 2단계 실력 유형 연습

1 ( )(○)
2 (1) 10, 11, 긴, 9 (2) 4, 5, 1 **3** (○)( )

4 5월 20일
5 3, 44 / 예 노래를 부르고 있습니다.
6 (1) 1, 30, 90 (2) 80, 1, 20
(3) 2, 50, 170
7 2일, 9일, 16일, 23일, 30일
8 10시간
9 
10 지호

11 ㉡ **12** 33시간
13 5월 31일 / 5월 18일 **14** 5바퀴
15 10월 20일 일요일 **16** 3시 20분
17 5시 10분 20분 30분 40분 50분 6시 10분 20분 30분 40분 50분 7시 10분 20분 30분 40분 50분 8시 / 2시간 20분

3 시계가 나타내는 시각은 1시 50분입니다.
1시 50분에서 10분이 더 지나면 2시가 되고, 또 2시가 되기 10분 전이므로 2시 10분 전이라고도 할 수 있습니다.

4 5월 6일에서 1주일 후는 13일이고 2주일 후는 13+7=20(일)입니다.

5 평가 기준
시계가 나타내는 시각을 읽고 무엇을 하고 있는지 바르게 썼으면 정답으로 합니다.

6 (1) 시간 띠에서 1시간과 10분씩 3칸이므로
1시간 30분=90분입니다.
(2) 시간 띠에서 10분씩 8칸이므로
80분=1시간 20분입니다.
(3) 시간 띠에서 2시간과 10분씩 5칸이므로
2시간 50분=170분입니다.

7 7일마다 같은 요일이 반복되므로 이 달의 화요일은 2일, 9일, 9+7=16(일), 16+7=23(일), 23+7=30(일)입니다.

8 오후 9시 $\xrightarrow{\text{3시간 후}}$ 밤 12시 $\xrightarrow{\text{7시간 후}}$ 다음날 오전 7시
따라서 현수가 잠을 잔 시간은 3+7=10(시간)입니다.

9 2시 $\xrightarrow{\text{1시간 후}}$ 3시 $\xrightarrow{\text{35분 후}}$ 3시 35분
짧은바늘은 3과 4 사이를 가리키고, 긴바늘은 7을 가리키도록 그립니다.

10 지호: 8시 10분 전은 7시 50분입니다.
7시 50분이 7시 55분보다 더 빠른 시각이므로 더 일찍 일어난 사람은 지호입니다.

11 ㉠ 윷놀이는 첫날 오후에 했습니다.
㉢ 투호놀이는 다음날 오전에 했습니다.

12 첫날 오전 9시 $\xrightarrow{\text{24시간 후}}$ 다음날 오전 9시 $\xrightarrow{\text{3시간 후}}$ 다음날 낮 12시 $\xrightarrow{\text{6시간 후}}$ 다음날 오후 6시
➜ 24+3+6=33(시간)

참고
첫날 오전 9시부터 다음날 오전 9시까지는 하루이므로 24시간입니다.

13 5월은 31일까지 있으므로 재호의 생일은 5월 31일입니다.
희승이의 생일은 5월 31일에서 13일 전이므로 5월 31−13=18(일)입니다.

14 시계의 짧은바늘이 3에서 8까지 움직이는 동안 걸리는 시간은 5시간이므로 짧은바늘이 3에서 8까지 움직이는 동안에 긴바늘은 5바퀴 돕니다.

15 아버지의 생신은 10월 9일부터 11일 후이므로 9+11=20(일)입니다.
7일마다 같은 요일이 반복되므로 9+7=16(일)은 수요일이고 20일은 일요일입니다.
따라서 아버지의 생신은 10월 20일 일요일입니다.

16 5시 40분부터 2시간 20분 전의 시각을 구합니다.
5시 40분 $\xrightarrow{\text{2시간 전}}$ 3시 40분 $\xrightarrow{\text{20분 전}}$ 3시 20분

17 시간 띠에서 5시 30분부터 7시 30분까지 2시간과 7시 30분부터 7시 50분까지 10분씩 2칸이므로 20분입니다.
➜ 연극 공연장에서 보낸 시간은 2시간 20분입니다.

100~105쪽 3단계 심화 유형 연습

심화 1 ① 12일 ② 5일 ③ 17일
1-1 23일　1-2 62일
심화 2 ① 5시 10분 ② 6시 50분
2-1 6시 10분　2-2 7시

심화 3 ① 2시 / 5시 ② 3시간 ③ 3바퀴
3-1 2바퀴　3-2 6시 20분
심화 4 ① 31일 ② 토요일 ③ 월요일
4-1 일요일　4-2 월요일

심화 5 ① 24시간 ② 24분 ③ 오전 10시 24분
5-1 오전 6시 30분　5-2 오후 1시 12분
심화 6 ① 5시간 30분 ② 7시간 ③ 12시간 30분
6-1 13시간 10분　6-2 오후 5시 10분

심화 1 ① 3월은 31일까지 있습니다.
3월 20일부터 31일까지는 12일입니다.
② 4월 1일부터 5일까지는 5일입니다.
③ $12+5=17$(일)

1-1 ① 4월은 30일까지 있습니다.
4월 20일부터 30일까지는 11일입니다.
② 5월 1일부터 12일까지는 12일입니다.
③ 튤립 축제를 하는 기간은 $11+12=23$(일)입니다.

1-2 전략
10월 15일부터 31일까지의 날수, 11월의 날수, 12월 1일부터 15일까지의 날수를 각각 구하여 모두 더합니다.

① 10월은 31일까지 있습니다.
10월 15일부터 31일까지는 17일입니다.
② 11월의 날수는 30일입니다.
③ 12월 1일부터 15일까지는 15일입니다.
④ 문제집 한 권을 다 푸는 데 걸린 기간은 $17+30+15=62$(일)입니다.

심화 2 ① 거울에 비친 시계의
짧은바늘: 5와 6 사이 ➔ 5시 □분
긴바늘: 2 ➔ 10분
시계가 나타내는 시각은 5시 10분입니다.
② 5시 10분 $\xrightarrow{\text{1시간 후}}$ 6시 10분 $\xrightarrow{\text{40분 후}}$ 6시 50분

2-1 ① 거울에 비친 시계의
짧은바늘: 8과 9 사이 ➔ 8시 □분
긴바늘: 3 ➔ 15분
시계가 나타내는 시각은 8시 15분입니다.
② 8시 15분 $\xrightarrow{\text{2시간 전}}$ 6시 15분 $\xrightarrow{\text{5분 전}}$ 6시 10분

2-2 ① 거울에 비친 시계의
짧은바늘: 4와 5 사이 ➔ 4시 □분
긴바늘: 10 ➔ 50분
시계가 나타내는 시각은 4시 50분입니다.
② 130분=60분+60분+10분
=2시간 10분
③ 4시 50분 $\xrightarrow{\text{2시간 후}}$ 6시 50분 $\xrightarrow{\text{10분 후}}$ 7시

심화 3 ② 2시에서 5시가 되려면 3시간이 지나야 합니다.
③ 긴바늘이 1바퀴 돌면 1시간이 지나므로 3시간 후의 시각으로 맞추려면 긴바늘을 3바퀴만 돌리면 됩니다.

3-1 ① 멈춘 시계의 시각: 4시 30분
현재 시각: 6시 30분
② 4시 30분에서 6시 30분이 되려면 2시간이 지나야 합니다.
③ 긴바늘이 1바퀴 돌면 1시간이 지나므로 2시간 후의 시각으로 맞추려면 긴바늘을 2바퀴만 돌리면 됩니다.

3-2 ① 긴바늘이 1바퀴 돌면 1시간이 지나므로 긴바늘을 5바퀴 돌리면 5시간이 지납니다.
② 멈춘 시계의 시각은 11시 20분부터 5시간 전입니다.
③ 11시 20분 $\xrightarrow{\text{5시간 전}}$ 6시 20분

심화 4 ① 7월은 31일까지 있습니다.
② 7일마다 같은 요일이 반복됩니다.
7월 31일은 $31-7-7-7-7=3$(일)과 요일이 같으므로 토요일입니다.
③ 7월 31일이 토요일이므로 8월 1일은 일요일, 2일은 월요일입니다.

4-1 ① 4월의 마지막 날은 30일입니다.
② 4월 30일은 $30-7-7-7=9$(일)과 요일이 같으므로 화요일입니다.
③ 5월 1일은 수요일, 2일은 목요일, 3일은 금요일, 4일은 토요일, 5일은 일요일입니다.

4-2 ① 2월의 마지막 날은 29일입니다.
② 2월 29일은 $29-7-7=15$(일)과 요일이 같으므로 금요일입니다.
③ 3월 1일은 토요일, 2일은 일요일, 3일은 월요일입니다.

심화 5 ① 하루는 24시간이므로 오늘 오전 10시부터 내일 오전 10시까지는 24시간입니다.
② 1시간에 1분씩 빨라지므로 24시간 동안에는 24분이 빨라집니다.
③ 시계가 나타내는 시각은 오전 10시에서 24분 빨라진 오전 10시 24분입니다.

5-1 ❶ 9월 1일 오전 6시부터 10월 1일 오전 6시까지는 30일입니다.
❷ 하루에 1분씩 빨라지므로 30일 동안에는 30분이 빨라집니다.
❸ 10월 1일 오전 6시에 시계가 나타내는 시각은 오전 6시에서 30분 빨라진 오전 6시 30분입니다.

중요
1분 빠른 시계는 정확한 시각보다 1분 후를 나타냅니다.

5-2 ❶ 오늘 오후 2시부터 2일 후 오후 2시까지는 48시간입니다.
❷ 1시간에 1분씩 늦어지므로 48시간 동안에는 48분이 늦어집니다.
❸ 2일 후 오후 2시에 시계가 나타내는 시각은 오후 2시에서 48분 늦어진 오후 1시 12분입니다.

중요
1분 늦는 시계는 정확한 시각보다 1분 전을 나타냅니다.

심화 6 ❶ 해가 뜬 시각은 오전 6시 30분입니다.
오전 6시 30분 $\xrightarrow{\text{5시간 후}}$ 오전 11시 30분
$\xrightarrow{\text{30분 후}}$ 낮 12시
➔ 5시간 30분
❷ 해가 진 시각은 오후 7시입니다.
낮 12시 $\xrightarrow{\text{7시간 후}}$ 오후 7시
➔ 7시간
❸ 위 ❶과 ❷에서 해가 떠 있는 시간은 5시간 30분과 7시간이므로 12시간 30분입니다.

6-1 ❶ 오전 6시 $\xrightarrow{\text{6시간 후}}$ 낮 12시 ➔ 6시간
❷ 낮 12시 $\xrightarrow{\text{7시간 후}}$ 오후 7시
$\xrightarrow{\text{10분 후}}$ 오후 7시 10분
➔ 7시간 10분
❸ 해가 떠 있던 시간은 6시간과 7시간 10분이므로 13시간 10분입니다.

6-2 전략
해가 진 시각은 해가 뜬 시각에서 해가 떠 있던 시간이 지난 후의 시각입니다.

❶ 오전 7시 $\xrightarrow{\text{5시간 후}}$ 낮 12시 $\xrightarrow{\text{5시간 후}}$ 오후 5시
$\xrightarrow{\text{10분 후}}$ 오후 5시 10분
❷ 해가 진 시각은 오후 5시 10분입니다.

106~107쪽 3단계 심화 유형 완성

1 16일
2 오후 3시 20분
3 12월 9일
4 6시 5분
5 수아
6 52시간

1 11월 첫째 수요일은 11월 4일에서 2일 전인 11월 2일입니다.
7일마다 같은 요일이 반복되므로 11월의 수요일의 날짜는 2일, 2+7=9(일), 9+7=16(일), 16+7=23(일), 23+7=30(일)입니다.
따라서 11월 셋째 수요일은 16일입니다.

2 전략
뉴욕의 시각보다 13시간 빠른 시각을 구해야 하므로 뉴욕의 시각부터 13시간 후의 시각을 구합니다.

오전 2시 20분 $\xrightarrow{\text{12시간 후}}$ 오후 2시 20분
$\xrightarrow{\text{1시간 후}}$ 오후 3시 20분
따라서 서울의 시각은 오후 3시 20분입니다.

3 9월 1일부터 30일까지는 30일이고,
10월 1일부터 31일까지는 31일이고,
11월 1일부터 30일까지는 30일입니다.
30+31+30=91(일)이고 91+9=100(일)입니다. 12월 1일부터 9일까지는 9일이므로 전시회를 하는 마지막 날은 12월 9일입니다.

4 축구 경기가 끝날 때까지 경기 시간과 휴식 시간을 합하면 45+15+45=105(분)입니다.
105분=60분+45분=1시간 45분
8시 10분 전은 7시 50분입니다.
(끝난 시각) (시작한 시각)
7시 50분 $\xrightarrow{\text{1시간 전}}$ 6시 50분 $\xrightarrow{\text{45분 전}}$ 6시 5분

5 • 윤재가 영어 공부를 시작한 시각은 4시 50분이고 끝낸 시각은 6시 25분입니다.
4시 50분 $\xrightarrow{\text{1시간 후}}$ 5시 50분 $\xrightarrow{\text{10분 후}}$ 6시
$\xrightarrow{\text{25분 후}}$ 6시 25분 ➔ 1시간 35분
• 수아가 영어 공부를 시작한 시각은 5시 30분이고 끝낸 시각은 7시 15분입니다.
5시 30분 $\xrightarrow{\text{1시간 후}}$ 6시 30분 $\xrightarrow{\text{30분 후}}$ 7시
$\xrightarrow{\text{15분 후}}$ 7시 15분 ➔ 1시간 45분

따라서 1시간 35분<1시간 45분이므로 영어 공부를 더 오래 한 사람은 수아입니다.

6 5월은 31일까지 있습니다.
5월 30일 오전 8시
$\xrightarrow{24시간\ 후}$ 5월 31일 오전 8시
$\xrightarrow{24시간\ 후}$ 6월 1일 오전 8시
$\xrightarrow{4시간\ 후}$ 6월 1일 낮 12시
따라서 걸린 시간은 24+24+4=52(시간)입니다.

108~109쪽 Test 단원 실력 평가

1 9, 24
2 
3 ㉠ / 3시 55분 **4** ㉢
5 12일 **6** 18일
7 30분 **8** 민호
9 19시간 **10** 13일
11 예 ❶ 12월은 31일까지 있으므로 윤재의 생일은 12월 31일입니다.
❷ 시온이의 생일은 12월 31일부터 15일 후이므로 1월 15일입니다. 답 1월 15일
12 일요일 **13** 주하
14 예 ❶ 오늘 오전 9시부터 내일 오전 9시까지는 24시간입니다.
❷ 1시간에 1분씩 늦어지므로 24시간 동안에는 24분이 늦어집니다.
❸ 내일 오전 9시에 시계가 나타내는 시각은 오전 9시에서 24분 늦어진 오전 8시 36분입니다.
답 오전 8시 36분

1 짧은바늘: 9와 10 사이 ➔ 9시 □분
긴바늘: 5에서 작은 눈금으로 1칸 덜 간 곳 ➔ 24분
따라서 시계가 나타내는 시각은 9시 24분입니다.

2 3시 10분 전은 2시 50분입니다.
➔ 긴바늘이 10을 가리키도록 그립니다.

3 ㉠ 시계의 긴바늘이 11을 가리키므로 55분인데 11분이라고 잘못 읽었습니다.

4 ㉠ 70분=60분+10분=1시간 10분
㉡ 24시간=1일
㉢ 17개월=12개월+5개월=1년 5개월

5 1주일=7일이므로 1주일 후는 5+7=12(일)입니다.

6 첫째 목요일이 4일이므로 둘째 목요일은 4+7=11(일), 셋째 목요일은 11+7=18(일)입니다.

7 방 청소를 시작한 시각은 1시 20분이고 끝낸 시각은 1시 50분입니다.
➔ 방 청소를 하는 데 걸린 시간은 30분입니다.

8 5시 10분 전은 4시 50분입니다.
4시 45분이 4시 50분보다 빠른 시각이므로 더 일찍 도착한 사람은 민호입니다.

9 오늘 오후 3시 $\xrightarrow{9시간\ 후}$ 오늘 밤 12시 $\xrightarrow{10시간\ 후}$ 내일 오전 10시
➔ 9+10=19(시간)

10 1월은 31일까지 있습니다.
1월: 25일~31일 → 7일
2월: 1일~6일 → 6일
➔ 여행을 가는 기간은 7+6=13(일)입니다.

11 평가 기준
❶ 윤재의 생일이 12월 며칠인지 구함.
❷ 시온이의 생일이 몇 월 며칠인지 구함.

12 7월은 31일까지 있습니다.
7월 17일이 토요일이므로 17+7=24(일), 24+7=31(일)도 토요일입니다.
따라서 8월 1일은 일요일이므로 1+7=8(일), 8+7=15(일)도 일요일입니다.

13 주하: 3시 40분 $\xrightarrow{1시간\ 후}$ 4시 40분 $\xrightarrow{20분\ 후}$ 5시 $\xrightarrow{10분\ 후}$ 5시 10분 ➔ 1시간 30분
동준: 4시 20분 $\xrightarrow{1시간\ 후}$ 5시 20분 $\xrightarrow{25분\ 후}$ 5시 45분 ➔ 1시간 25분
따라서 1시간 30분>1시간 25분이므로 책을 더 오래 읽은 사람은 주하입니다.

14 평가 기준
❶ 오늘 오전 9시부터 내일 오전 9시까지의 시간을 구함.
❷ 24시간 동안 시계가 늦어지는 시간을 구함.
❸ 내일 오전 9시에 시계가 나타내는 시각을 구함.

5 표와 그래프

114~118쪽 1단계 기본 유형 연습

1 바나나

2 상호, 세미, 선정, 소연 / 지은, 주명, 희재, 성민, 예림 / 보람, 재우, 형준

3 5, 3, 12

4 16개

5 7, 4, 5, 16

6 3, 2

7 ( )(×)( )

8 1, 4, 8

9 ㉡

10 4가지

11 예

받고 싶은 생일 선물별 학생 수

선물	휴대 전화	인형	로봇	책	합계
학생 수(명)	6	5	4	3	18

12 ㉢, ㉠, ㉣, ㉡

13 4, 2, 1, 10

14

기르는 동물별 학생 수

4		○		
3	○	○		
2	○	○	○	
1	○	○	○	○
학생 수(명) / 동물	토끼	고양이	다람쥐	거북

15 동물, 학생 수

16 5칸

17

읽은 책의 종류별 학생 수

5		/		
4	/	/		/
3	/	/		/
2	/	/	/	/
1	/	/	/	/
학생 수(명) / 종류	동화책	만화책	위인전	잡지

18

읽은 책의 종류별 학생 수

잡지	×	×	×	×	
위인전	×	×			
만화책	×	×	×	×	×
동화책	×	×	×	×	
종류 / 학생 수(명)	1	2	3	4	5

19 2명

20 15명

21 게임, 6명

22 도윤

23 초록

24 5, 노랑

25 그래프

26 2, 1, 2, 9

27

혈액형별 학생 수

4	○			
3	○			
2	○	○		○
1	○	○	○	○
학생 수(명) / 혈액형	A형	B형	AB형	O형

28 4, AB, 1

29 3, 5, 3, 1, 12

30

좋아하는 계절별 학생 수

겨울	/				
가을	/	/	/		
여름	/	/	/	/	/
봄	/	/	/		
계절 / 학생 수(명)	1	2	3	4	5

31 여름, 겨울

2 두 번 세거나 빠뜨리지 않도록 표시하며 분류합니다.

3 위 **2**에서 분류한 것을 보면 바나나 5명, 배 3명입니다.
➜ (합계)$=4+5+3=12$(명)

4 초록색 연결 모형은 7개, 파란색 연결 모형은 4개, 빨간색 연결 모형은 5개입니다.
➜ (지유네 모둠이 가지고 있는 연결 모형 수)
$=7+4+5=16$(개)

6 위 **5**의 표를 보면 파란색 연결 모형은 4개, 빨간색 연결 모형은 5개입니다.
색깔별로 연결 모형이 7개씩 있었으므로 파란색 연결 모형은 7−4=3(개), 빨간색 연결 모형은 7−5=2(개)가 없어진 것을 알 수 있습니다.

7 정수네 모둠 학생들이 좋아하는 색깔은 빨간색, 파란색, 초록색입니다.
노란색을 좋아하는 학생은 없습니다.

8 좋아하는 색깔별 학생 수를 세어 봅니다.
➜ (합계)=3+1+4=8(명)

9 ㉠ 파란색을 좋아하는 학생들의 이름은 한 사람씩 말한 것을 보고 알 수 있습니다.

10 생일에 받고 싶은 선물은 휴대 전화, 인형, 로봇, 책으로 모두 4가지입니다.

14 기르는 동물별 학생 수만큼 아래에서부터 한 칸에 하나씩 ○를 그립니다.

15 위 **14**의 그래프의 가로에는 동물, 세로에는 학생 수를 나타냈습니다.

16 만화책을 읽은 학생 수 5명을 나타내려면 세로는 적어도 5칸으로 나누어야 합니다.

18 주의
그래프에 ○, ×, /을 이용하여 나타낼 때 학생 수를 세로로 나타낸 그래프는 아래에서부터 위로, 학생 수를 가로로 나타낸 그래프는 왼쪽에서부터 오른쪽으로 중간에 빈칸이 없도록 표시합니다.

20 (합계)=4+6+2+3=15(명)

21 학생 수가 가장 많은 취미는 6명인 게임입니다.

22 하린: 표에서 태민이의 취미는 알 수 없습니다.
도윤: 취미가 운동인 학생은 3명입니다.

23 그래프에서 ○의 수가 가장 적은 색깔을 찾으면 초록입니다.

24 그래프에서 ○의 수가 5개로 노랑이 가장 많습니다.

25 그래프에서 ○의 수를 비교하면 좋아하는 티셔츠 색깔별 학생 수의 많고 적음을 한눈에 알 수 있습니다.

26 혈액형별 학생 수를 세어 봅니다.
➜ (합계)=4+2+1+2=9(명)

29 좋아하는 계절별 학생 수를 세어 봅니다.
➜ (합계)=3+5+3+1=12(명)

30 좋아하는 계절별 학생 수만큼 왼쪽에서부터 한 칸에 하나씩 /을 그립니다.

31 여름을 좋아하는 학생이 5명으로 가장 많고, 겨울을 좋아하는 학생이 1명으로 가장 적습니다.

119~120쪽 1단계 기본 유형 완성

1-1 2	**1**-2 10
1-3 5, 8	
2-1 3, 4, 2, 9	**2**-2 3, 5, 4, 12
3-1 1명	**3**-2 12명
4-1 떡볶이, 햄버거	**4**-2 정치인, 검사

1-1 (기타를 배우고 싶은 학생 수)
=25−10−7−6=2(명)

1-2 (호랑이를 좋아하는 학생 수)
=26−5−4−7=10(명)

1-3 (수영을 한 횟수)=(달리기를 한 횟수)=5번
(배드민턴을 한 횟수)=30−12−5−5
=8(번)

2-1 그래프에서 ○의 수를 세어 표로 나타냅니다.
➜ (합계)=3+4+2=9(번)

2-2 그래프에서 ×의 수를 세어 표로 나타냅니다.
➜ (합계)=3+5+4=12(개)

3-1 사과를 좋아하는 학생 수: 7명
귤을 좋아하는 학생 수: 6명
➜ 7−6=1(명)

3-2 참새를 좋아하는 학생 수: 5명
앵무새를 좋아하는 학생 수: 7명
➜ 5+7=12(명)

4-1 그래프에 3명을 기준으로 선을 그으면 그은 선보다 그린 ○가 더 많이 있는 간식은 떡볶이와 햄버거입니다.

4-2 그래프에 4명을 기준으로 선을 그으면 그은 선보다 그린 ×가 더 적게 있는 장래 희망은 정치인과 검사입니다.

121~123쪽 2단계 실력 유형 연습

1 9, 7, 30   2 23일   3 3, 2, 3, 8

4 2, 6, 5, 13   5 3명

6 화단에 심은 꽃별 학생 수

5			×	
4	×		×	
3	×		×	×
2	×	×	×	×
1	×	×	×	×
학생 수(명) / 꽃	장미	국화	해바라기	수선화

7 18명   8 4개

1 (합계)$=14+9+7=30$(일)

3 ○표, △표, ×표의 수를 세어 표에 씁니다.
➔ (합계)$=3+2+3=8$(번)

4 조각별로 표시하며 수를 세어 봅니다.
➔ (합계)$=2+6+5=13$(개)

5 (수선화를 심은 학생 수)$=14-4-2-5=3$(명)

7 좋아하는 색깔별 학생 수는 하늘색: 5명, 초록색: 7명, 주황색: 2명, 보라색: 4명입니다.
➔ (조사한 전체 학생 수)
$=5+7+2+4=18$(명)

8 가영이가 가지고 있는 젤리는 4개이므로 젤리를 4개보다 적게 가지고 있는 학생은 1개를 가지고 있는 수현이와 3개를 가지고 있는 지아입니다.
➔ (수현이와 지아가 가지고 있는 젤리 수의 합)
$=1+3=4$(개)

124~129쪽 3단계 심화 유형 연습

심화 1 ❶ 3, 6, 2 ❷ 4명
1-1 6명   1-2 5명
심화 2 ❶ 3, 3, 2 ❷ 벚꽃
2-1 바지   2-2 오이

심화 3 ❶ 5명
❷ 좋아하는 장난감별 학생 수

5	○		
4	○		
3	○		○
2	○		○
1	○	○	○
학생 수(명) / 장난감	로봇	인형	블록

/ 로봇

3-1 좋아하는 곤충별 학생 수

나비	×	×	×	×	×	×
잠자리	×	×				
무당벌레	×	×	×			
사슴벌레	×	×	×	×		
곤충 / 학생 수(명)	1	2	3	4	5	6

/ 잠자리

3-2 8명
심화 4 ❶ 8명 ❷ 2명
4-1 8명   4-2 34명

심화 5 ❶ 2 ❷ 8개 ❸ 3개 ❹ 5개
5-1 6권   5-2 5마리
심화 6 ❶ 9 / 4, 6 / 5, 7 ❷ 바이킹
6-1 하영   6-2 동훈

심화 1 ❷ (시츄를 좋아하는 학생 수)
$=15-3-6-2=4$(명)

1-1 ❶ 그래프에서 알 수 있는 좋아하는 음료수별 학생 수는 탄산수: 7명, 우유: 5명, 식혜: 4명입니다.
❷ (주스를 좋아하는 학생 수)
$=22-7-5-4=6$(명)

1-2 ❶ 그래프에서 알 수 있는 좋아하는 과일별 학생 수는 사과: 4명, 포도: 3명입니다.
❷ (딸기를 좋아하는 학생 수)
=(사과를 좋아하는 학생 수)=4명
❸ (귤을 좋아하는 학생 수)
$=16-4-3-4=5$(명)

심화 2 **2** 조사한 자료에서 벚꽃을 좋아하는 학생은 3명인데 표에서 벚꽃을 좋아하는 학생은 4명이므로 민호가 좋아하는 꽃은 벚꽃입니다.

2-1 **1** 오늘 팔고 남은 옷을 세어 보면 윗옷: 4벌, 치마: 3벌, 바지: 5벌입니다.
2 오늘 팔고 남은 바지는 5벌인데 표에서 처음에 있던 바지는 6벌이므로 오늘 판 옷은 바지입니다.

2-2 **1** 조사한 자료에서 동국이와 원규를 제외하고 좋아하는 채소별 학생 수를 세어 보면 당근: 2명, 오이: 4명, 가지: 1명입니다.
2 조사한 자료에서 오이를 좋아하는 학생은 4명인데 표에서 오이를 좋아하는 학생은 6명이므로 동국이와 원규는 오이를 좋아합니다.
따라서 동국이가 좋아하는 채소는 오이입니다.

심화 3 **1** (로봇을 좋아하는 학생 수)
$=9-1-3=5$(명)
2 $5>3>1$이므로 가장 많은 학생이 좋아하는 장난감은 로봇입니다.

3-1 **1** (잠자리를 좋아하는 학생 수)
$=15-4-3-6=2$(명)
2 $2<3<4<6$이므로 가장 적은 학생이 좋아하는 곤충은 잠자리입니다.

3-2 **1** $6>4>3>2$이므로 좋아하는 학생이 가장 많은 곤충은 나비이고 6명입니다.
2 좋아하는 학생이 가장 적은 곤충은 잠자리이고 2명입니다.
3 (좋아하는 학생이 가장 많은 곤충과 가장 적은 곤충의 좋아하는 학생 수의 합)$=6+2=8$(명)

심화 4 **1** (봄에 태어난 학생 수)$=4\times2=8$(명)
2 (가을에 태어난 학생 수)
$=20-8-6-4=2$(명)

4-1 **1** (축구를 좋아하는 학생 수)$=3\times3=9$(명)
2 (농구를 좋아하는 학생 수)
$=28-9-8-3=8$(명)

4-2 **1** (기타를 배우는 학생 수)$=12-2=10$(명)
2 (태희네 반 학생 수)$=5+10+7+12=34$(명)

심화 5 **2** (망고와 사과 수의 합)$=16-8=8$(개)
3 $●+2+●=8$, $●+●=8-2=6$, $●=3$
➔ 사과는 3개입니다.
4 망고는 $3+2=5$(개)입니다.

5-1 **1** 시집 수를 ●권이라 하면 동화책 수는 $(●-3)$권입니다.
2 (시집과 동화책 수의 합)$=20-5=15$(권)
3 $●+●-3=15$, $●+●=15+3=18$, $●=9$입니다. ➔ 시집은 9권입니다.
4 동화책은 $9-3=6$(권)입니다.

5-2 **1** 닭의 수를 ●마리라 하면 오리의 수는 $(●+●)$마리입니다.
2 (오리와 닭의 수의 합)$=19-4=15$(마리)
3 $●+●+●=15$이므로 $5+5+5=15$, $●=5$입니다. ➔ 닭은 5마리입니다.

심화 6 **2** $9>7>6$이므로 가장 많은 학생이 타고 싶은 놀이기구는 바이킹입니다.

6-1 **1** 가지고 있는 연필과 볼펜 수의 합은
하영: $2+4=6$(자루), 동훈: $6+2=8$(자루), 윤정: $4+5=9$(자루)입니다.
2 $6<8<9$이므로 가지고 있는 연필과 볼펜 수의 합이 가장 적은 학생은 하영입니다.

6-2 **1** 가지고 있는 연필과 볼펜 수의 차는
하영: $4-2=2$(자루), 동훈: $6-2=4$(자루), 윤정: $5-4=1$(자루)입니다.
2 $4>2>1$이므로 가지고 있는 연필과 볼펜 수의 차가 가장 큰 학생은 동훈입니다.

130~131쪽 3단계 심화 유형 완성

1 3개

2 좋아하는 방송 프로그램별 학생 수

방송 프로그램	학생 수(명)
예능	4
드라마	3
뉴스	4
만화	5
합계	16

좋아하는 방송 프로그램별 학생 수

5				×
4	×		×	×
3	×	×	×	×
2	×	×	×	×
1	×	×	×	×
학생 수(명) / 방송 프로그램	예능	드라마	뉴스	만화

3 선우
4 2명
5 민율, 혜주
6 27명

1 가장 많이 가지고 있는 학용품은 필통으로 4개이고, 가장 적게 가지고 있는 학용품은 지우개로 1개입니다.
➔ 4−1=3(개)

3

학생별 맞힌 문제 수

이름	선우	지빈	영훈	하린	윤아	합계
맞힌 문제 수(개)	8	6	4	7	5	30

➔ 8>7>6>5>4이므로 문제를 가장 많이 맞힌 학생은 선우입니다.

4 (참치 김밥을 좋아하는 학생 수)
=24−4−8−5=7(명)
➔ 참치 김밥을 좋아하는 학생은 김치 김밥을 좋아하는 학생보다 7−5=2(명) 더 많습니다.

5 (석현이가 얻은 점수)=3×2=6(점)
(민율이가 얻은 점수)=3×4=12(점)
(지희가 얻은 점수)=3×3=9(점)
(혜주가 얻은 점수)=3×5=15(점)
➔ 10점이 넘는 학생은 민율, 혜주이므로 상품을 받는 학생은 민율, 혜주입니다.

6 (피자 붕어빵을 좋아하는 학생 수)=5+3=8(명)
(치즈 붕어빵을 좋아하는 학생 수)=8−2=6(명)
➔ (현지네 반 학생 수)=5+8+8+6=27(명)

132~133쪽 Test 단원 실력 평가

1 오이 **2** 6, 2, 3, 1, 12
3 12명 **4** 오이
5 4
6

좋아하는 민속놀이별 학생 수

윷놀이	/	/	/	/	/	/	
가마싸움	/	/	/	/			
강강술래	/	/	/	/	/	/	/
민속놀이 / 학생 수(명)	1	2	3	4	5	6	7

7 강강술래, 윷놀이, 가마싸움
8 2, 6, 2, 10 **9** 20명
10 예 ❶ 그래프에서 알 수 있는 먹고 싶은 간식별 학생 수는 떡볶이: 4명, 피자: 6명, 과자: 3명입니다.
❷ (빵을 먹고 싶은 학생 수)
=18−4−6−3=5(명) 답 5명

11

학생별 주사위의 눈의 수가 1이 나온 횟수

이름	횟수(번)
정호	3
종석	5
우빈	4
인경	2
합계	14

5		○		
4		○	○	
3	○	○	○	
2	○	○	○	○
1	○	○	○	○
횟수(번) / 이름	정호	종석	우빈	인경

12 예 ❶ (로봇을 좋아하는 학생 수)
=2×3=6(명)
❷ (공을 좋아하는 학생 수)
=20−2−6−7=5(명) 답 5명

4 6>3>2>1이므로 가장 많은 학생이 좋아하는 채소는 오이입니다.

5 (가마싸움을 좋아하는 학생 수)
=17−7−6=4(명)

6 좋아하는 민속놀이별 학생 수만큼 왼쪽에서부터 한 칸에 하나씩 /을 그립니다.

7 그래프에서 /이 많은 것부터 순서대로 씁니다.

참고
많은 학생들이 좋아하는 것일수록 /의 수가 많습니다.

9 혈액형별 학생 수는 A형: 6명, B형: 4명, O형: 7명, AB형: 3명입니다.
➔ (조사한 전체 학생 수)
=6+4+7+3=20(명)

10 평가 기준
❶ 그래프에서 알 수 있는 먹고 싶은 간식별 학생 수를 구함.
❷ 빵을 먹고 싶은 학생 수를 구함.

11 표에서 정호와 우빈이의 횟수를 각각 찾아 그래프를 완성하고, 그래프에서 종석이와 인경이의 ○의 수를 각각 세어 표를 완성합니다.

12 평가 기준
❶ 로봇을 좋아하는 학생 수를 구함.
❷ 공을 좋아하는 학생 수를 구함.

6 규칙 찾기

138~143쪽 1단계 기본 유형 연습

1 (○)( )( )
2 ◇, 초록 3 ♡, ◆
4 (왼쪽에서부터) ●, ●, ●
5 (위에서부터) 1, 1, 2 / 1, 2, 3, 1
6 예 1, 2, 3, 1이 반복됩니다.
7 ▲, ■ 8 ㉡
9
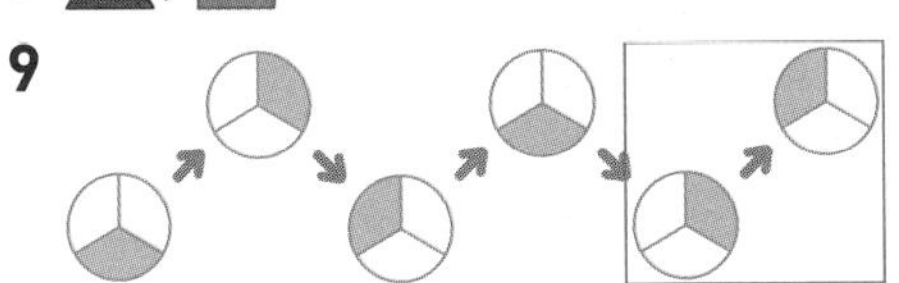
10
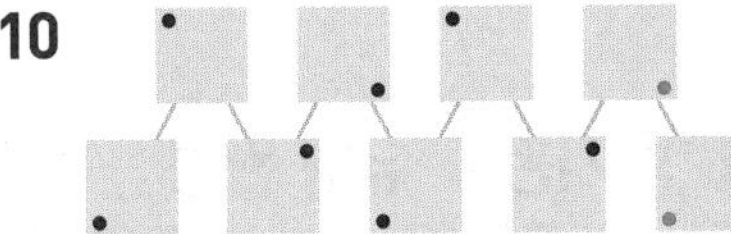
11 △ 12 지호 13 노란색

14 오른에 ○표, 1에 ○표
15 (○)( ) 16 지민
17 1에 ○표, 위에 ○표 18 3
19 10개 20 3개 21 1, 1
22 13, 14 23 같습니다에 ○표
24 (위에서부터) 12 / 12, 14 25 ㉢
26 (위에서부터) 8, 11 / 9, 11
27 예 아래쪽으로 내려갈수록 2씩 커지는 규칙이 있습니다.

28 8, 12 29 12씩
30

×	2	4	6	8
2	4	8	12	16
4	8	16	24	32
6	12	24	36	48
8	16	32	48	64

31 (위에서부터) 3 / 15 / 21, 35
32 지유 33 39
34 파란, 흰 35 3, 10, 17, 24에 ○표
36 7일 37 6씩
38 1 39 12시 30분
40 (위에서부터) 12, 14, 15 / 7, 8 / 4

1 분홍색, 하늘색, 보라색이 반복되므로 빈칸에 알맞은 색은 분홍색입니다.

3 ○, ♡, ◇가 반복되므로 빈칸에 알맞은 모양은 ♡, ◇입니다.
노란색과 초록색이 반복되므로 초록색 다음에는 노란색과 초록색이 와야 합니다.

4 주황색, 파란색, 초록색, 주황색이 반복됩니다.

7 모양은 □과 △이 반복되고 색깔은 파란색, 빨간색, 초록색이 반복됩니다.

8 모양이 시계 방향으로 돌아가는 규칙이므로 □ 안에 알맞은 모양은 ㉡입니다.

9 연두색으로 칠해진 부분이 시계 반대 방향으로 돌아가는 규칙입니다.

10 사각형 안에 •이 시계 방향으로 옮겨지는 규칙입니다.

11 ○과 △이 반복되고 ○과 △의 수가 1개씩 늘어나는 규칙입니다.

13 노란색 구슬과 분홍색 구슬이 반복되고 구슬의 수가 1개씩 늘어나는 규칙입니다.
분홍색 구슬 4개 다음에 노란색 구슬 5개를 끼워야 하므로 □ 안에 알맞은 구슬은 노란색입니다.

15 쌓기나무가 오른쪽으로 1개씩 늘어나고 층수는 변하지 않습니다.

16 쌓기나무의 수가 왼쪽에서 오른쪽으로 1개, 3개씩 반복됩니다.

19 $1+2+3+4=10$(개)

참고
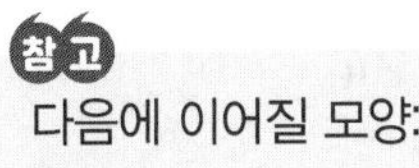

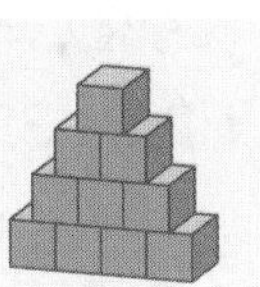

20 모양과 모양이 반복되므로 다음에 쌓아야 할 쌓기나무는 모양입니다.
→ 3개

22 ㉠ $6+7=13$ ㉡ $8+6=14$

25 ㉠ $1+7=8$ ㉡ $2+6=8$ ㉢ $3+6=9$
➔ 다른 수가 들어가는 곳은 ㉢입니다.

26 같은 줄에서 아래쪽으로 내려갈수록 1씩 커지고, 같은 줄에서 오른쪽으로 갈수록 1씩 커집니다.
➔ (위에서부터) $7+1=8$, $10+1=11$,
$8+1=9$, $10+1=11$

27 다른 답
위쪽으로 올라갈수록 2씩 작아지는 규칙이 있습니다.

평가 기준
덧셈표의 초록색 점선에 놓인 수의 규칙을 바르게 썼으면 정답입니다.

28 ㉠ $2\times4=8$ ㉡ $4\times3=12$
다른 풀이
4단 곱셈구구에서 아래쪽으로 내려갈수록, 오른쪽으로 갈수록 각각 4씩 커지므로 ㉠ $4+4=8$, ㉡ $8+4=12$입니다.

29 12 24 36 48 ➔ 12씩 커집니다.
+12 +12 +12

30

×	2	4	6	8
2	4	8	12	16
4	8	16	24	32
6	12	24	36	48
8	16	32	48	64

4 8 12 16
+4 +4 +4
➔ 4씩 커집니다.
규칙이 같은 곳을 찾으면 첫 번째 세로줄입니다.

31 초록색 점선을 따라 접었을 때 만나는 수는 서로 같으므로 위에서부터 차례로 3, 15, 21, 35를 써넣습니다.

32 지유: 홀수단 곱셈구구이므로 곱셈표에 있는 수들은 모두 홀수입니다.

33 ㉠ $3\times5=15$ ㉡ $6\times4=24$
➔ ㉠+㉡$=15+24=39$

36 3 10 17 24 ➔ 화요일은 7일마다 반복됩니다.
+7 +7 +7
참고
달력에서 모든 요일은 7일마다 반복되는 규칙이 있습니다.

37 7 13 19 25 ➔ 6씩 커집니다.
+6 +6 +6

38 8시 30분 —1시간 후→ 9시 30분
—1시간 후→ 10시 30분 —1시간 후→ 11시 30분

39 버스가 1시간마다 출발하므로 다음 버스가 출발하는 시각은 11시 30분에서 1시간 후인 12시 30분입니다.

40 같은 줄에서 오른쪽으로 갈수록 1씩 커지는 규칙이 있습니다.
다른 풀이
같은 줄에서 아래쪽으로 내려갈수록 5씩 작아지는 규칙이 있습니다.

144~145쪽 1단계 기본 유형 완성

1-1 ㉡ **1**-2 ㉡
2-1 1개 **2**-2 3개
2-3 5개
3-1 (위에서부터) 8 / 14 / 7, 13, 15 / 15
3-2 (위에서부터) 7 / 10, 12 / 8, 14 / 12, 14 / 9, 12, 16
3-3 32
4-1 (위에서부터) 8, 24 / 27
(위에서부터) 25, 40 / 42
4-2 (위에서부터) 15 / 18 / 14
(위에서부터) 12 / 16, 20

1-1 ●, ▲, ■이 반복됩니다. 따라서 빈칸에 알맞은 모양은 ㉡입니다.

1-2 모양은 ♡, △이 반복되고, 색깔은 빨간색, 주황색, 보라색이 반복됩니다. 따라서 빈칸에 알맞은 모양은 ㉡입니다.

2-1 쌓기나무가 1개, 2개가 반복되므로 빈 곳에 놓을 쌓기나무는 1개입니다.

2-2 쌓기나무가 4개, 3개가 반복되므로 빈 곳에 놓을 쌓기나무는 3개입니다.

2-3 쌓기나무가 2개, 4개, 5개가 반복되므로 빈 곳에 놓을 쌓기나무는 5개입니다.

3-1

+	6	7	㉠8
6	12	13	14
㉡7	13	14	15
8	14	15	16

8+㉠=16, ㉠=8
㉡+7=14, ㉡=7

3-2

+	3	5	㉠7	9
3	6	8	10	12
5	8	10	12	14
7	10	12	14	16
㉡9	12	14	16	18

5+㉠=12, ㉠=7
㉡+5=14, ㉡=9

3-3

+	4	㉠	8
4	8	10	12
6	10	12	㉡
8	㉢	14	16

4+㉠=10, ㉠=6
㉡=6+8=14
㉢=8+4=12

➜ ㉠+㉡+㉢=6+14+12=32

4-1 각 단의 수는 아래쪽으로 내려갈수록, 오른쪽으로 갈수록 각각 단의 수만큼 커집니다.

146~149쪽 2단계 실력 유형 연습

1 1, 3
2 (위에서부터) 48 / 49, 56 / 48, 56, 64 / 7씩
3 ㉡ **4** ㉠, ㉣
5 혜나
6 (위에서부터) 11 / 15, 18 / 20

7 ▲, ◆ **8** 주황색, 연두색
9 예

10 7시 30분
11 (위에서부터) 7 / 3, 15, 21 / 15 / 7, 35
12 ㉢ **13** 20개

1 • 1 2 3 ➜ 1씩 커집니다.
+1 +1
• 1 4 7 ➜ 3씩 커집니다.
+3 +3

2 35 42 49 56 ➜ 7씩 커집니다.
+7 +7 +7

3 모양이 반복됩니다.

4 주황색으로 색칠된 부분이 시계 반대 방향으로 돌아가는 규칙입니다.

5 혜나: 파란색 점선에 놓인 수는 모두 10으로 짝수입니다.

6 사물함 번호는 같은 줄에서 오른쪽으로 갈수록 1씩 커지고, 같은 줄에서 아래쪽으로 내려갈수록 6씩 커지는 규칙이 있습니다.

7 모양은 ◇, ○, △, △이 반복되고, 색깔은 빨간색, 파란색, 초록색이 반복됩니다.

8 주황색 구슬과 연두색 구슬이 반복되고, 각 색깔별로 구슬의 수가 1개씩 늘어나는 규칙입니다.
연두색 구슬 3개 다음에 주황색 구슬 4개이므로 ㉠은 주황색, 주황색 구슬 4개 다음에 연두색 구슬 4개이므로 ㉡은 연두색입니다.

9 자신만의 규칙을 정하여 그 규칙에 맞게 색칠합니다.

10 4시 30분 (1회) —1시간 후→ 5시 30분 (2회) —1시간 후→ 6시 30분 (3회)
➜ 연극은 1시간마다 시작하는 규칙이 있습니다.
따라서 4회 연극 시작 시각은 6시 30분에서 1시간 후인 7시 30분입니다.

11

×	3	5	㉠7
㉡3	9	15	21
5	15	25	35
㉢7	21	35	49

5×㉠=35, ㉠=7
㉡×3=9, ㉡=3
㉢×3=21, ㉢=7

12 모양은 ☆, ♡, ♧가 반복되고, 색깔은 노란색과 파란색이 반복됩니다.

13 쌓기나무가 아래로 내려갈수록 바로 위의 층보다 쌓기나무가 2개씩 늘어나는 규칙입니다.
따라서 쌓기나무를 4층으로 쌓으려면 쌓기나무는 모두 2+4+6+8=20(개) 필요합니다.

150~155쪽 3단계 심화 유형 연습

심화 1 ① 7일 ② 10일 ③ 17일
1-1 16일 1-2 26일
심화 2 ① 9 ② 22번 ③ 31번
2-1 23번 2-2 3

심화 3 ① △, □ / ○, △ ② 빨간, 초록
③
3-1 3-2
심화 4 ① 1시간 ② 5시 30분
4-1 2시 30분 4-2 12시 45분

심화 5 ① 3개, 5개, 7개 ② 2개씩 ③ 13개
5-1 16개 5-2 21개
심화 6 ① 7, 5 / 3 ② 4 / 9 ③ 윤혜, 6
6-1 지수, 1 6-2 미주, 6

심화 1 ① 모든 요일은 7일마다 반복되는 규칙이 있습니다.
② 첫째 목요일이 3일이므로 둘째 목요일은 $3+7=10$(일)입니다.
③ 둘째 목요일이 10일이므로 셋째 목요일은 $10+7=17$(일)입니다.

1-1 ① 모든 요일은 7일마다 반복되는 규칙이 있습니다.
② 첫째 금요일이 2일이므로 둘째 금요일은 $2+7=9$(일)입니다.
③ 둘째 금요일이 9일이므로 셋째 금요일은 $9+7=16$(일)입니다.

1-2 ① 모든 요일은 7일마다 반복되는 규칙이 있습니다.
② 첫째 일요일이 5일이므로 둘째 일요일은 $5+7=12$(일)입니다.
③ 둘째 일요일이 12일이므로 셋째 일요일은 $12+7=19$(일), 넷째 일요일은 $19+7=26$(일)입니다.

심화 2 ② 다열 네 번째 자리의 번호:
$4+9+9=22$(번)
③ 라열 네 번째 자리의 번호는 $22+9=31$(번)이므로 은혜가 앉을 자리의 번호는 31번입니다.

2-1 ① 같은 줄에서 아래쪽으로 내려갈수록 사물함 번호가 6씩 커지는 규칙이 있습니다.
② 셋째 줄 다섯 번째 칸의 번호:
$5+6+6=17$(번)
③ 넷째 줄 다섯 번째 칸의 번호는 $17+6=23$(번)이므로 정훈이의 사물함 번호는 23번입니다.

2-2 ① 같은 줄에서 아래쪽으로 내려갈수록 사물함 번호가 6씩 커지는 규칙이 있습니다.
② 넷째 줄 세 번째 칸의 번호:
$3+6+6+6=21$(번)
③ 다섯째 줄 세 번째 칸의 번호는 $21+6=27$(번)이므로 유나의 사물함 번호는 27번입니다.
④ 세호와 유나의 사물함 번호의 차: $30-27=3$

심화 3 ③ 빈 곳에는 바깥쪽부터 □, △, ○ 순서이므로 △, ○을 그리고, 노란색, 빨간색, 초록색 순서로 색칠합니다.

3-1 ① 모양의 규칙을 알아보면 바깥쪽: □, ◇, ○, 가운데: ◇, ○, □, 안쪽: ○, □, ◇가 반복됩니다.
② 색의 규칙을 알아보면 바깥쪽: 보라색, 가운데: 파란색, 안쪽: 노란색이 색칠되어 있습니다.
③ 빈 곳에는 바깥쪽부터 ◇, ○, □ 순서이므로 ○, □을 그리고, 보라색, 파란색, 노란색 순서로 색칠합니다.

3-2 ① 모양의 규칙을 알아보면 바깥쪽: □, △, ○, 가운데: ○, □, △, 안쪽: △, ○, □이 반복됩니다.
② 색의 규칙을 알아보면 바깥쪽: 빨간색, 가운데: 노란색, 안쪽: 파란색이 색칠되어 있습니다.
③ □ 안에는 바깥쪽부터 ○, △, □ 순서로 그리고, 빨간색, 노란색, 파란색 순서로 색칠합니다.

심화 4 ① 1회 1시 30분 →(1시간 후) 2회 2시 30분 →(1시간 후) 3회 3시 30분 →(1시간 후) 4회 4시 30분
➜ 공연은 1시간마다 시작합니다.
② 4회 4시 30분 →(1시간 후) 5회 5시 30분
➜ 5회 공연 시작 시각은 5시 30분입니다.

4-1 ① 1번째 12시 30분 →(30분 후) 2번째 1시 →(30분 후) 3번째 1시 30분 →(30분 후) 4번째 2시
➜ 버스는 30분마다 출발합니다.

❷ 2시 $\xrightarrow{30분 후}$ 2시 30분 (4번째 → 5번째) ➜ 5번째 버스의 출발 시각은 2시 30분입니다.

4-2 ❶ 12시 15분 (1회) $\xrightarrow{15분 후}$ 12시 30분 (2회),
1시 (4회) $\xrightarrow{15분 후}$ 1시 15분 (5회)
➜ 열차는 15분마다 출발합니다.
❷ 12시 30분 (2회) $\xrightarrow{15분 후}$ 12시 45분 (3회) $\xleftarrow{15분 전}$ 1시 (4회)
➜ 3회 열차 출발 시각은 12시 45분입니다.

심화 5 ❷ 쌓기나무가 3개, 5개, 7개로 2개씩 늘어나는 규칙입니다.
❸ 넷째: 7+2=9(개), 다섯째: 9+2=11(개), 여섯째: 11+2=13(개)

5-1 ❶ 각 쌓기나무의 개수를 세어 보면 첫째: 4개, 둘째: 6개, 셋째: 8개입니다.
❷ 쌓기나무가 4개, 6개, 8개로 2개씩 늘어나는 규칙입니다.
❸ 쌓기나무가 넷째: 8+2=10(개), 다섯째: 10+2=12(개), 여섯째: 12+2=14(개) 필요하므로 일곱째 모양을 쌓으려면 쌓기나무가 14+2=16(개) 필요합니다.

5-2 ❶ 각 쌓기나무의 개수를 세어 보면 첫째: 1개, 둘째: 3개, 셋째: 6개입니다.
❷ 쌓기나무가 1개, 3개, 6개로 2개, 3개, ...로 늘어나는 규칙입니다.
❸ 쌓기나무가 넷째: 6+4=10(개), 다섯째: 10+5=15(개) 필요하므로 여섯째 모양을 쌓으려면 쌓기나무가 15+6=21(개) 필요합니다.

심화 6 ❶ 3, 7, 5가 반복되는 규칙이므로 13번째에 쓴 수는 3, 7, 5에서 첫 번째에 쓴 수와 같습니다. ➜ 정하가 13번째에 쓴 수: 3
❷ 9, 4가 반복되는 규칙이므로 13번째에 쓴 수는 9, 4에서 첫 번째에 쓴 수와 같습니다.
➜ 윤혜가 13번째에 쓴 수: 9
❸ 13번째에 쓴 수는 정하가 3, 윤혜가 9이므로 윤혜가 쓴 수가 9−3=6 더 큽니다.

6-1 ❶ 2, 6, 2가 반복되는 규칙이므로 15번째에 쓴 수는 2, 6, 2에서 마지막에 쓴 수와 같습니다.
➜ 지수가 15번째에 쓴 수: 2
❷ 5, 7, 1, 3이 반복되는 규칙이므로 15번째에 쓴 수는 5, 7, 1, 3에서 3번째에 쓴 수와 같습니다.
➜ 인우가 15번째에 쓴 수: 1
❸ 15번째에 쓴 수는 지수가 2, 인우가 1이므로 지수가 쓴 수가 2−1=1 더 큽니다.

6-2 ❶ 1부터 1씩 커지는 규칙입니다.
➜ 경호가 14번째에 쓴 수: 14
❷ 4, 8, 1, 1이 반복되는 규칙이므로 14번째에 쓴 수는 4, 8, 1, 1에서 2번째에 쓴 수와 같습니다.
➜ 미주가 14번째에 쓴 수: 8
❸ 14번째에 쓴 수는 경호가 14, 미주가 8이므로 미주가 쓴 수가 14−8=6 더 작습니다.

156~157쪽 3단계 심화 유형 완성

1 11	**2** 8개
3 사각형, 원	**4** 노란색
5 마열, 다섯 번째	**6** 주황색

1 ㉠ 5×6=30 ㉡ 6×4=24 ㉢ 7×5=35
35>30>24이므로 가장 큰 수는 35, 가장 작은 수는 24입니다.
➜ 가장 큰 수와 가장 작은 수의 차: 35−24=11

2 쌓기나무가 오른쪽에 2개씩 늘어나는 규칙입니다. 규칙에 따라 쌓아 보면 빈칸에 들어갈 모양은 4줄씩 2층으로 된 모양이므로 필요한 쌓기나무는 모두 4×2=8(개)입니다.

3 [도형], [도형], [도형]이 반복되는 규칙입니다.
따라서 □ 안에 들어갈 모양은 [도형]이므로 맨 바깥쪽에 있는 도형은 사각형이고, 맨 안쪽에 있는 도형은 원입니다.

4 초록색, 노란색, 빨간색이 반복되는 규칙입니다.
3×5=15이므로 15번째까지 3가지 색이 5번 반복됩니다.
➜ 지금부터 17번째에 켜지는 신호등의 색은 두 번째와 같은 노란색입니다.

5 같은 줄에서 위쪽으로 올라갈수록 자리의 번호가 8씩 작아집니다.
$37-8=29$, $29-8=21$, $21-8=13$, $13-8=5$이므로 37번 자리는 5번 자리에서 아래쪽으로 4줄 내려간 마열 다섯 번째입니다.

6 보라색 구슬과 주황색 구슬이 반복되고 구슬 수가 1개씩 늘어나는 규칙입니다.
➔ $1+2+3+4+5=15$이므로 16번째부터 21번째까지 끼우는 구슬은 주황색입니다. 따라서 19번째에 끼우는 구슬은 주황색입니다.

158~159쪽 Test 단원 실력 평가

1 1씩 **2** 5
3 ○, 분홍, 연두 **4** △
5 (위에서부터) 18 / 10 / 28
6
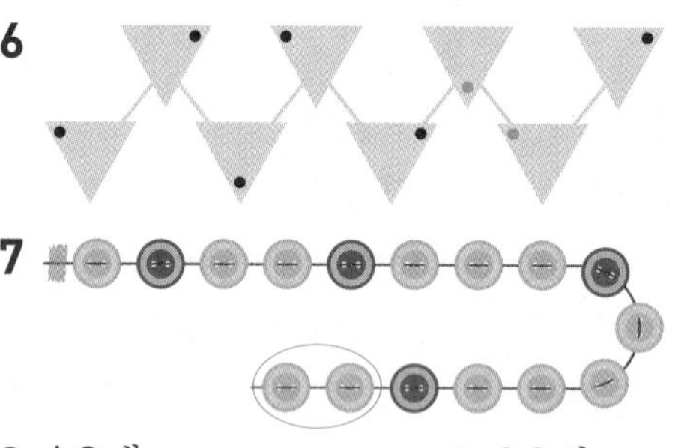
7 (그림)
8 12개 **9** 23번
10 13
11 예 ❶ 쌓기나무가 아래로 내려갈수록 바로 위의 층보다 2개씩 늘어나는 규칙입니다.
❷ 쌓기나무를 4층으로 쌓으려면 쌓기나무는 모두 $1+3+5+7=16$(개) 필요합니다.
답 16개
12 3, 5 **13** (그림)
14 예 ❶ 11시 30분(1회) —2시간 후→ 1시 30분(2회) —2시간 후→ 3시 30분(3회) —2시간 후→ 5시 30분(4회)
➔ 영화는 2시간마다 시작합니다.
❷ 5시 30분(4회) —2시간 후→ 7시 30분(5회)
➔ 5회 영화 시작 시각은 7시 30분입니다.
답 7시 30분

4 △, □, ○이 반복되므로 □ 안에 알맞은 모양은 △입니다. 분홍색, 연두색이 반복되므로 연두색 다음에는 분홍색이 와야 합니다.

5

×	2	4	6
3	6	12	㉠18
5	㉡10	20	30
7	14	㉢28	42

㉠ $3\times6=18$
㉡ $5\times2=10$
㉢ $7\times4=28$

6 삼각형 안에 •이 시계 방향으로 옮겨지는 규칙입니다.

7 초록색 단추와 빨간색 단추가 반복되고, 초록색 단추의 수가 1개씩 늘어나는 규칙입니다.

8 3 (+3) 6 (+3) 9 ➔ 3개씩 늘어납니다.
따라서 다음에 이어질 모양에 쌓을 쌓기나무는 $9+3=12$(개)입니다.

9 같은 줄에서 아래쪽으로 내려갈수록 자리의 번호가 8씩 커지는 규칙이 있습니다.
가열 일곱 번째 자리의 번호가 7번이므로 나열 일곱 번째 자리의 번호는 $7+8=15$(번)입니다.
➔ 다열 일곱 번째 자리의 번호: $15+8=23$(번)

10 나열 여섯 번째 자리의 번호는 $6+8=14$(번)이므로 선호의 자리의 번호는 14번입니다.
➔ 선호와 수아의 자리의 번호의 차: $27-14=13$

11 평가 기준
❶ 쌓기나무를 쌓은 규칙을 찾음.
❷ 쌓기나무를 4층으로 쌓으려면 쌓기나무는 모두 몇 개 필요한지 구함.

12 • $6\times㉠=18$, $㉠=3$
• $㉡\times㉠=15$, $㉡\times3=15$, $㉡=5$

13 모양은 바깥쪽: △, ○, □, 가운데: ○, □, △, 안쪽: □, △, ○이 반복됩니다.
색은 바깥쪽: 파란색, 가운데: 노란색, 안쪽: 빨간색이 색칠되어 있습니다.
□ 안에는 바깥쪽부터 ○, □, △ 순서로 그리고, 파란색, 노란색, 빨간색 순서로 색칠합니다.

14 평가 기준
❶ 영화 시작 시각의 규칙을 찾음.
❷ 5회 영화 시작 시각을 구함.

1 네 자리 수

2~3쪽 1단원 상위권 도전 문제

1 100개	2 지호
3 38개	4 3가지
5 2805	6 23가지

1 ㉠은 천의 자리 숫자이므로 1000을 나타냅니다.
㉡은 십의 자리 숫자이므로 10을 나타냅니다.
➔ 1000은 10이 100개인 수입니다.

2 태어난 연도의 수가 클수록 늦게 태어난 것이므로 나이가 어립니다.
2014 > 2010 > 2009 > 2007이므로 나이가 가장 어린 사람은 2014년에 태어난 지호입니다.

3 1000원짜리 지폐 3장 → 3000원
500원짜리 동전 1개 → 500원
10원짜리 동전 30개 → 300원
3800원
➔ 민우가 가지고 있는 돈은 모두 3800원이므로 100원짜리 동전 38개로 바꿀 수 있습니다.

다른 풀이
- (1000원짜리 지폐 1장)=(100원짜리 동전 10개)
  ➔ (1000원짜리 지폐 3장)=(100원짜리 동전 30개)
- (500원짜리 동전 1개)=(100원짜리 동전 5개)
- (10원짜리 동전 10개)=(100원짜리 동전 1개)
  ➔ (10원짜리 동전 30개)=(100원짜리 동전 3개)

따라서 100원짜리 동전으로 모두 바꾼다면
30+5+3=38(개)로 바꿀 수 있습니다.

4 7000원은 1000원짜리 지폐 7장과 같으므로 가격의 1000원짜리 지폐의 합이 7인 경우를 알아봅니다.
2와 5의 합이 7이므로 (사이다, 딸기주스), (우유, 딸기주스)를 주문할 수 있고, 4와 3의 합이 7이므로 (수정과, 포도주스)를 주문할 수 있습니다.
따라서 주문할 수 있는 방법은 모두 3가지입니다.

주의
음료 2잔을 주문하는 방법을 구하는 것이므로 (사이다, 우유, 포도주스)(→ 음료 3잔) 또는 (수박주스)(→ 음료 1잔)를 주문하는 방법은 포함하지 않습니다.

5 ㉠을 구하려면 6205에서 출발하여 1000씩 거꾸로 3번 뛰어 센 후, 100씩 거꾸로 4번 뛰어 세어야 합니다.
6205－5205－4205－3205이고,
3205－3105－3005－2905－2805이므로
㉠에 알맞은 수는 2805입니다.

6 천의 자리 숫자를 비교하면 ㉠에 들어갈 수 있는 숫자는 1, 2, 3입니다.
- ㉠=1 또는 2이면 ㉡에는 0부터 9까지의 숫자가 들어갈 수 있습니다.
  (㉠, ㉡)으로 나타내면 (1, 0), (1, 1), (1, 2), (1, 3), (1, 4), (1, 5), (1, 6), (1, 7), (1, 8), (1, 9), (2, 0), (2, 1), (2, 2), (2, 3), (2, 4), (2, 5), (2, 6), (2, 7), (2, 8), (2, 9)입니다.
  → 20가지
- ㉠=3이면 ㉡에는 7, 8, 9가 들어갈 수 있습니다. (㉠, ㉡)으로 나타내면 (3, 7), (3, 8), (3, 9)입니다. → 3가지

➔ 20+3=23(가지)

4~5쪽 1단원 경시대회 예상 문제

1 5990	2 10개
3 8	4 7일 후
5 10개	6 7690, 1616

1 5490에서 출발하여 100씩 뛰어 세면
5490－5590－5690－5790－5890－5990－6090－6190입니다.
➔ 주어진 수 카드의 수 중 5990이 보이지 않으므로 뒤집어진 수 카드에 적힌 수는 5990입니다.

2 100이 30개인 수는 3000이므로 마늘 30접은 3000통입니다.
3000은 300이 10개인 수이므로 마늘 3000통을 망 주머니 한 개에 300통씩 담으면 마늘을 담은 망 주머니는 모두 10개가 됩니다.

3 1000이 4개 → 4000
100이 22개 → 2200
1이 7개 → 7
6207

6287은 6207보다 80만큼 더 큰 수이고, 80은 10이 8개인 수이므로 □ 안에 알맞은 수는 8입니다.

4 1000원짜리 지폐가 3장이면 3000원이고, 100원짜리 동전이 15개이면 1500원이므로 저금통에 오늘까지 들어 있는 돈은 모두 4500원입니다.
4500에서 출발하여 5200이 될 때까지 100씩 뛰어 세면

1일 후 2일 후 3일 후 4일 후
4500−4600−4700−4800−4900
5일 후 6일 후 7일 후
−5000−5100−5200입니다.

따라서 5200원이 되는 날은 7일 후입니다.

5 전략
3500보다 작은 네 자리 수를 만들어야 하므로 천의 자리 숫자가 3과 같거나 3보다 작은 네 자리 수를 만들어 봅니다.

3500보다 작은 네 자리 수를 만들려면 천의 자리 숫자는 2, 3이어야 합니다.
- 천의 자리 숫자가 2일 때 만들 수 있는 네 자리 수: 2037, 2073, 2307, 2370, 2703, 2730
- 천의 자리 숫자가 3일 때 만들 수 있는 네 자리 수: 3027, 3072, 3207, 3270, 3702, 3720

이 중 3500보다 작은 네 자리 수는 3702, 3720을 제외한 수로 모두 10개입니다.

6 백의 자리 숫자가 6이면 600을 나타냅니다.
네 자리 수를 ㉠6□㉡이라 하면 ㉠과 ㉡의 합이 7이므로
- 가장 큰 네 자리 수가 되려면 ㉠=7, ㉡=0이고, 십의 자리 숫자는 9여야 합니다. ➔ 7690
- 가장 작은 네 자리 수가 되려면 ㉠=1, ㉡=6이고, 십의 자리 숫자는 0이어야 합니다. ➔ 1606
두 번째로 작은 네 자리 수가 되려면 ㉠=1, ㉡=6이고, 십의 자리 숫자는 1이어야 합니다.
➔ 1616

2 곱셈구구

6~7쪽 2단원 상위권 도전 문제

1 7	**2** 3, 18	**3** 7, 8
4 3개	**5** 6	**6** 38장

1 어떤 수를 □라고 하면 □×4=28에서 7×4=28이므로 어떤 수는 7입니다.

2 보기에서 2×6=12, 3×4=12이고, 6×6=36, 4×9=36이므로 가운데 □ 안의 수는 양 끝의 ○ 안에 있는 두 수의 곱입니다.

2×9=18이므로 ㉠에 알맞은 수는 18입니다.
㉡×6=18에서 3×6=18이므로 ㉡에 알맞은 수는 3입니다.

3 • 어떤 수를 □라고 하면 □×4<35에서 8×4=32, 9×4=36이므로 □는 9보다 작습니다.
• □×3>20에서 6×3=18, 7×3=21이므로 □는 6보다 큽니다.
➔ □는 6보다 크고 9보다 작으므로 7, 8입니다.

4 (리본의 길이)=6×4=24 (cm)이고, 만들려고 하는 사각형의 네 변의 길이의 합은 2×4=8 (cm)입니다. 만들 수 있는 사각형의 수를 □개라고 하면 8×□=24입니다.
➔ 8×3=24이므로 □=3입니다.
따라서 사각형을 3개까지 만들 수 있습니다.

5 7×7=49, 5×□보다 19만큼 더 큰 수가 49이므로 5×□는 49보다 19만큼 더 작습니다.
5×□=49−19, 5×□=30에서 5×6=30이므로 □ 안에 알맞은 수는 6입니다.

6 색종이의 수는 45보다 작은 수 중에서 5단 곱셈구구의 수보다 2만큼 더 작은 수이므로 3, 8, 13, 18, 23, 28, 33, 38, 43 중 하나입니다. 이 중에서 6단 곱셈구구의 수보다 4만큼 더 작은 수를 찾아보면 8, 38이고, 8, 38 중에서 9단 곱셈구구의 수보다 2만큼 더 큰 수는 38입니다.
➔ 색종이는 38장입니다.

8~9쪽 2단원 경시대회 예상 문제

1 4　　2 4개　　3 하랑
4 40　　5 8, 3
6 (위에서부터) 5 / 7, 6

1 ●+●+●+●+●+●=●×6
➔ ●×6=2●에서 4×6=24이므로 ●=4

2 채령이만 바위를 내어 이겼으므로 나머지 2명은 가위를 냈습니다. 펼친 손가락은 바위를 낸 1명이 0×1=0(개), 가위를 낸 2명이 2×2=4(개)이므로 모두 0+4=4(개)입니다.

3 하랑: 9점짜리 2개 → 9×2=18(점),
6점짜리 2개 → 6×2=12(점),
3점짜리 3개 → 3×3=9(점)이므로
18+12+9=39(점)입니다.
서원: 9점짜리 1개 → 9×1=9(점),
6점짜리 3개 → 6×3=18(점),
3점짜리 3개 → 3×3=9(점)이므로
9+18+9=36(점)입니다.
➔ 39>36이므로 하랑이의 점수가 더 높습니다.

4 곱셈구구에서 곱이 5인 경우는 5×1 또는 1×5이므로 나머지 수 카드의 수는 5와 1입니다.
➔ 8>7>5>1이므로 2장을 골라 구할 수 있는 가장 큰 곱은 8×7=56이고, 둘째로 큰 곱은 8×5=40입니다.

5 차가 5인 두 수 (■, ▲)는 (5, 0), (6, 1), (7, 2), (8, 3), (9, 4)입니다.
5×0=0, 6×1=6, 7×2=14, 8×3=24, 9×4=36이므로 곱이 24인 두 수는 8과 3입니다.
➔ ■=8, ▲=3

6 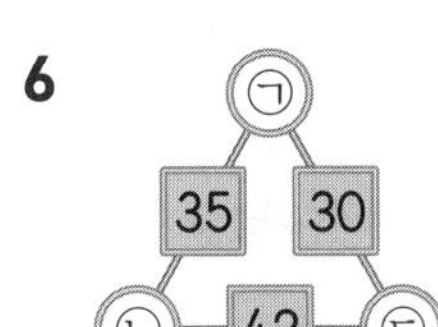

• 두 수의 곱이 35인 경우: 5×7, 7×5
• 두 수의 곱이 30인 경우: 5×6, 6×5
• 두 수의 곱이 42인 경우: 6×7, 7×6
㉠에 들어갈 수는 5×7, 7×5에도 들어 있고 5×6, 6×5에도 들어 있는 수이므로 ㉠=5입니다.
5×㉡=35에서 5×7=35이므로 ㉡=7입니다.
5×㉢=30에서 5×6=30이므로 ㉢=6입니다.

3 길이 재기

10~11쪽 3단원 상위권 도전 문제

1 서준　　2 2 m　　3 3개
4 편의점, 3 m 40 cm (또는 340 cm)
5 25　　6 6 m 50 cm

2 4뼘이 약 50 cm이므로 8뼘은
약 50 cm+50 cm=100 cm=1 m입니다.
8×2=16이므로 16뼘은 8뼘씩 2번 ➔ 약 1 m의 2배로 약 2 m입니다.
따라서 이 침대 긴 쪽의 길이는 약 2 m입니다.

3 640 cm=6 m 40 cm
➔ 6 m 40 cm보다 긴 길이는 6 m 73 cm, 7 m 36 cm, 7 m 63 cm로 모두 3개입니다.

4 (학교~편의점~공원)
=25 m 20 cm+34 m 40 cm=59 m 60 cm
(학교~문구점~공원)
=30 m 80 cm+32 m 20 cm=63 m
➔ 59 m 60 cm<63 m이므로 편의점을 거쳐 가는 것이 63 m−59 m 60 cm=3 m 40 cm 더 가깝습니다.

5 길이가 1 m인 끈을 20 cm씩 자르면 5도막이 됩니다. 그런데 한 도막이 적었으므로 ■ cm인 도막으로 자르면 4도막이 됩니다.
25 cm+25 cm+25 cm+25 cm=100 cm이므로 1 m를 4도막으로 잘랐을 때 한 도막의 길이는 25 cm입니다. ➔ ■=25

6 (사각형 1개의 네 변의 길이의 합)
=1 m+25 cm+1 m+25 cm=2 m 50 cm
(사각형 3개의 모든 변의 길이의 합)
=2 m 50 cm+2 m 50 cm+2 m 50 cm
=7 m 50 cm

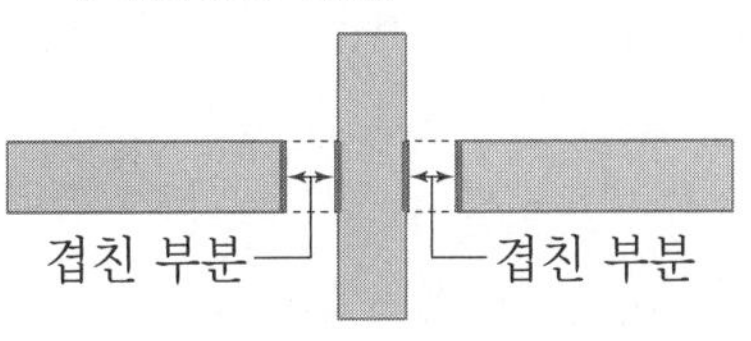

겹친 부분은 4군데이고 겹친 부분의 길이의 합은 25 cm+25 cm+25 cm+25 cm=1 m입니다.
➔ 굵은 선의 길이의 합은
7 m 50 cm−1 m=6 m 50 cm입니다.

12~13쪽 3단원 경시대회 예상 문제

1 3 m 12 cm
2 1 m 20 cm
3 1 m 20 cm
4 5 m 20 cm
5 50
6 10가지

2 18걸음은 세 걸음씩 6번입니다. ➜ 수족관의 길이는 약 1 m의 6배이므로 약 6 m입니다.
새봄이가 양팔을 벌린 길이의 5배가 6 m이고,
1 m 20 cm+1 m 20 cm+1 m 20 cm
+1 m 20 cm+1 m 20 cm=6 m
이므로 새봄이가 양팔을 벌린 길이는
약 1 m 20 cm입니다.

4 색 테이프를 3장 이어 붙인 것이므로 겹친 부분은 2군데입니다.
(겹친 부분의 길이의 합)=25 cm+25 cm=50 cm
(색 테이프 3장의 길이의 합)
=15 m 10 cm+50 cm=15 m 60 cm
15 m 60 cm=5 m 20 cm+5 m 20 cm
+5 m 20 cm이므로 색 테이프 한 장의 길이는
5 m 20 cm입니다.

5 80 cm인 부분이 두 곳 ➜ 160 cm=1 m 60 cm,
30 cm인 부분이 두 곳 ➜ 60 cm입니다.
□ cm인 부분이 네 곳이고, 매듭의 길이가 70 cm이므로 1 m 60 cm+60 cm+□ cm+□ cm
+□ cm+□ cm+70 cm=4 m 90 cm,
□ cm+□ cm+□ cm+□ cm
=2 m=200 cm
➜ 50 cm+50 cm+50 cm+50 cm
=200 cm이므로 □=50입니다.

6 • 막대 1개로 잴 수 있는 길이: 3 m, 4 m, 5 m
• 막대 2개로 잴 수 있는 길이:
4−3=1 (m), 5−4=1 (m), 5−3=2 (m),
3+4=7 (m), 3+5=8 (m), 4+5=9 (m)
• 막대 3개로 잴 수 있는 길이:
3+4−5=2 (m), 3+5−4=4 (m),
4+5−3=6 (m), 3+4+5=12 (m)
➜ 잴 수 있는 길이는 1 m, 2 m, 3 m, 4 m, 5 m, 6 m, 7 m, 8 m, 9 m, 12 m로 모두 10가지입니다.

4 시각과 시간

14~17쪽 4단원 상위권 도전 문제

1 5
2 23일
3 오후 5시 55분
4 토요일
5 / 2시간
6 26일
7 
8 윤아, 세아, 지훈
9 4번
10 1시간 55분
11 7시 10분
12 2일, 9일, 16일, 23일, 30일

1 9시 45분부터 20분 전의 시각은 9시 25분입니다.
따라서 긴바늘이 5를 가리키게 그려야 합니다.

2 1월의 첫째 월요일은 2일이므로 넷째 월요일은 2+7+7+7=23(일)입니다.

3 오전 6시 5분 전은 오전 5시 55분입니다.
오전 5시 55분에서 짧은바늘이 시계를 한 바퀴 돌면 12시간 후이므로 오후 5시 55분이 됩니다.

4 11월의 수요일 날짜를 모두 알아보면 7일,
7+7=14(일), 14+7=21(일), 21+7=28(일)
입니다.
따라서 11월의 마지막 날인 30일은 금요일이므로 12월 1일은 토요일입니다.

5 30분씩 4가지 게임을 하였으므로 걸린 시간은
30분+30분+30분+30분=120분입니다.
➜ 120분=60분+60분=2시간

6 • 정아의 생일은 9월 30일입니다.
• 서윤이는 정아보다 일주일 먼저 태어났으므로 서윤이의 생일은 9월 23일입니다.
• 72시간=3일이고 지우는 서윤이보다 3일 후에 태어났으므로 지우의 생일은 9월 26일입니다.

7 왼쪽 시계가 나타내는 시각은 8시 50분입니다.
정확한 시각은 8시 50분에서 35분 후의 시각입니다.

8시 50분 $\xrightarrow{10분 후}$ 9시 $\xrightarrow{25분 후}$ 9시 25분

➜ 9시 25분부터 2시간 후의 시각은 11시 25분입니다.

8 윤아: 95분, 지훈: 1시간 5분=65분, 세아: 70분
시간이 길수록 스케이트장에 먼저 온 것입니다.
95분>70분>65분이므로 먼저 온 순서대로 이름을 쓰면 윤아, 세아, 지훈입니다.

9 코끼리 열차가 출발하는 시각을 구해 보면
오전 9시 40분 $\xrightarrow{40분 후}$ 오전 10시 20분
$\xrightarrow{40분 후}$ 오전 11시 $\xrightarrow{40분 후}$ 오전 11시 40분
$\xrightarrow{40분 후}$ 오후 12시 20분, ... 입니다.
따라서 오전에 모두 4번 출발합니다.

10 시작한 시각은 오후 10시 40분이고 끝난 시각은 다음날 오전 12시 35분입니다.
오후 10시 40분 $\xrightarrow{1시간 후}$ 오후 11시 40분
$\xrightarrow{20분 후}$ 밤 12시 $\xrightarrow{35분 후}$ 오전 12시 35분
➜ 새해맞이 특별 생방송을 한 시간은 1시간 55분입니다.

11 1부 공연이 끝난 시각: 5시 $\xrightarrow{50분 후}$ 5시 50분
휴식 시간이 끝난 시각: 5시 50분 $\xrightarrow{20분 후}$ 6시 10분
2부 공연이 끝난 시각: 6시 10분 $\xrightarrow{60분 후}$ 7시 10분

다른 풀이
50+20+60=130(분)이고, 130분=2시간 10분입니다.
공연이 끝난 시각은 5시부터 2시간 10분 후의 시각입니다.
5시 $\xrightarrow{2시간 후}$ 7시 $\xrightarrow{10분 후}$ 7시 10분
따라서 공연이 끝난 시각은 7시 10분입니다.

12 4월은 30일까지 있고 7일마다 같은 요일이 반복되므로 각 요일의 날짜를 모두 더한 수는 다음과 같습니다.

	1	2	3	4	5	6	7
	8	9	10	11	12	13	14
	15	16	17	18	19	20	21
	22	23	24	25	26	27	28
	29	30					
합	(75)	80	54	(58)	62	66	70
	월	화	수	목			

각 요일의 날짜를 모두 더한 수 중에서 차가 17인 두 수는 75와 58이므로 4월 1일은 월요일입니다.
따라서 4월의 화요일 날짜는 2일, 9일, 16일, 23일, 30일입니다.

18~19쪽 4단원 경시대회 예상 문제

1	11시 30분	**2**	10시간
3	2시간 30분	**4**	14시간
5	8일	**6**	오전 8시 35분

1 시계의 긴바늘이 4바퀴 돌면 4시간이 지납니다.
도착한 시각은 출발한 시각인 7시 30분부터 4시간 후이므로 11시 30분입니다.

2 **전략**
어제 밤 12시를 기준으로 그 전의 시간과 그 후의 시간을 각각 구하여 더합니다.

어제 오후 8시 $\xrightarrow{4시간 후}$ 어제 밤 12시
$\xrightarrow{6시간 후}$ 오늘 오전 6시
➜ 걸린 시간은 4+6=10(시간)입니다.

3 모래가 모두 떨어지는 데 걸리는 시간을 각각 구하면
처음 놓았을 때: 50분
1번째 뒤집었을 때: 50분
2번째 뒤집었을 때: 50분
➜ 50분+50분+50분=150분=2시간 30분

4 하루는 24시간이고 밤의 길이를 □시간이라 하면 낮의 길이는 (□−4)시간입니다.
➜ □−4+□=24, □+□=28, □=14이므로 밤의 길이는 14시간입니다.

참고
하루의 낮의 길이와 밤의 길이를 더하면 24시간입니다.

5 10월은 31일까지 있습니다.
첫째 월요일은 9일부터 3일 전인 6일이고,
6+7=13(일), 13+7=20(일), 20+7=27(일)도 월요일입니다.
목요일은 2일, 9일, 9+7=16(일),
16+7=23(일), 23+7=30(일)입니다.
10월 9일에는 댄스 학원이 쉬므로 댄스 학원을 가는 날은 모두 4+4=8(일)입니다.

6 기차역에 도착하려는 시각은 오전 10시부터 15분 전의 시각이므로 오전 9시 45분입니다.
집에서 출발해야 하는 시각은 오전 9시 45분부터 1시간 10분 전의 시각입니다.
오전 9시 45분 $\xrightarrow{1시간 전}$ 오전 8시 45분
$\xrightarrow{10분 전}$ 오전 8시 35분

5 표와 그래프

20~21쪽 5단원 상위권 도전 문제

1 10명　2 40권
3 7명　4 46점
5 27명

1 (호랑이를 보고 싶은 학생 수)
=30−7−9−4=10(명)
➔ 10>9>7>4로 호랑이를 보고 싶은 학생 수가 가장 많으므로 세로에 적어도 10명까지 나타낼 수 있어야 합니다.

2 가장 재밌었던 종목별 학생 수는 줄다리기: 2명, 단체 줄넘기: 5명, 박 터트리기: 6명, 이어달리기: 3명, 공굴리기: 4명이므로
(해수네 반 학생 수)=2+5+6+3+4=20(명)입니다.
➔ 한 사람에게 공책을 2권씩 나누어 주었으므로 나누어 준 공책은 모두 20+20=40(권)입니다.

3 (토끼와 햄스터를 기르고 싶은 학생 수의 합)
=29−10−5=14(명)
토끼를 기르고 싶은 학생 수를 □명이라 하면 햄스터를 기르고 싶은 학생 수도 □명입니다.
➔ □+□=14, □=7이므로 토끼를 기르고 싶은 학생은 7명입니다.

4 (6점을 맞힌 횟수)=10−4−1−3=2(번)
1점을 4번 맞혀 얻은 점수: 1×4=4(점),
3점을 1번 맞혀 얻은 점수: 3×1=3(점),
6점을 2번 맞혀 얻은 점수: 6×2=12(점),
9점을 3번 맞혀 얻은 점수: 9×3=27(점)
➔ (성수가 얻은 점수)=4+3+12+27=46(점)

5 (세호네 반 남학생 수)=4+5+3=12(명)
(세호네 반 여학생 수)=3+3+4=10(명)
(지우네 반 남학생 수)=(세호네 반 남학생 수)
=12(명)
(지우네 반 여학생 수)=10+5=15(명)
➔ (지우네 반 학생 수)=12+15=27(명)

22~23쪽 5단원 경시대회 예상 문제

1 수학, 4　2 지연, 6일　3 5개
4 8명　5 1명

1 학급 시간표에서 ㉠을 제외하고 과목별 수업 횟수를 세어 보면 국어: 5회, 수학: 4회, 창체: 2회, 안전: 4회, 겨울: 4회입니다.
학급 시간표와 표에서 수학 수업 횟수가 다르므로 ㉠은 수학이고, 안전 과목 수업 횟수인 ㉡은 4입니다.

2 일주일은 7일이므로
(찬희가 일기를 쓴 날수)=7−3=4(일),
(우혁이가 일기를 쓴 날수)=7−4=3(일),
(수진이가 일기를 쓴 날수)=7−2=5(일),
(지연이가 일기를 쓴 날수)=7−1=6(일)입니다.
➔ 6>5>4>3이므로 일기를 쓴 날수가 가장 많은 사람은 지연이고, 6일입니다.

3 (예지네 모둠이 맞힌 문제 수)=2+3+5=10(개)
(대휘네 모둠이 맞힌 문제 수)=10+2=12(개)
➔ (설아가 맞힌 문제 수)=12−3−4=5(개)

4 (합계)=4+2+3+7=16(명)
합계는 실제 학생 수의 2배이므로 실제 학생 수를 □명이라 하면 합계는 (□×2)명입니다.
□×2=16에서 8×2=16이므로 □=8입니다.
따라서 주은이네 모둠 학생은 8명입니다.

참고
한 사람이 좋아하는 운동을 2가지씩 골랐으므로 합계는 실제 학생 수의 2배가 됩니다.

5 (딸기 맛 우유를 좋아하는 남학생 수)
=22−9−6=7(명)
(여학생 수)=40−22=18(명)
➔ (딸기 맛 우유를 좋아하는 여학생 수)
=18−3−7=8(명)
따라서 딸기 맛 우유를 좋아하는 여학생은 딸기 맛 우유를 좋아하는 남학생보다 8−7=1(명) 더 많습니다.

6 규칙 찾기

24~25쪽 6단원 상위권 도전 문제

1 20개	2 ㉢	3 66
4 69	5 11	6 29

1 모형의 수가 4개, 8개, 12개, 16개로 4개씩 늘어납니다. 따라서 다음에 올 모양을 만드는 데 필요한 모형은 16+4=20(개)입니다.

3 첫째 토요일이 6일이고, 같은 요일은 7일마다 반복되는 규칙이 있습니다.
따라서 이달의 토요일의 날짜는 6일, 6+7=13(일), 13+7=20(일), 20+7=27(일)입니다.
➔ 6+13+20+27=66

4 초록색 점선을 따라 접었을 때 만나는 수들은 서로 같습니다.
(㉠과 만나는 수)=3×8=24
(㉡과 만나는 수)=5×9=45
(㉢과 만나는 수)=9×3=27
45>27>24이므로 가장 큰 수는 45, 가장 작은 수는 24입니다. ➔ 45+24=69

5 삼각형, 사각형, 원, 사각형이 반복됩니다.
㉠에 알맞은 도형은 사각형, ㉡에 알맞은 도형은 삼각형, ㉢에 알맞은 도형은 사각형입니다.
사각형의 변의 수는 4개, 삼각형의 변의 수는 3개이므로 ㉠, ㉡, ㉢에 알맞은 도형의 변의 수를 더하면 모두 4+3+4=11입니다.

6 1+3=4, 3+4=7, 4+7=11, 7+11=18
➔ 앞의 두 수를 더해서 그 다음 수를 쓰는 규칙이므로 □=11+18=29입니다.

26~27쪽 6단원 경시대회 예상 문제

1 48	2 7번째	3 6시 20분
4 38장	5 검은색, 9개	6 32번

1 같은 줄에서 오른쪽으로 갈수록 2씩 커지고, 아래쪽으로 내려갈수록 2씩 커지는 규칙이 있습니다.
㉠ 10+2=12 ㉡ 14+2=16 ㉢ 18+2=20
➔ ㉠+㉡+㉢=12+16+20=48

2 쌓기나무가 1개, 3개, 6개, 10개, ...로 한 층씩 늘어날 때마다 2개, 3개, 4개, ...가 늘어납니다.

1번째	2번째	3번째	4번째	5번째	6번째	7번째
1개	3개	6개	10개	15개	21개	28개

+2 +3 +4 +5 +6 +7
➔ 쌓기나무 28개를 모두 쌓아 만든 모양은 7번째입니다.

3 1번째 2시 20분 —40분 후→ 2번째 3시 —40분 후→ 3번째 3시 40분 —40분 후→ 4번째 4시 20분 ➔ 기차는 40분마다 출발합니다.
4번째 4시 20분 —40분 후→ 5번째 5시 —40분 후→ 6번째 5시 40분 —40분 후→ 7번째 6시 20분
➔ 7번째 기차의 출발 시각: 6시 20분

4 바닥에 놓으려는 수 카드의 수는 4씩 커지는 규칙이 있습니다. 이어서 규칙에 따라 놓는 수 카드의 수는 24, 28, 32, 36, 40, 44, 48입니다. 따라서 서하가 바닥에 놓으려는 수 카드는 12장입니다.
➔ 바닥에 놓고 남은 수 카드는 50−12=38(장)입니다.

5 검은색 바둑돌은 1개, 5개, 9개, ...로 4개씩 많아지고, 흰색 바둑돌도 3개, 7개, 11개, ...로 4개씩 많아집니다. 한 줄에 놓인 바둑돌이 9개일 때 검은색 바둑돌은 1+5+9+13+17=45(개), 흰색 바둑돌은 3+7+11+15=36(개)입니다.
따라서 검은색 바둑돌이 흰색 바둑돌보다 45−36=9(개) 더 많습니다.

6 각 열의 왼쪽에서 첫 번째 자리의 번호는
1 7 12 18 ➔ 더하는 수가 6, 5가 번갈아 나옵니다.
+6 +5 +6
• 마열의 왼쪽에서 첫 번째 자리의 번호: 18+5=23(번)
• 바열의 왼쪽에서 첫 번째 자리의 번호: 23+6=29(번)
각 열에서 오른쪽으로 갈수록 자리의 번호가 1씩 커지므로 윤우가 앉을 자리의 번호는 29번부터 시작하여 네 번째이므로 29−30−31−32에서 32번입니다.

경시대회 도전 문제

28~31쪽

1 7　　2 2시간 5분
3 37 m 40 cm　　4 13개　　5 45

6 63개　　7 2명　　8 초록색
9 12개　　10 10일

1 사각형, 삼각형, 원, 삼각형이 반복되므로 첫 번째 □ 안에는 사각형, 두 번째 □ 안에는 삼각형이 들어갑니다. 사각형의 꼭짓점의 수는 4개, 삼각형의 꼭짓점의 수는 3개이므로 두 도형의 꼭짓점의 수의 합은 4+3=7입니다.

2 시작한 시각: 2시 50분, 끝낸 시각: 4시 55분
2시 50분 $\xrightarrow{\text{2시간 후}}$ 4시 50분 $\xrightarrow{\text{5분 후}}$ 4시 55분
따라서 공부를 한 시간은 2시간 5분입니다.

3 (학교에서 서점까지의 거리)
=26 m 30 cm−15 m 20 cm
=11 m 10 cm
➔ (정연이가 움직인 거리)
=11 m 10 cm+26 m 30 cm
=37 m 40 cm

4 4576과 4700 사이에 있는 네 자리 수이므로 천의 자리 숫자는 4이고, 백의 자리 숫자는 5와 6이 될 수 있습니다. 이 중 일의 자리 숫자가 8인 수는 45□8, 46□8입니다.
• 45□8일 때 □ 안에 들어갈 수 있는 수:
7, 8, 9 → 3개
• 46□8일 때 □ 안에 들어갈 수 있는 수:
0, 1, 2, 3, 4, 5, 6, 7, 8, 9 → 10개
➔ 3+10=13(개)

5 • 수 카드를 (2, 3), (4, 5)로 짝 지을 때:
2+3=5, 4+5=9 → 5×9=45
• 수 카드를 (2, 4), (3, 5)로 짝 지을 때:
2+4=6, 3+5=8 → 6×8=48
• 수 카드를 (2, 5), (3, 4)로 짝 지을 때:
2+5=7, 3+4=7 → 7×7=49
➔ ★×♥가 될 수 있는 가장 작은 값은 45입니다.

6 쿠키 상자 수를 □개라 하면 4×□=28입니다.
4×7=28이므로 쿠키 상자는 7개가 있습니다.
➔ (처음 상자에 들어 있던 쿠키 수)
=9×7=63(개)

7 (윤서가 틀린 문제 수)=20−8−4−6=2(개)
네 사람이 맞힌 문제 수를 알아보면

이름	윤서	기호	세정	영민	합계
맞힌 문제 수(개)	8	2	6	4	20

➔ (윤서가 받은 점수)=5×8=40(점)
(기호가 받은 점수)=5×2=10(점)
(세정이가 받은 점수)=5×6=30(점)
(영민이가 받은 점수)=5×4=20(점)
따라서 25점보다 높은 점수를 받은 학생은 윤서, 세정으로 모두 2명입니다.

8 주황색 공깃돌과 초록색 공깃돌이 반복되고, 초록색 공깃돌의 수가 1개씩 늘어나는 규칙입니다.

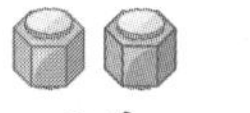 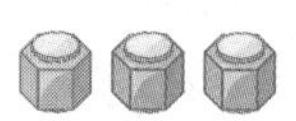  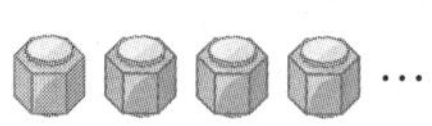 …
2개　3개　4개

➔ 2+3+4+5=14이므로 15번째는 주황색, 16번째, 17번째, 18번째는 초록색입니다.

9 왼쪽에서부터 바닥에 닿는 부분에 있는 수는 3, 5, 1, 6입니다.
5000보다 작은 네 자리 수를 만들려면 천의 자리 숫자는 1, 3이어야 합니다.
• 천의 자리 숫자가 1일 때 만들 수 있는 네 자리 수:
1356, 1365, 1536, 1563, 1635, 1653
• 천의 자리 숫자가 3일 때 만들 수 있는 네 자리 수:
3156, 3165, 3516, 3561, 3615, 3651
따라서 만들 수 있는 수는 모두 12개입니다.

10 8월은 1일, 8일, 15일, 22일, 29일이 화요일이므로 30일은 수요일, 31일은 목요일입니다.
9월은 1일, 8일, 15일, 22일, 29일이 금요일이므로 30일은 토요일입니다.
10월 1일은 일요일, 2일은 월요일이므로 3일은 화요일입니다.
따라서 10월의 두 번째 화요일은 3일에서 일주일 후인 3+7=10(일)입니다.

힘이 되는
좋은 말

친절한 말은 아주 짧기 때문에
말하기가 쉽다.

하지만 그 말의 메아리는 무궁무진하게
울려 퍼지는 법이다.

Kind words can be short and easy to speak,
but their echoes are truly endless.

테레사 수녀

친절한 말, 따뜻한 말 한마디는 누군가에게 커다란 힘이 될 수도 있어요.
나쁜 말 대신 좋은 말을 하게 되면 언젠가 나에게 보답으로 돌아온답니다.
앞으로 나쁘고 거친 말 대신 좋고 예쁜 말만 쓰기로 우리 약속해요!

◀ 정답은 이 안에 있어!

※ 주의
책 모서리에 다칠 수 있으니 주의하시기 바랍니다.
부주의로 인한 사고의 경우 책임지지 않습니다.
8세 미만의 어린이는 부모님의 관리가 필요합니다.
※ KC 마크는 이 제품이 공통안전기준에 적합하였음을 의미합니다.